登记号：黑版贸登字08-2021-080号

图书在版编目（CIP）数据

DK趣味数学实验室 / 英国DK公司编著 ；琳琳，古谜译. — 哈尔滨 ：黑龙江少年儿童出版社，2022.1
ISBN 978-7-5319-7374-4

Ⅰ. ①D… Ⅱ. ①英… ②琳… ③古… Ⅲ. ①数学－儿童读物 Ⅳ. ①O1-49

中国版本图书馆CIP数据核字(2021)第226775号

DK趣味数学实验室
DK QUWEI SHUXUE SHIYANSHI

英国DK公司 编著
琳 琳 古 谜 译

出 版 人 张 磊
项目策划 顾吉霞
责任编辑 顾吉霞 张靖雯
出版发行 黑龙江少年儿童出版社
（哈尔滨市南岗区宣庆小区 8 号楼 邮编：150090）
网 址 www.lsbook.com.cn
经 销 全国新华书店
印 装 当纳利（广东）印务有限公司
开 本 889 mm×1194 mm 1/16
印 张 10
字 数 240 千字
书 号 ISBN 978-7-5319-7374-4
版 次 2022 年 1 月第 1 版
印 次 2022 年 1 月第 1 次印刷
定 价 98.00 元

Original Title: Maths Lab: Exciting Projects for Budding Mathematicians

混合产品
纸张 | 支持负责任林业
FSC® C018179

For the curious
www.dk.com

DK趣味
数学实验室

英国DK公司 编著 琳 琳 古 谜 译

黑龙江少年儿童出版社

目 录

1 数 字

家庭数学挑战赛——数字冰箱贴 8

绝妙的计算工具——算盘 12

折纸游戏——“东南西北” 18

快速计算——数学宾果 22

壮观的数列——斐波那契螺旋线 26

乘法挂件——捕梦网 33

分数的盛宴——烘烤和分配比萨饼 38

2 形 状

镜像——对称画 44

功能强大的多边形——相片球 50

雕版印刷——包装纸和礼品袋 56

比例系数——放大图画 62

折纸乐趣——跳蛙 68

好玩的图画——镶嵌图案 72

令人难以置信的形状——不可能三角形 78

神奇的角度——立体贺卡 83

数学事实

这个符号提醒读者注意理解这个项目背后的数学原理。

安全提示

这个符号表示项目存在一定的危险性，必须在成年人的监督下进行。

关于胶水

本书中的一些项目需要使用胶水。建议使用普通的白乳胶或胶棒，但是在某些情况下，需要使用干燥速度更快的热熔胶。热熔胶枪只能由成年人使用，使用时必须严格按照使用说明来操作。

3 测 量

神奇的平均数——橡皮筋赛车 90

漂亮的编织品——友谊手绳 98

鲜明的比例——好玩的水果饮料 106

有效的百分比——松露巧克力 110

三维的乐趣——巧克力盒 114

完美定价——爆米花销售托盘 118

距离与清晰度——皮影 126

感到幸运——摸彩豆糖游戏 130

超级溜槽——弹珠溜槽系统 135

神奇的杰作——视错觉 140

精准定时——制作时钟 144

令人愉快的数据——冰棍杆喂鸟器 151

词汇解释 158

致 谢 160

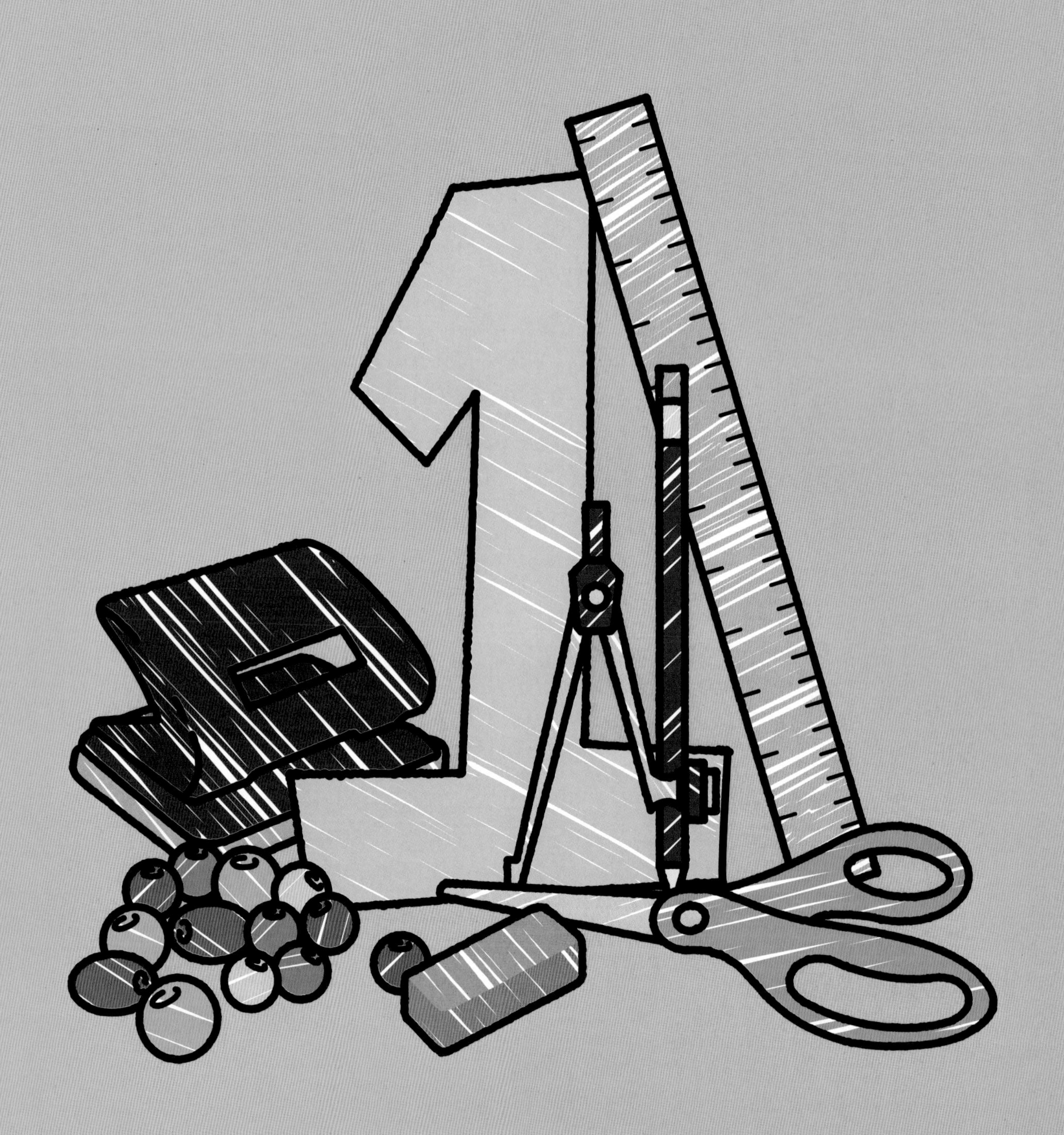

数　字

没有数字，就无法进行数学运算。虽然只有10个阿拉伯数字，但是可以用它们来表示任何数量。本章中有一些可以让你掌握数字的项目，从制作冰箱贴到利用分数公平地分配比萨饼。你可以制作一个算盘帮你掌握复杂的计算，还可以制作一个捕梦网来测试你的乘法知识掌握情况。

家庭数学挑战赛——数字冰箱贴

你可以用橡胶磁片和彩色卡纸制作数字冰箱贴。将它们贴到冰箱上，并向你的家人发起挑战，看看谁能第一个答对你出的难题。

如何制作

数字冰箱贴

如果你有橡胶磁片，便可以快速简便地制作冰箱贴。你可以使用不同颜色的卡纸，让它们更加醒目。

所用的数学知识

- 测量——确保你的数字冰箱贴拥有完美的尺寸。
- 方程式——给你的家人出计算题，加、减、乘、除均可。
- 代数——让你的数学运算能力提高到一个新的水平。

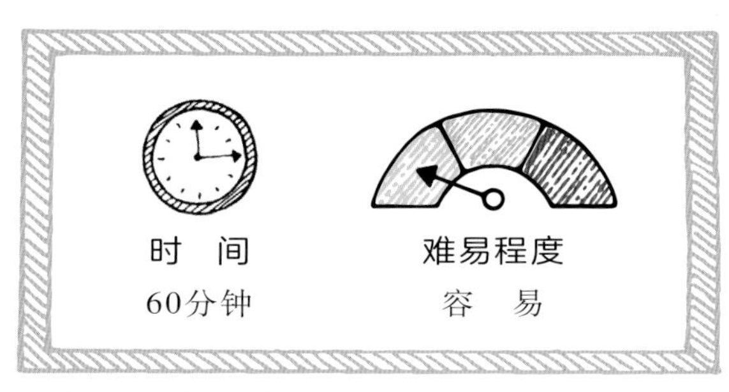

0是一个特殊的数字。在记数中，0除了表示“没有”外，同时起着占位的作用。

所需材料与工具

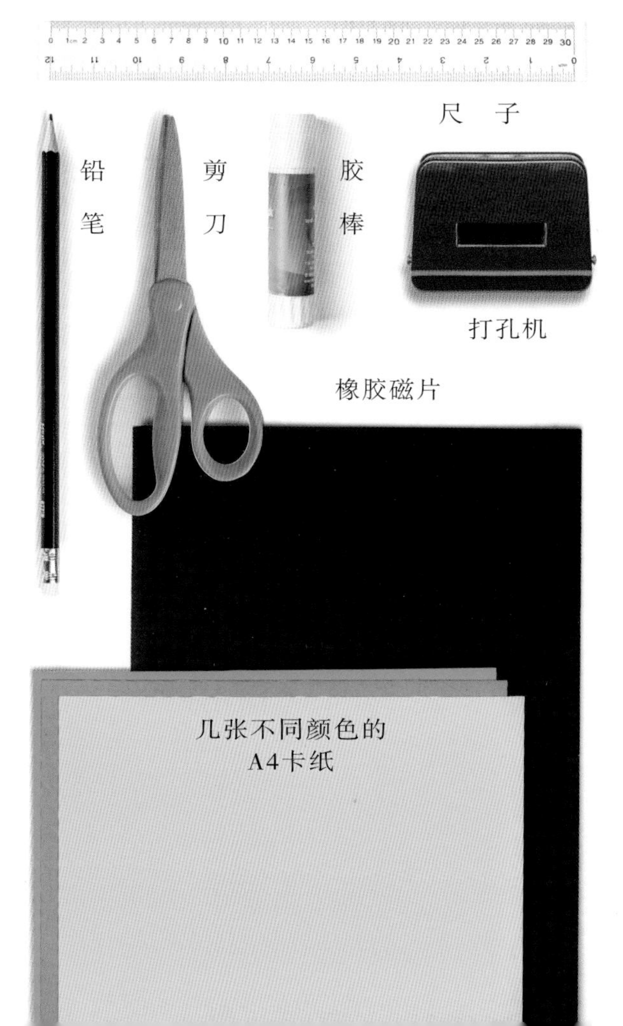

1 在一张彩色卡纸上画一个高度约为4.5厘米，宽度约为3.5厘米的“0”。务必画粗一点儿，以免剪出来的笔画太细导致断裂。

2 沿着外轮廓小心地将“0”剪下来。

3 将“0”粘贴到橡胶磁片的背胶上。如果橡胶磁片没有背胶，就在“0”的背面涂胶，然后再粘贴。

4 用剪刀小心地将贴有“0”的橡胶磁片剪下来。这一步可以请成年人帮忙。

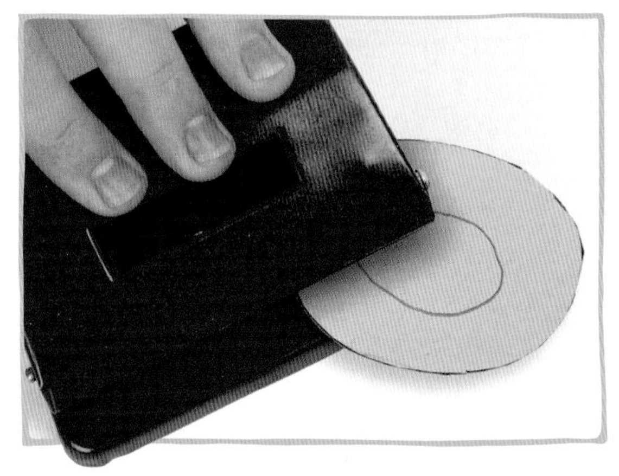

5 先用打孔机在“0”中间打一个孔，然后将剪刀尖插入孔中，再将中间部分剪下来。

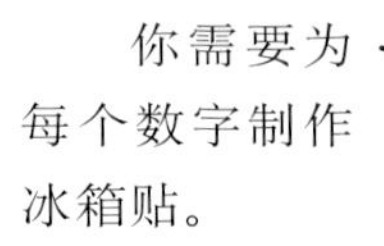

你需要为每个数字制作冰箱贴。

6 重复之前的步骤，用不同颜色的卡纸制作数字1～9。你可以把这些数字粘贴到同一张橡胶磁片上，然后将它们剪下来。

7 重复第1～5步，制作数学符号“+、−、×”。

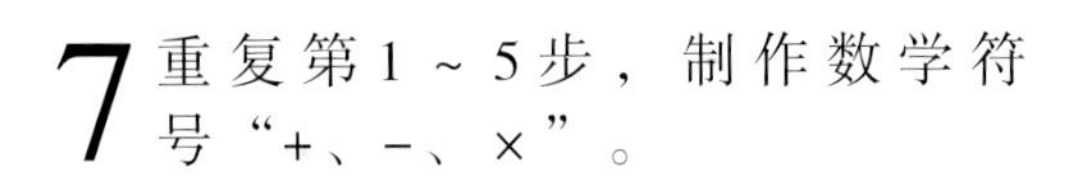

这些数学符号使数学题的书写变得既简单又方便。

8 接下来，制作数学符号“÷”和“=”。画两条细线连接“=”号的两横。将“÷”的各部分也以类似的方式连接在一起，然后重复第2～5步。

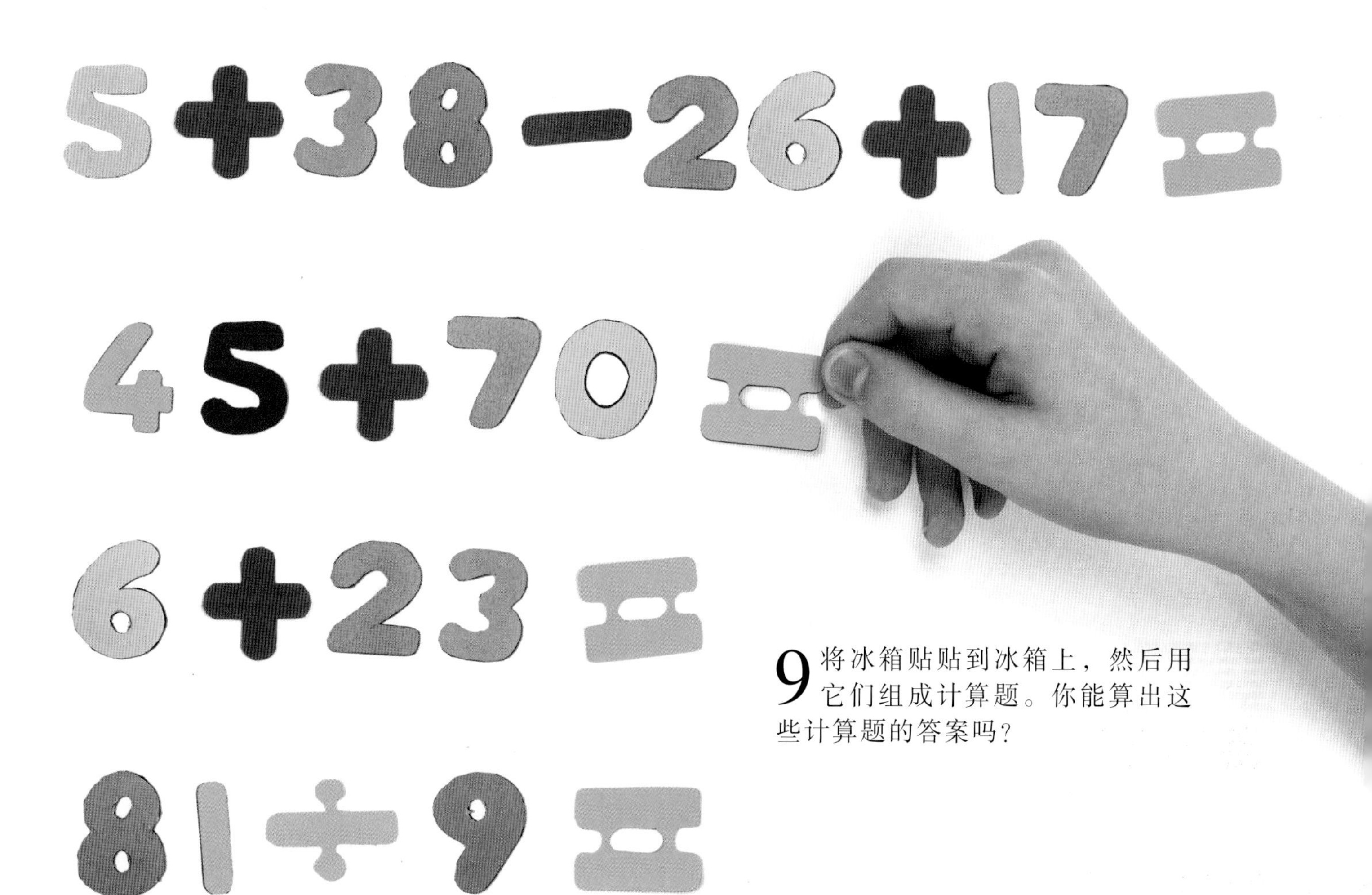

9 将冰箱贴贴到冰箱上，然后用它们组成计算题。你能算出这些计算题的答案吗？

代数探索

制作了字母“x”和“y”的冰箱贴，就可以构建方程式。方程式中的字母代表未知数。解答方程式的要点是，等号两侧的值必须相等，就像天平一样。因此，无论字母在等号的哪一侧，都可以通过计算得出它的值。你能算出右图这些算式中x和y的值吗？

6÷3=x
6÷3=2

这道题就是一个普通的等式，但是等号右侧有一个x，意味着x等于6除以3，即x=2。

2+y=8
y=8−2
y=6

为了算出这道题中y的值，你需要将等号的两侧都减去2。8−2=6，因此y=6。

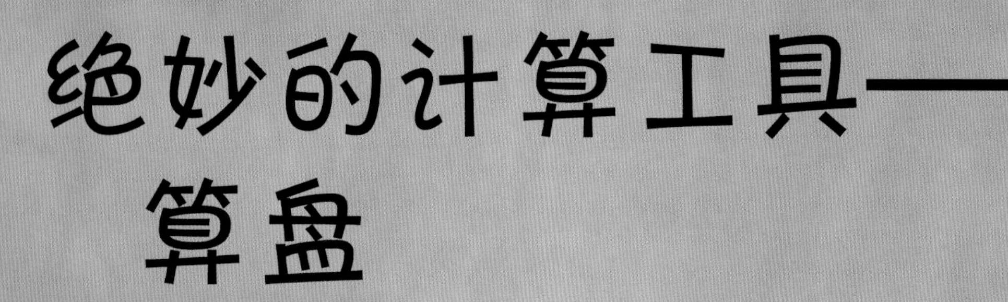

绝妙的计算工具——算盘

在计算器出现之前，算盘就已经出现了。算盘是世界上最早的计算工具之一。现在世界上有些地方仍在使用算盘来解决各种棘手的数学问题。当你制作好算盘以后，就可以凭借快速的数学运算技能给你的朋友和家人一个惊喜。

所用的数学知识

- 平行线——用来设计算盘。
- 位置值——用来了解算盘中每个值的大小。
- 加法和减法——可以用算盘进行复杂的计算。

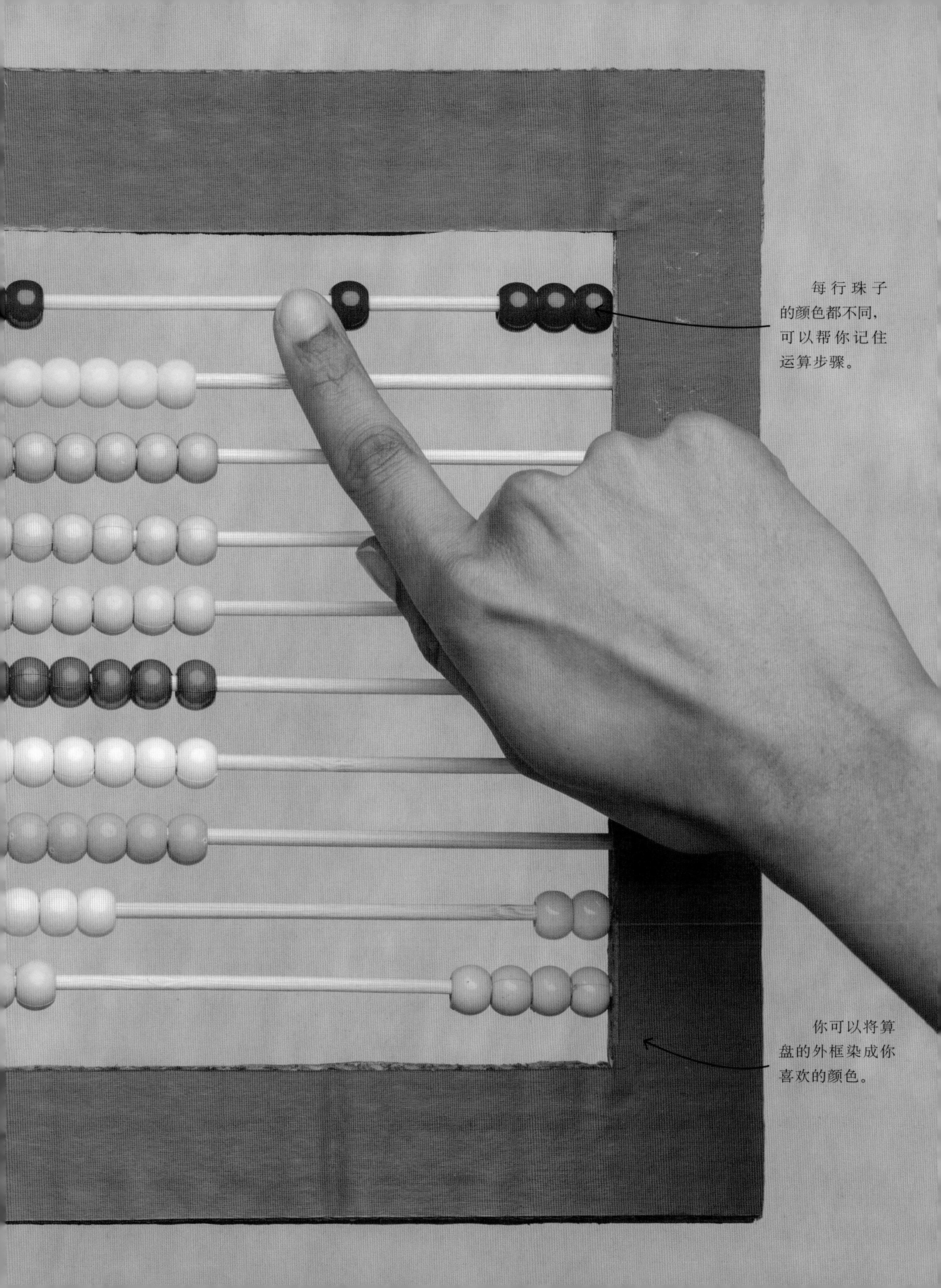
每行珠子的颜色都不同，可以帮你记住运算步骤。
你可以将算盘的外框染成你喜欢的颜色。

如何制作

算 盘

制作算盘只需要一些手工木棍、彩色珠子、几张纸板和颜料。一定要仔细测量，这样横杆才能平行，你才能随意滑动穿在横杆上的珠子。

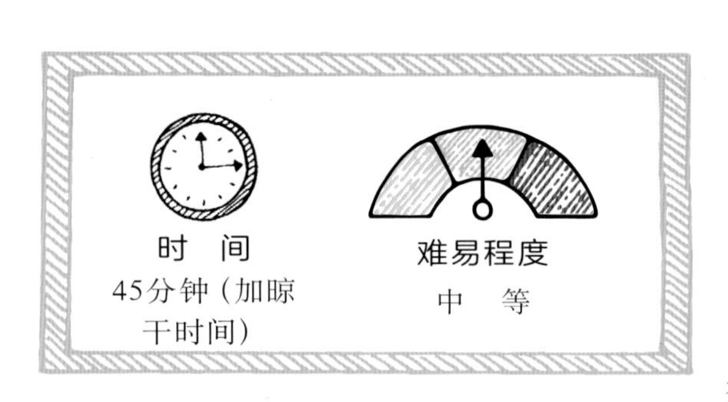

所需材料与工具

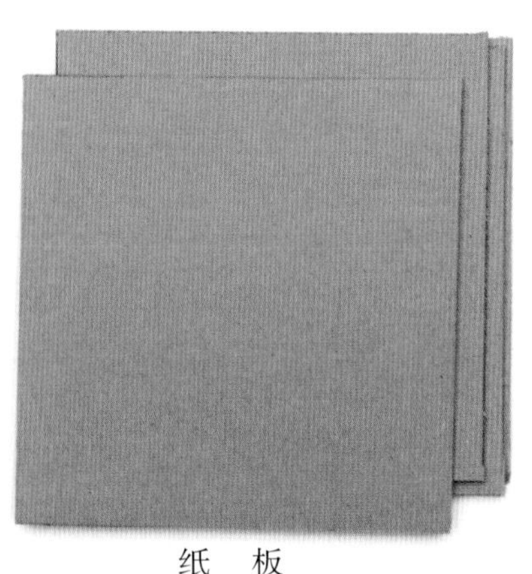

纸 板

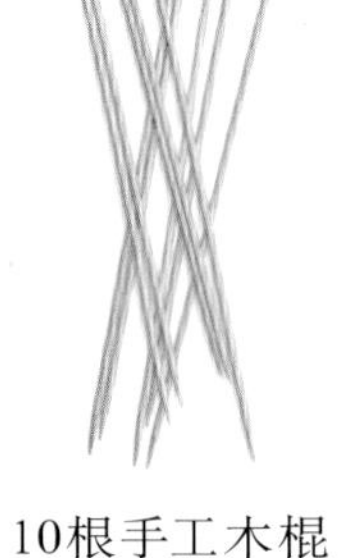

10根手工木棍

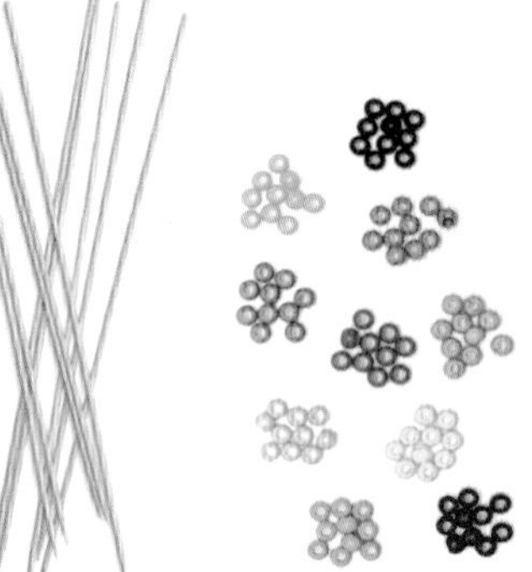

10种颜色的珠子，每种10颗

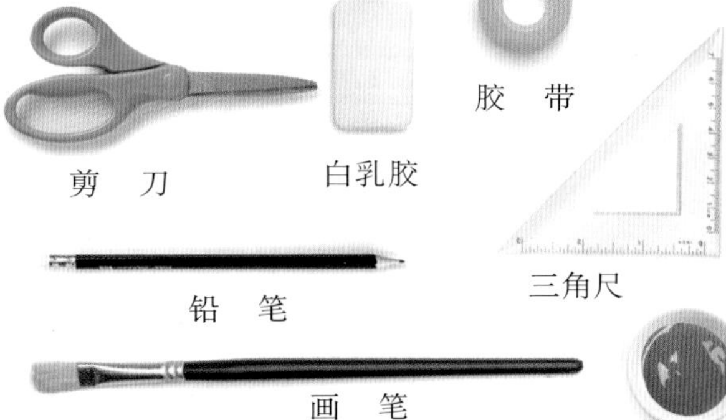

剪 刀

白乳胶

胶 带

三角尺

铅 笔

画 笔

丙烯颜料

尺 子

1 用铅笔在手工木棍20厘米处做标记。在标记处折断木棍。重复这个步骤，制作10根长度相同的木棍。

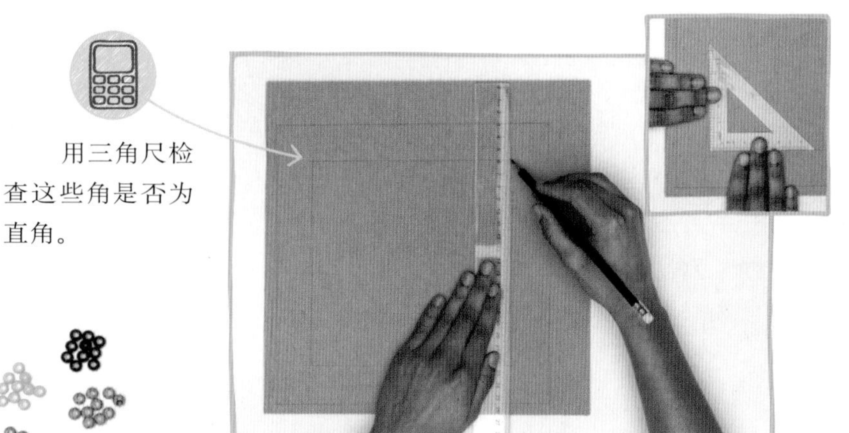

用三角尺检查这些角是否为直角。

2 接下来，制作方框。在纸板上画一个边长为22.5厘米的正方形，然后在每条边垂直向内3厘米处画平行线，得到一个较小的正方形。重复上述步骤，得到两块相同的纸板。

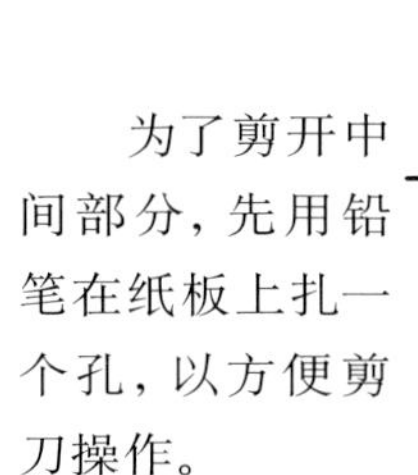

为了剪开中间部分，先用铅笔在纸板上扎一个孔，以方便剪刀操作。

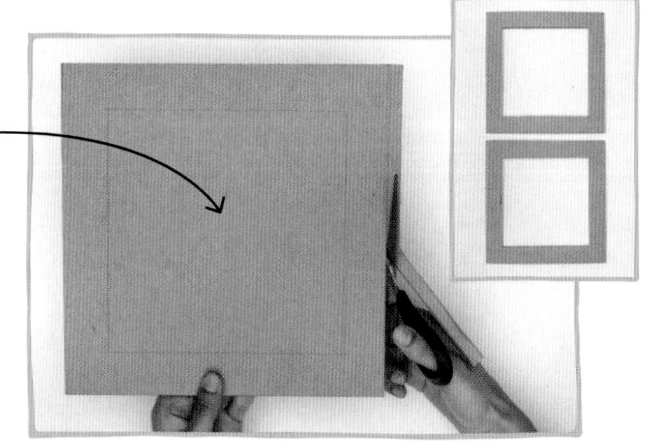

3 将一块纸板的外正方形剪下来，然后沿着内正方形的边线小心地剪去中间部分。另一块纸板重复这个步骤，得到两个方框。

4 用水稀释丙烯颜料，给每个方框的一面上色就可以了，然后晾干。

从方框的内边开始向下测量，间距为1.5厘米。

你将根据这些线安置木棍。

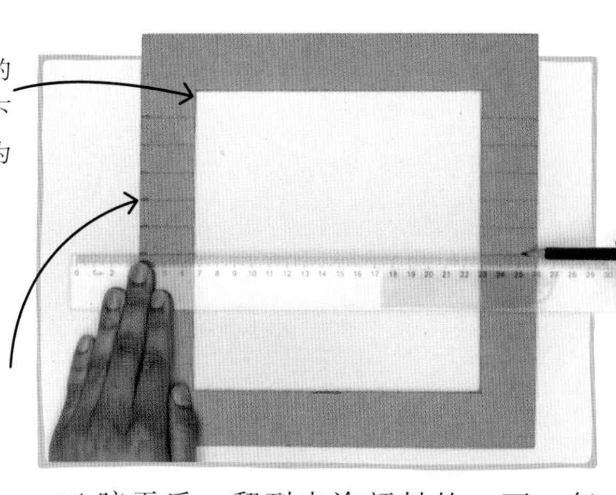

5 晾干后，翻到未涂颜料的一面，每隔1.5厘米做一个标记，然后在两个相对的标记之间画水平线。

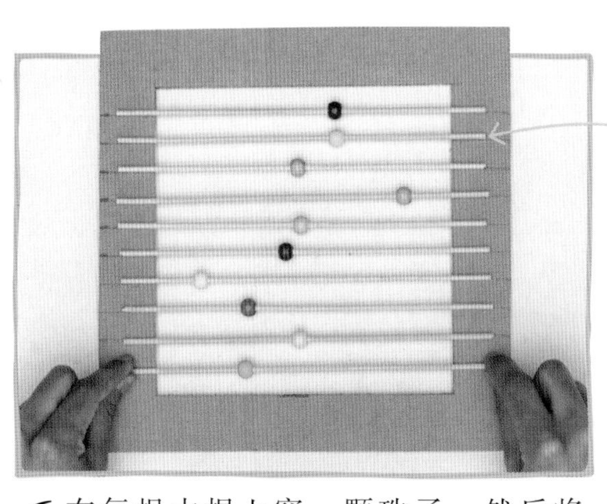

永远不会相遇或交叉。

6 在每根木棍上穿一颗珠子，然后将木棍放在你画的线上，看看你对木棍的位置是否满意。

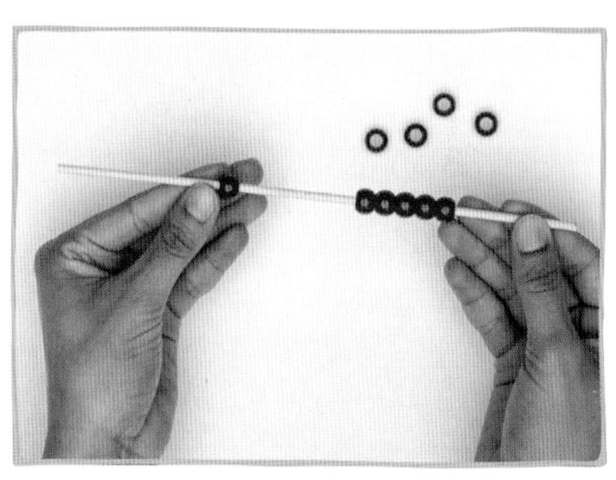

7 取下方框最上面的木棍，再穿9颗相同颜色的珠子，然后将穿有10颗珠子的木棍放在一边。

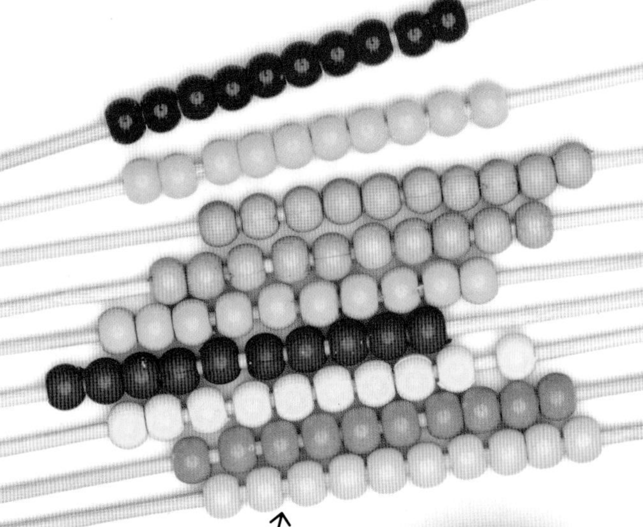

有10根木棍，每根木棍上有10颗珠子，所以一共有100颗珠子。

8 重复第7步，直到每根木棍上都有10颗相同颜色的珠子。

你来决定彩色珠串的顺序。

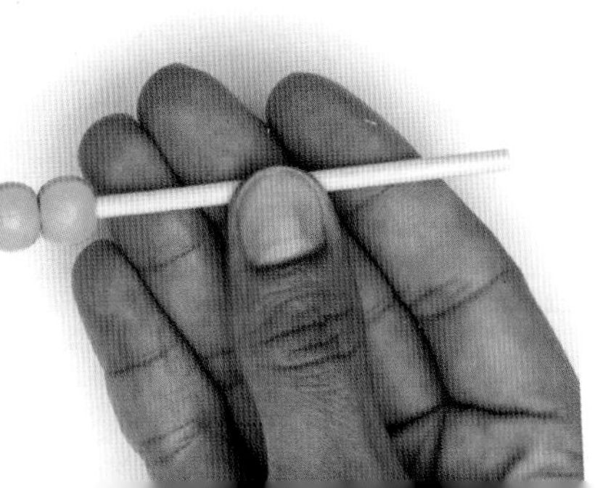

位置值和小数

位置值是数字本身的数值与数位结合起来的值。例如，42367.15中的“6”代表6个10，也就是60。小数点左侧的数字是整数，右侧的数字是小数。

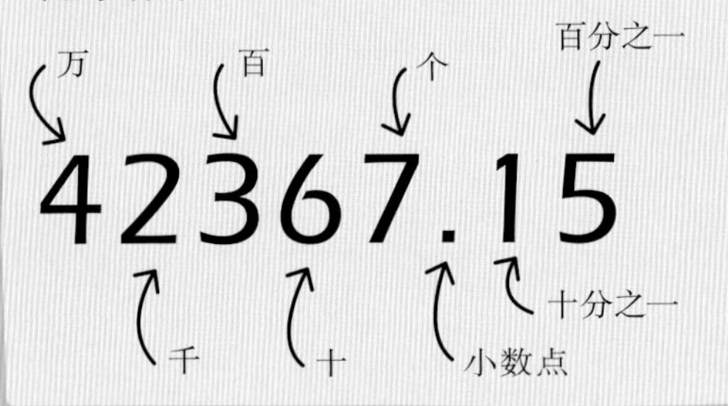

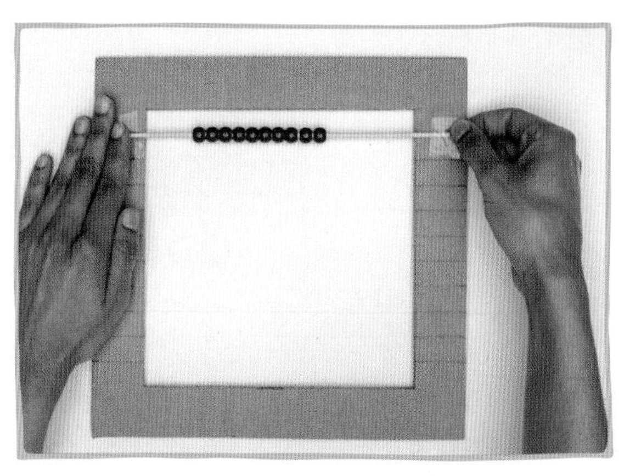

9 将一根穿了珠子的木棍放在方框最上面的标记线上，并且用胶带固定好两端。

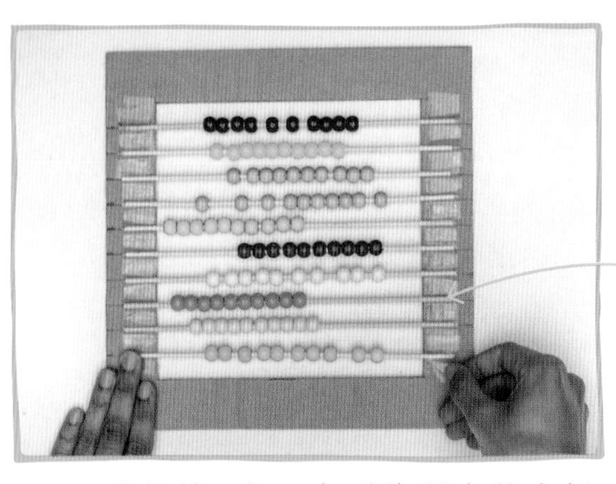

算盘上的每一行代表一个不同的位置值。

10 重复第9步，直到将所有的木棍都固定好。务必将胶带向下压紧，以免木棍松动。

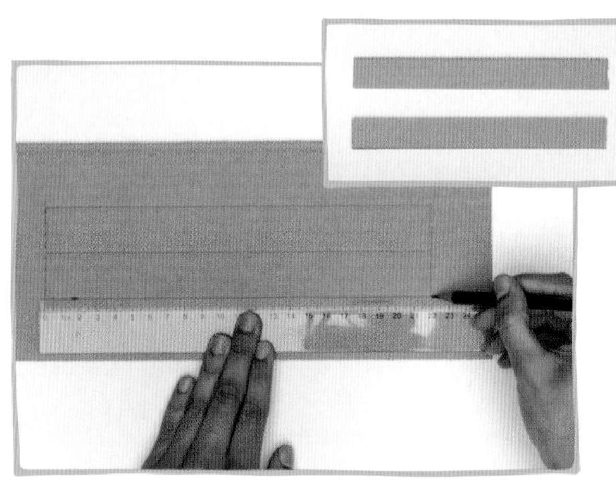

11 在纸板上画两个2.5厘米 × 22厘米的长方形，然后将它们剪下来。

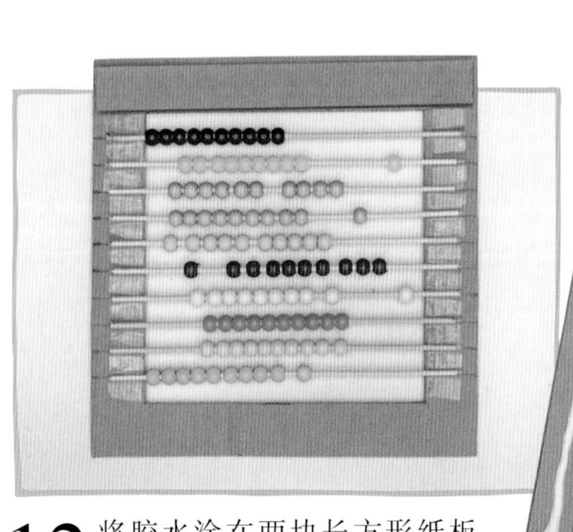

12 将胶水涂在两块长方形纸板上，然后将它们分别固定在方框顶部和底部的宽边内。

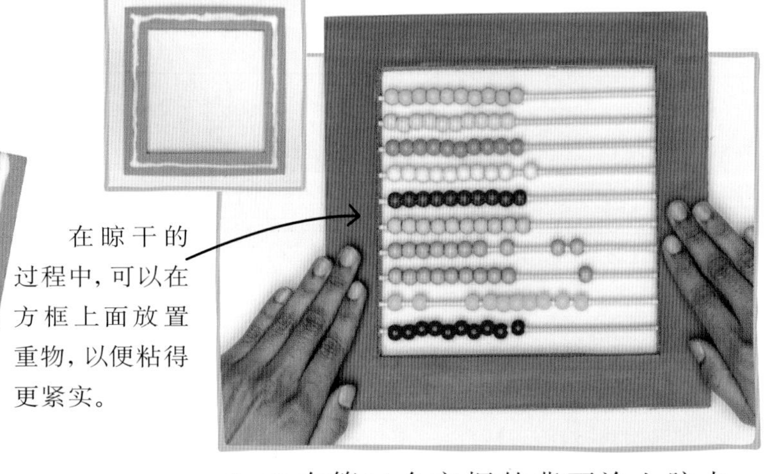

在晾干的过程中，可以在方框上面放置重物，以便粘得更紧实。

13 在第二个方框的背面涂上胶水，并将它固定在有成排珠子的方框的背面，然后晾干。你的算盘做好了！

用算盘做数学题

这个算盘的每一行都有不同的位置值，高度越高，位置值就越大。一旦确立了这些位置值，你就可以用算盘快速计算大数的加减法。

1 在这个算盘中，从下面往上数，第1行代表十分位，第2行代表个位，第3行代表十位，以此类推。这意味着图中的算盘显示的数字是317.5。

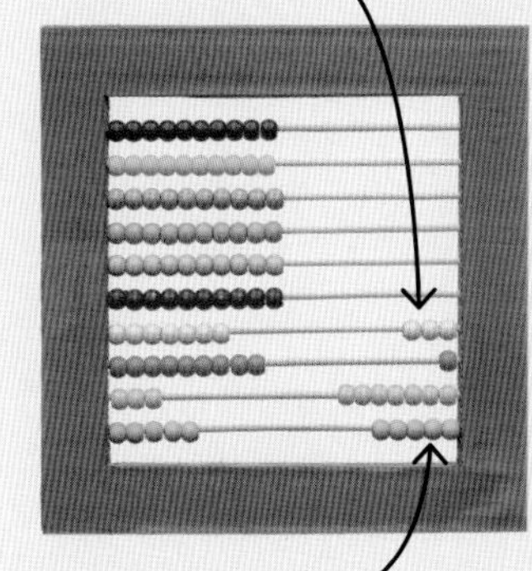

读算盘上的数字时，应该从上向下读。

这些珠子每颗代表$\frac{1}{10}$。

2 现在计算9加317.5。从下面往上数，在第2行左侧数9颗珠子，将它们一颗一颗地拨到右侧，但是拨完3颗珠子后，第2行右侧就满了。这时应该将第2行的所有珠子都拨到左侧，同时将第3行的1颗珠子拨到右侧。之前第2行只拨了3颗珠子，所以要继续将第4、5……直到第9颗珠子拨到右侧。

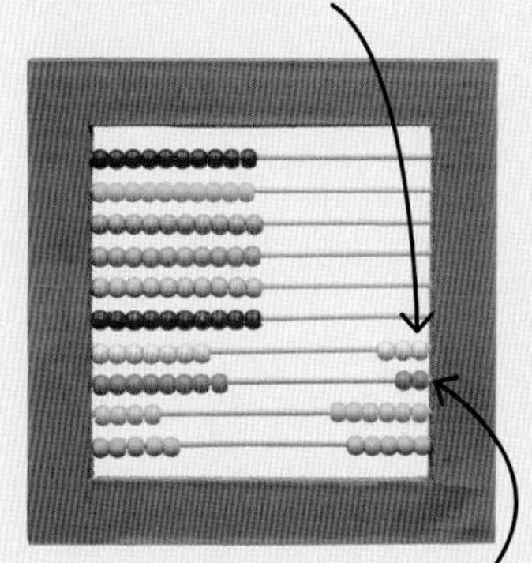

这些珠子每颗代表100，总值是300。

上面的1颗珠子等于下面一行的10颗珠子。

3 你可以用算盘运算较大的数字。如果加1432.6，应该从上向下进行。从下面往上数，在第5行向右拨动1颗珠子，代表1000，然后在第4行拨动4颗珠子，以此类推。

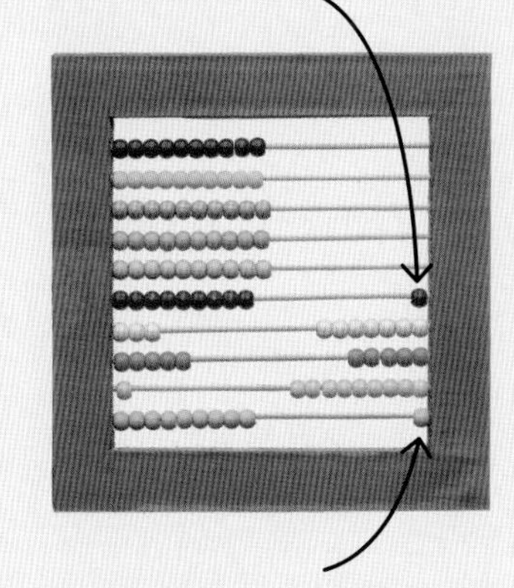

这颗珠子等于下面一行的10颗（每颗代表100），总值是1000。

记住，将个位行与最下面的十分位行交换珠子时，也是1颗抵10颗。

4 如果要用算盘做减法，应该从底行开始，逐步向上进行。如果要从现在的数字中减去541，首先从下面往上数，将第2行的1颗珠子拨回左侧，然后将第3行的4颗珠子拨回左侧，最后将第4行的5颗珠子拨回左侧。数一数得数是多少。

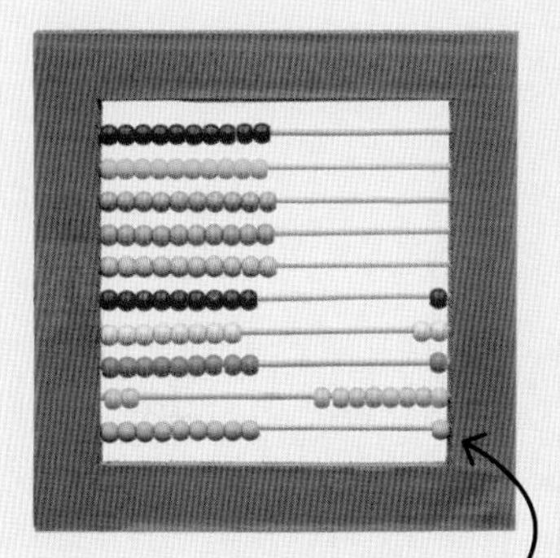

做减法时，应该从底行开始。

真实世界的数学——算盘的历史

自古以来，人们一直使用算盘之类的工具进行运算。迄今为止，发现的最古老的计数板来自希腊的一个小岛，距今已有2300多年的历史。你制作的这种100颗珠算盘在欧洲很常用。几个世纪以来，世界上有许多种不同类型的算盘，每种算盘都使用自己的计数系统。例如，有的算盘有上、下两部分。有的算盘行数较少，但是每行的珠子较多。

折纸游戏——“东南西北”

“东南西北”很容易折叠，你可以和朋友或家人一起玩。我们可以用它来练习乘法表，还可以用它来进行乘法测验。

所用的数学知识

- 乘法表——用来验证乘法测验的答案。
- 旋转——用来转动和折叠“东南西北”折纸。
- 二维形状——用来构建你的“东南西北”折纸。

如何制作“东南西北”折纸

你需要先将一张纸剪成正方形，然后按照步骤折叠，写上计算题并涂上颜色。现在可以用它来向你的家人和朋友发起挑战了！

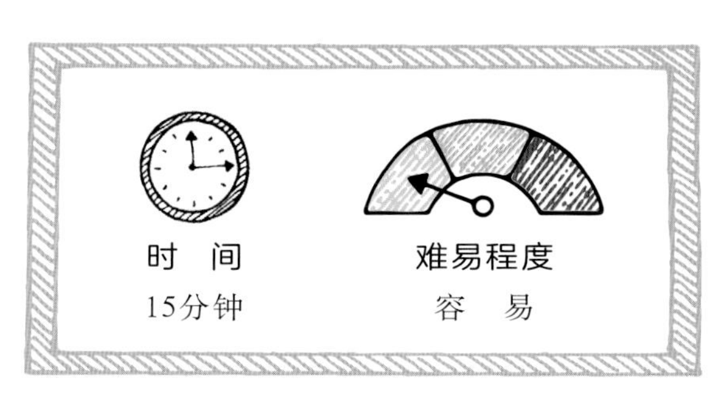

所需材料与工具

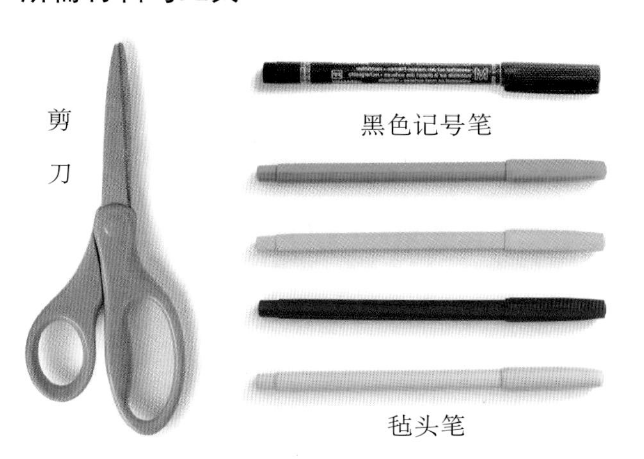

A4纸

沿紫色箭头折叠。

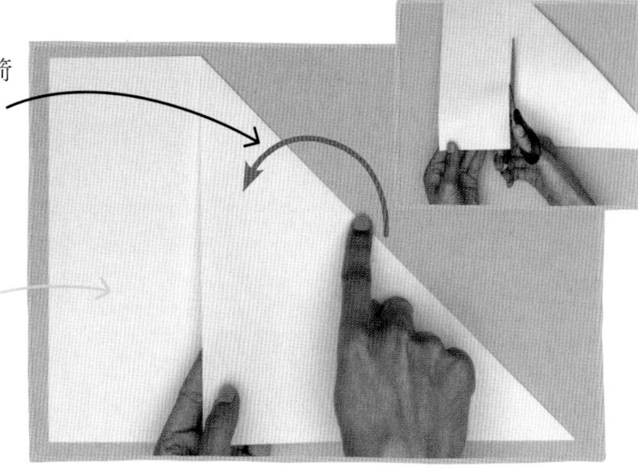

这种不寻常的四边形称为梯形。

1 将A4纸的右上角向下折叠，使右侧边缘与底边对齐。沿着斜边压出折痕，然后剪下左侧多余的长方形。

请仔细折叠正方形。

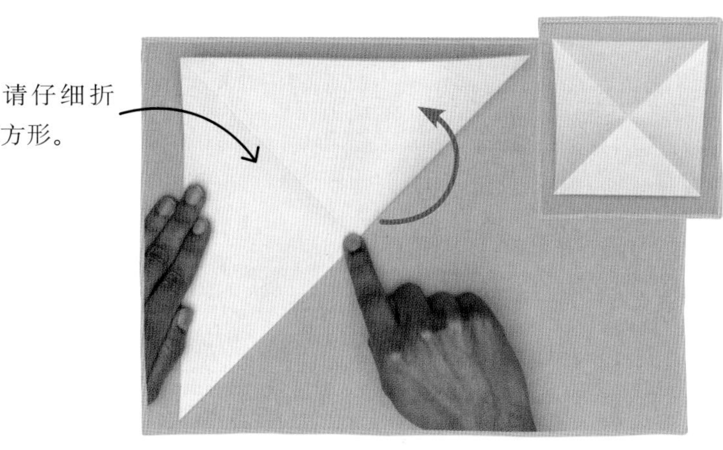

2 展开后，你得到了一个有一条对角折痕的正方形。将另外两个相对的角折叠在一起，压出折痕。再次展开，正方形被两条对角线划分出4个三角形。

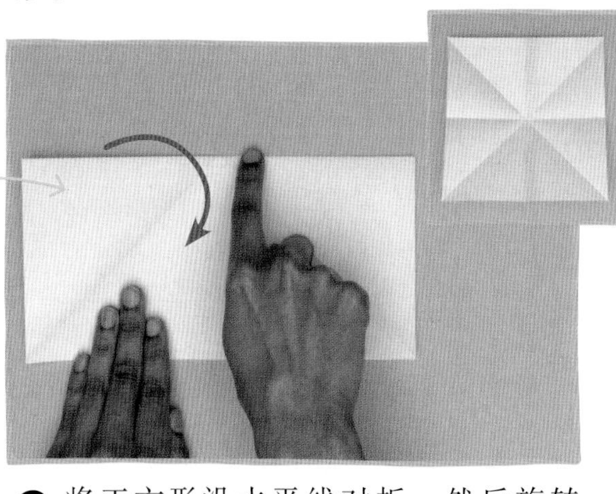

$\frac{1}{4}$圆也可以称为90°圆，因为360°是一个完整的圆。90°是360°的$\frac{1}{4}$，所以是$\frac{1}{4}$圆。

3 将正方形沿水平线对折。然后旋转90°，再次对折。展开后，你在纸面上能看到4条折线。

4 把每个小正方形的角折入纸的中心，形成一个正方形，见右上角的图。

这个小三角形被称为直角三角形，因为它的两条短边以90°角相交。

5 将正方形翻过来，然后重复上一步骤，最后得到一个更小的正方形，见右上角的图。

6 图中使用的是数字3的乘法算式。在每个小三角形中写1道乘法算式，一共可以写8道。

利用这个步骤来复习乘法表。

7 打开三角形，在三角形的背面写下对应乘法算式的答案，然后将三角形折回来。

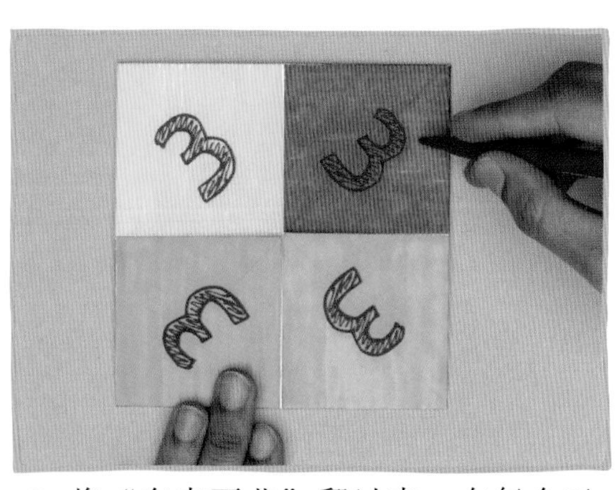

8 将“东南西北”翻过来，在每个正方形上写上你使用的是哪个数字的乘法算式。用毡头笔将每个部分涂成不同的颜色。

9 将折纸对折，然后把两只手的拇指和食指插入正方形下方，翻开正方形，你的“东南西北”做好了。

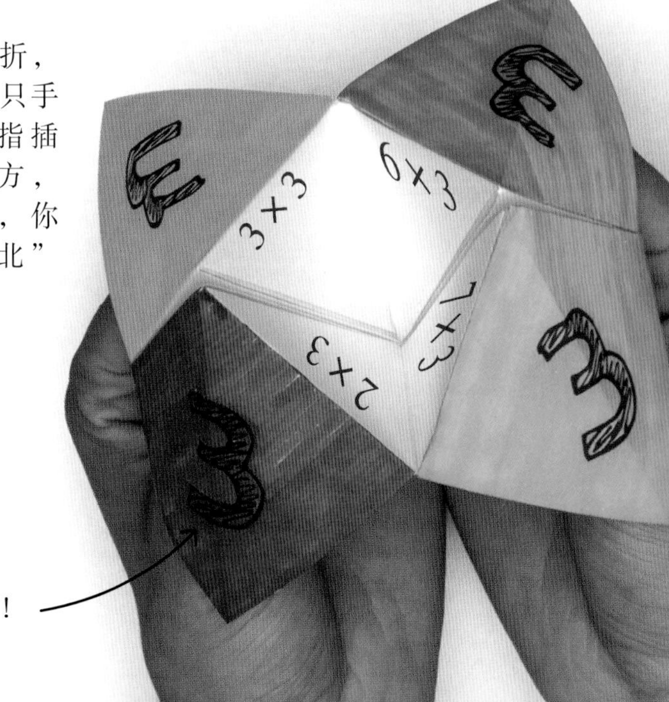

你可以玩了！

眼花缭乱的乘法游戏

你可以按照下面的步骤，用“东南西北”来给你的朋友或你自己做乘法测验。不要偷看哟！

1 请你的朋友选择一个数字，然后从1数到那个数字，每数一声，就开合一次“东南西北”的不同方向。当你停下来时，“东南西北”将显示4道题。

2 让你的朋友选择一道题，然后说出这道题的答案。翻开三角形查看答案是否正确。如果正确，请继续，直到你的朋友说出所有答案。

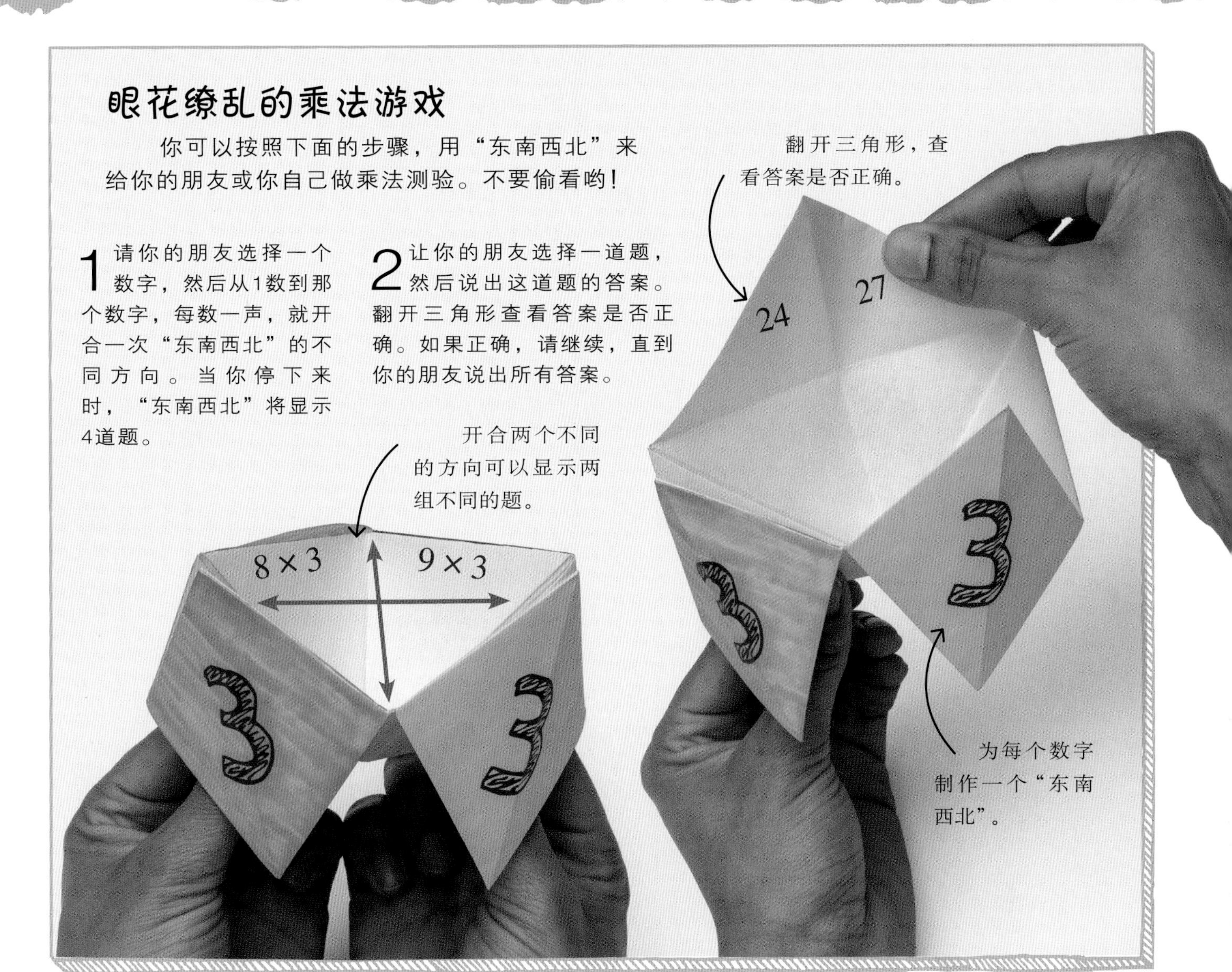

开合两个不同的方向可以显示两组不同的题。

翻开三角形，查看答案是否正确。

为每个数字制作一个“东南西北”。

更多的乐趣

除了乘法表以外，你还可以用“东南西北”来练习其他的数学知识。右图是有关几何图形问题的折纸，你也可以制作关于加法、减法、除法的折纸。

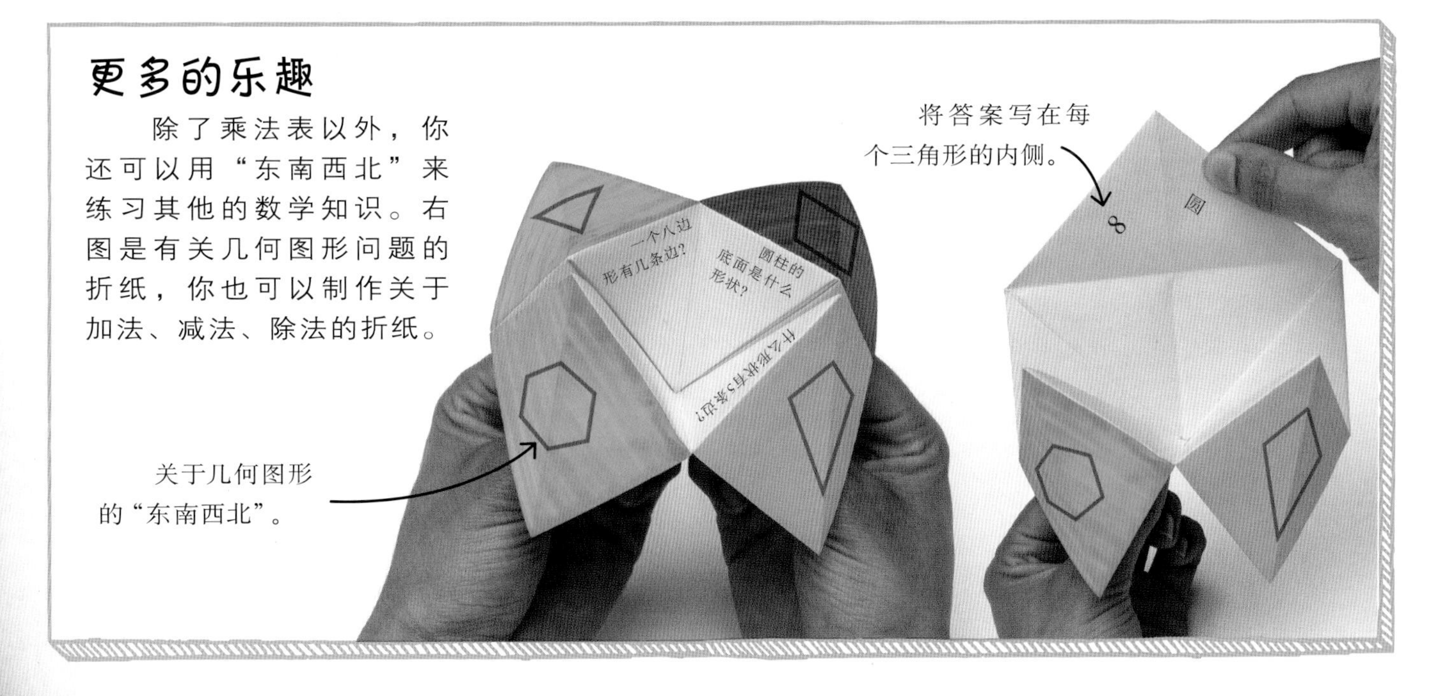

关于几何图形的“东南西北”。

将答案写在每个三角形的内侧。

快速计算——数学宾果

这是一个可以练习速算能力的游戏，回答问题的速度越快，筹码覆盖卡片的速度就越快，获胜的可能性就越大。这个游戏不限人数，但是每个玩家都需要一张宾果卡片。你能制作多少张宾果卡片，就能邀请多少位朋友一起来玩。

每个玩家都有一张不同的宾果卡片。

将题目放在鞋盒里，这是你的宾果游戏机。

请先检查你的计算是否正确，再把筹码放在卡片上。

如何准备

数学宾果游戏

每个玩家都有一张不同的宾果卡片，卡片上面的数字随机排列。这意味着即使大家听到的计算题相同，但由于不同玩家宾果卡片上的数字分布不同，所以得分的概率也不同。

所用的数学知识

- 测量——用来绘制宾果卡片。
- 加法、减法、乘法和除法——用来以最快的速度覆盖宾果卡片。

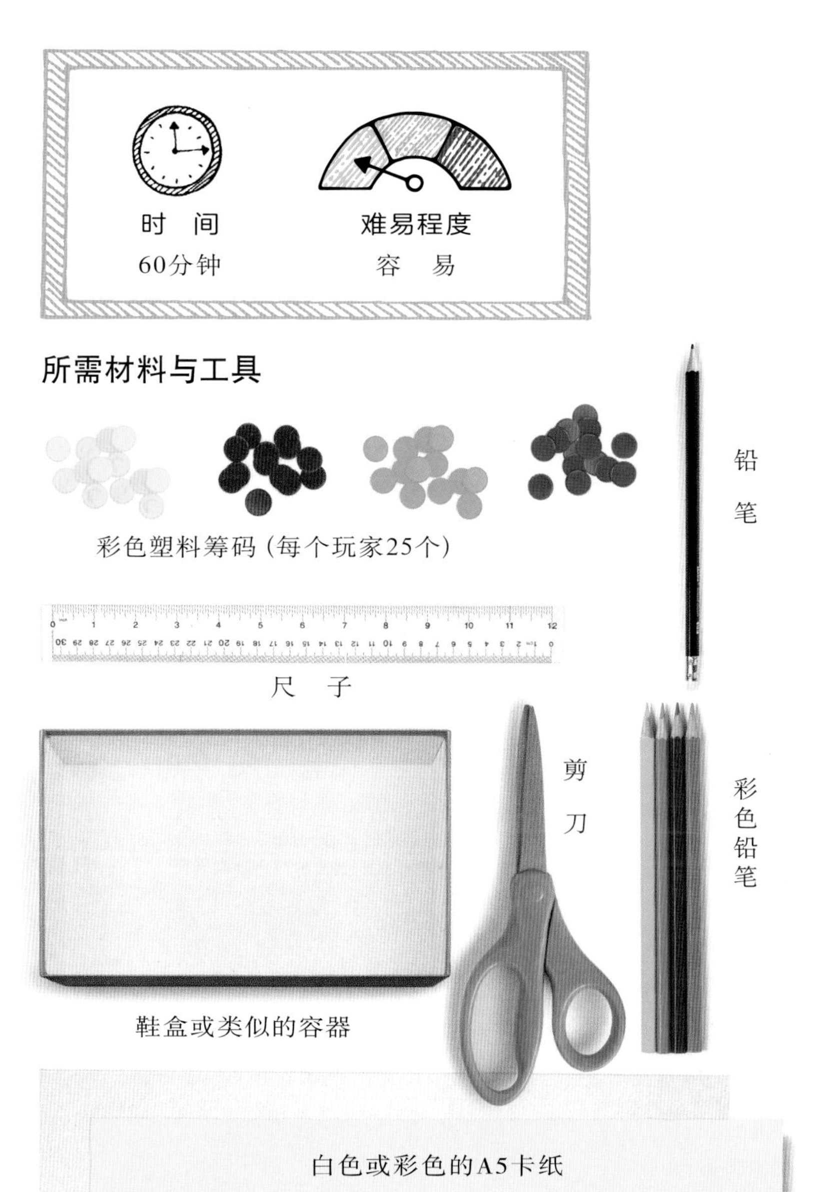

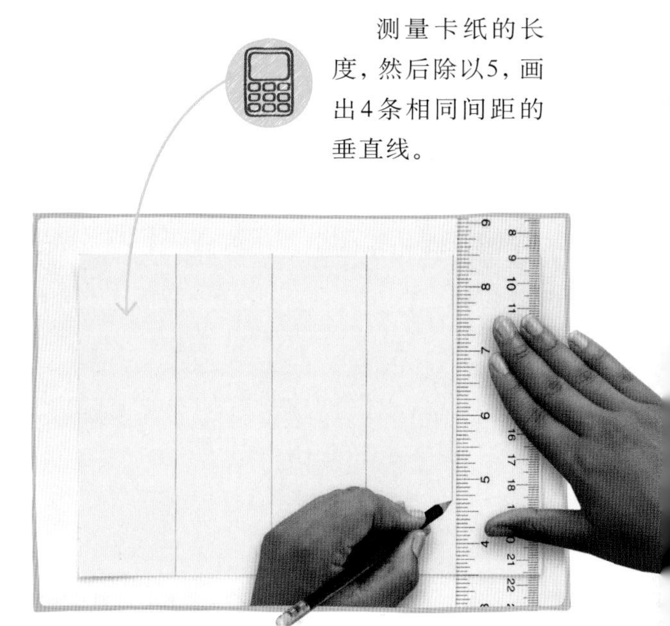

1 取一张A5卡纸，在纸上从上边缘到下边缘画4条等距的垂直线。

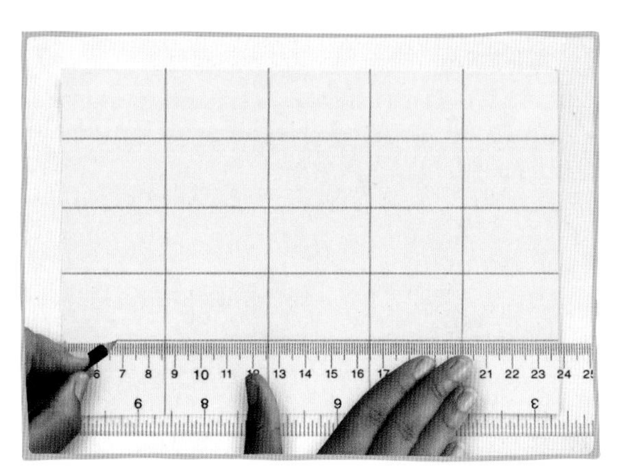

2 将卡纸的宽度除以5，然后在卡纸上画4条等距的水平线，便得到一张5 × 5的网格纸。

1	2	3	4	5
6	7	8	9	10
11	12	13	14	15
16	17	18	19	20
21	22	23	24	25

3 从左上角开始，到右下角结束，用1～25给网格编号。重复前三步，制作更多的网格纸，并将1～25随机排列在网格中。

你可以给网格中的每个方块涂上不同的颜色。

4 在另一张卡纸上，从上边缘到下边缘画3条等距的垂直线和2条等距的水平线，制作一张4×3的网格纸。

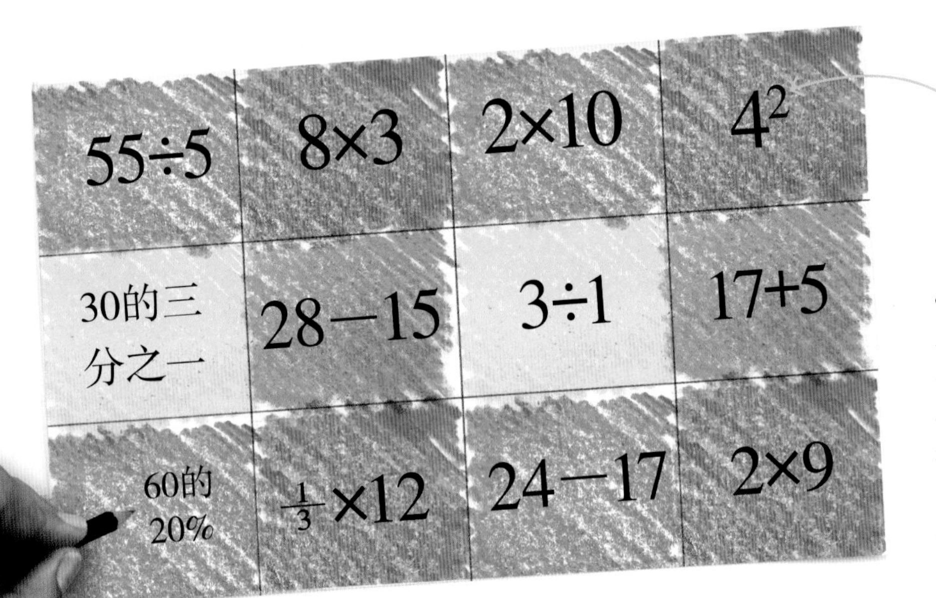

这个偏小的数字称为幂，数字是几，就表示有多少个同样的数字相乘。要解答4^2是多少，你需要计算4×4。

5 用计算题填满网格的每个方块，然后重复第4步和第5步来编写更多的计算题，直到你有25张卡片。务必使每道题都有不同的答案，而且每个答案都在1到25之间。此外，你还可以再多做几张卡片，用来玩另一个游戏。

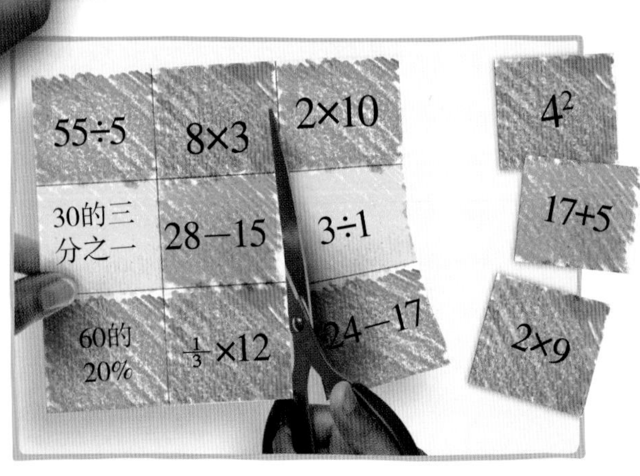

6 用剪刀剪下计算题，然后将它们折叠好，放在鞋盒或类似的容器里。

裁判读完计算题后应该将它放在一边，以免重复使用。

7 除了裁判之外，每个玩家有一组筹码和一张宾果卡片。裁判从鞋盒里抽出计算题，并且读给大家听。

1	2	3	4	
6	7	8	9	10
11	12		14	15
16	17	18	19	20
21	22	23	24	25

如果获胜，你必须证明你所覆盖的答案是正确的！

8 玩家需要计算出答案，然后将筹码覆盖在宾果卡片中所对应的答案上。

1	2	3	4	
6	7	8		
11	12		14	
16		18	19	
	22	23	24	

9 裁判继续读题，玩家算出答案并用筹码覆盖答案。当筹码排成右侧示例的模式时就可以得分。其中一个玩家得到15分时，游戏即宣告结束。

真实世界的数学——宾果机

在宾果游戏大厅中，为了确保游戏公平，每次摇出的数字都是随机的。宾果机是一台放宾果球的透明的球形容器，容器随着手柄的转动而转动，其中的宾果球从下方的管道随机滚出宾果机。

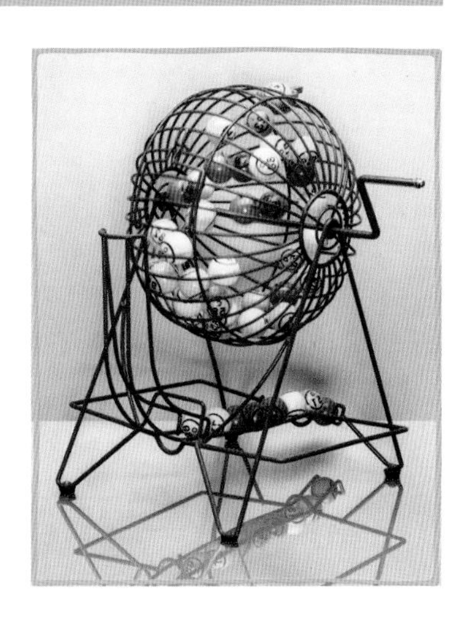

宾果计分

在这个版本的宾果游戏中，有两种得分方法：覆盖答案的筹码排成一列或一行，得5分；覆盖答案的筹码排成交叉对角线，得10分。第一位获得15分或多于15分的玩家获胜。

		3	4	5
	7	8		10
	12	13	14	15
	17		19	20
	22	23		25

排成列：5分

1	2	3		5
11	12	13	14	15
16		18	19	20
	22		24	

排成行：5分

		3	4	
6		8		
11	12		14	15
16		18		20
	22	23		

排成交叉对角线：10分

壮观的数列——斐波那契螺旋线

跟随列奥纳多·达·芬奇的足迹，用斐波那契数列创作属于你自己的杰作。你可以用不断增大的正方形拼画出完美的螺旋线，快来制作一幅适合挂在画廊里的拼贴画吧。

所用的数学知识

- 数列和模式——用来制作理想尺寸的正方形。
- 比例——用来绘制一个完美的矩形。
- 直角——用来确保正方形能够整齐地拼合在一起。

鲜艳夺目的珠子凸显拼贴画中的斐波那契螺旋线。

如何制作

斐波那契螺旋线拼贴画

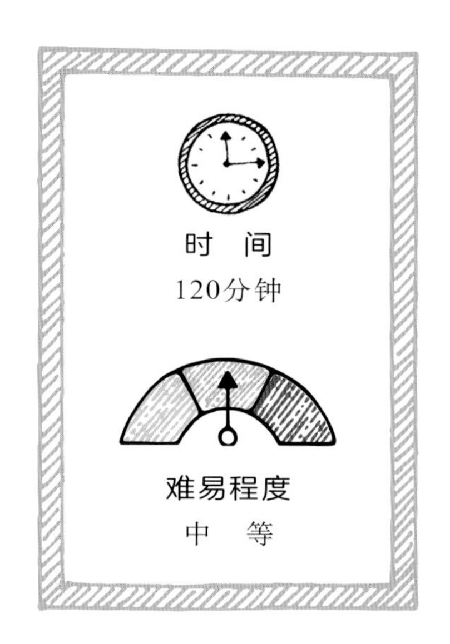

这个项目的关键是使用斐波那契数列来创建模板，制作大小不一的正方形。斐波那契是著名的意大利数学家，他发现自然界中存在一个常见的数列。

所需材料与工具

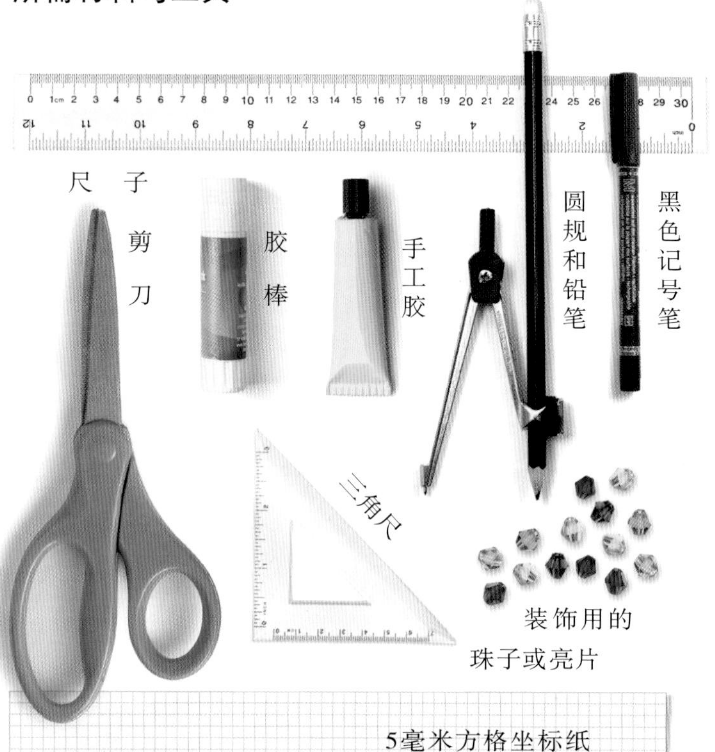

彩色闪光纸或普通彩色纸

斐波那契数列

斐波那契数列中的前两项为1，从第3项开始，每一项等于前两项之和。

$1+1=\boxed{2}$

$1+2=\boxed{3}$

$2+3=\boxed{5}$

$3+5=\boxed{8}$

$5+8=\boxed{13}$

$8+13=\boxed{21}$

$13+21=\boxed{34}$

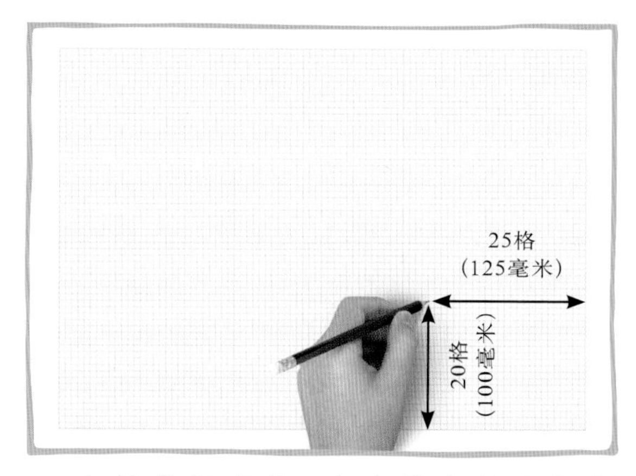

1 在单位长度为5毫米的方格坐标纸上，从右边向左数25格，从底边向上数20格，交点处用铅笔做一个标记。

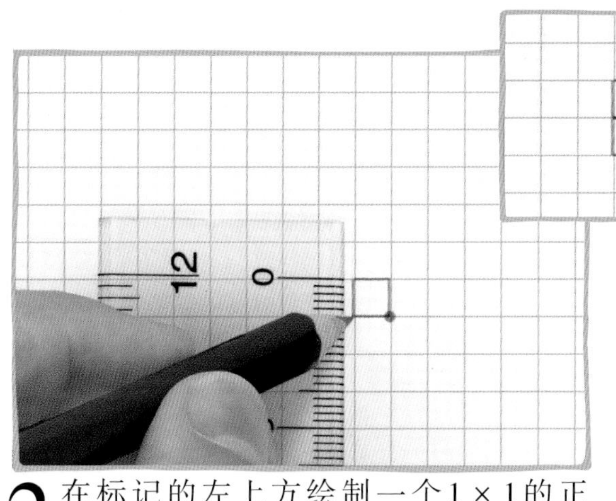

2 在标记的左上方绘制一个1 × 1的正方形。接下来，在这个正方形的下面再绘制另一个1 × 1的正方形（见右上图），标记位于它们之间。

用斐波那契数列找到下一个正方形的尺寸。

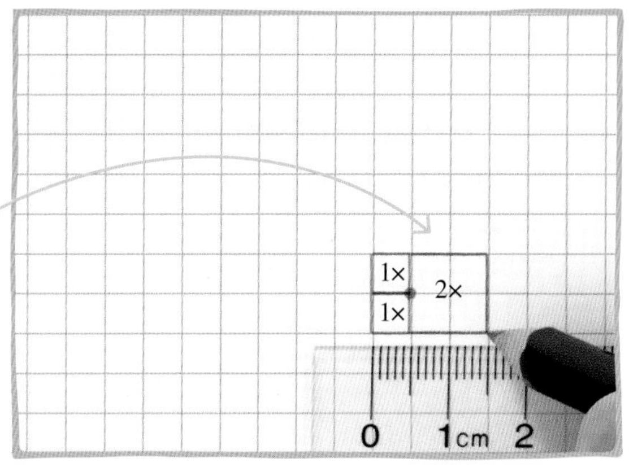

3 斐波那契数列的下一个数字是2，应该绘制一个2 × 2的正方形。在两个正方形右侧绘制2 × 2的正方形。

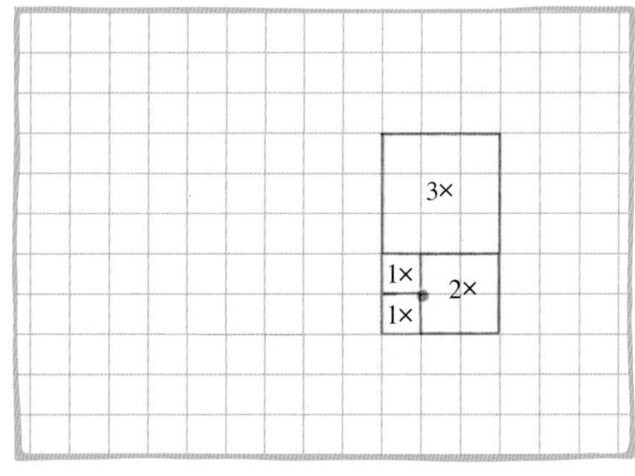

4 接下来的数字是3，在矩形的上方绘制一个3 × 3的正方形。

每次添加新正方形后，你绘制的图案就成了一个更大的矩形。

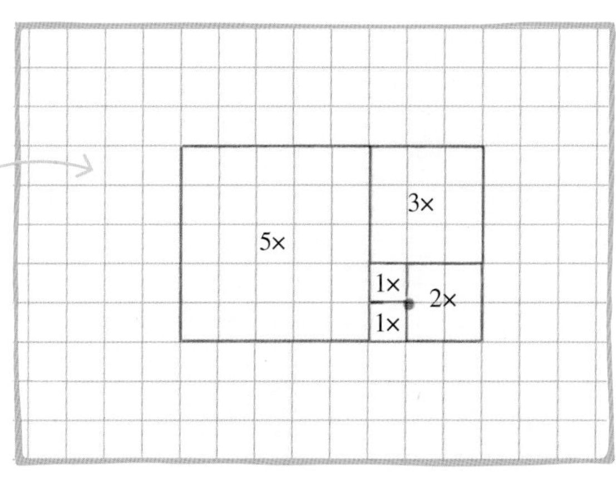

5 接下来的数字是5，在矩形的左侧绘制一个5 × 5的正方形。

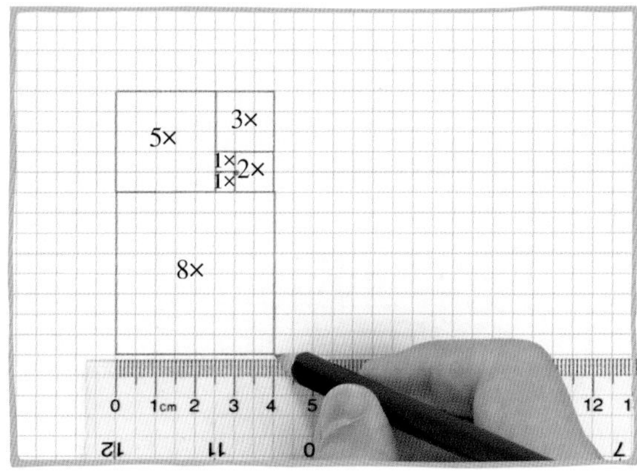

6 接下来的数字是8，在矩形的下方绘制一个8 × 8的正方形。

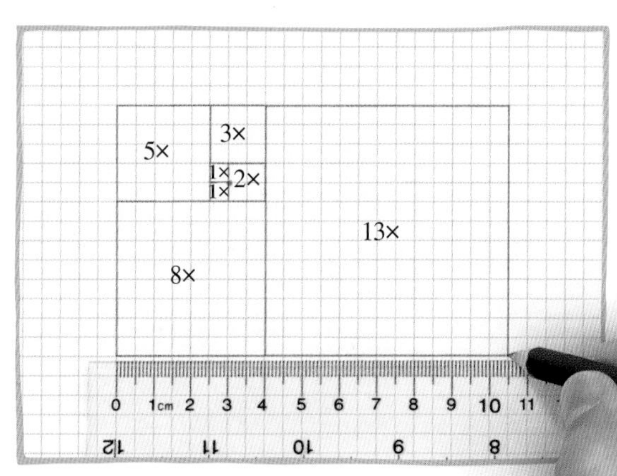

7 接下来的数字是13，在矩形的右侧绘制一个13 × 13的正方形。

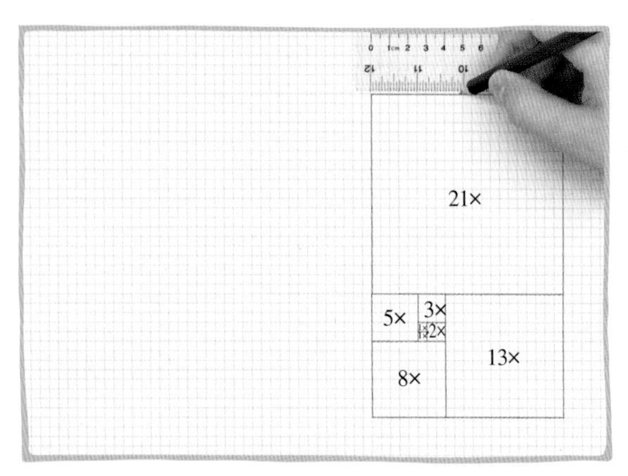

8 接下来的数字是21，在矩形的上方绘制一个21×21的正方形。

斐波那契矩形很特殊，因为无论这个矩形有多大，它的长度与宽度的比例始终约为1.6∶1。

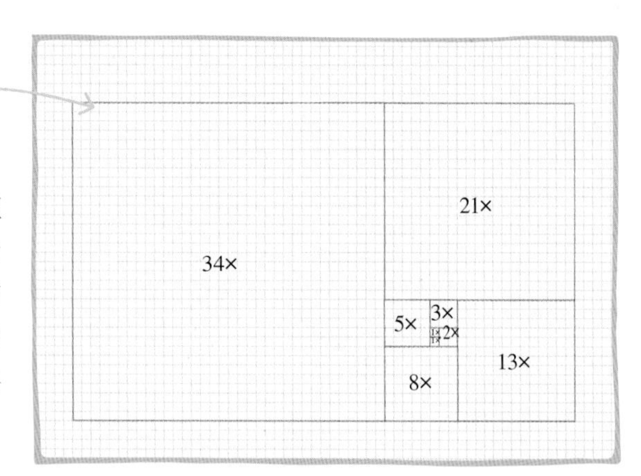

9 接下来的数字是34，在矩形的左侧绘制一个34×34的正方形。现在你的斐波那契模板做好了！

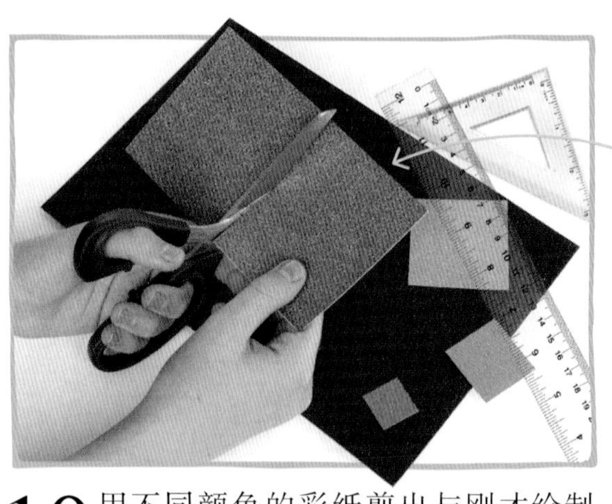

你可以将数字乘以5毫米来计算要剪的每种彩色正方形的尺寸。

10 用不同颜色的彩纸剪出与刚才绘制的各个正方形尺寸相同的纸片。用三角尺和直尺确保它们的角为直角。

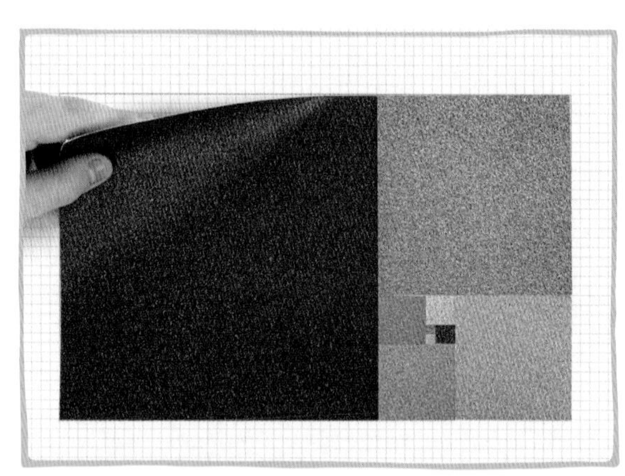

11 按从小到大的顺序粘贴正方形，以此类推，直到彩色正方形覆盖整个模板。剪掉多余的坐标纸。

斐波那契螺旋线

在每个正方形的对角之间画一条曲线，就得到了根据斐波那契数列绘制的螺旋线。

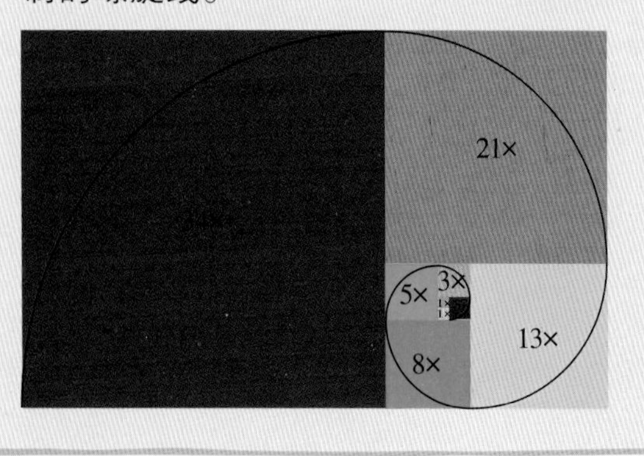

将圆规的针尖放在第1步所做的标记上。

12 将圆规半径设置为5毫米，将针尖放在第一个正方形的右下角，在两个最小的正方形上画一条曲线。

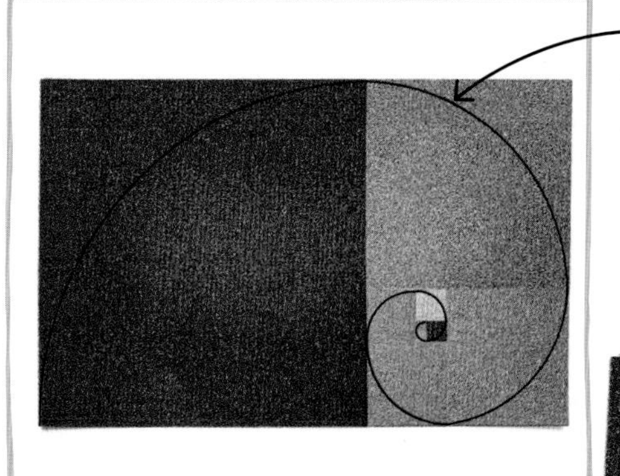

你可以用铅笔或黑色记号笔画曲线。

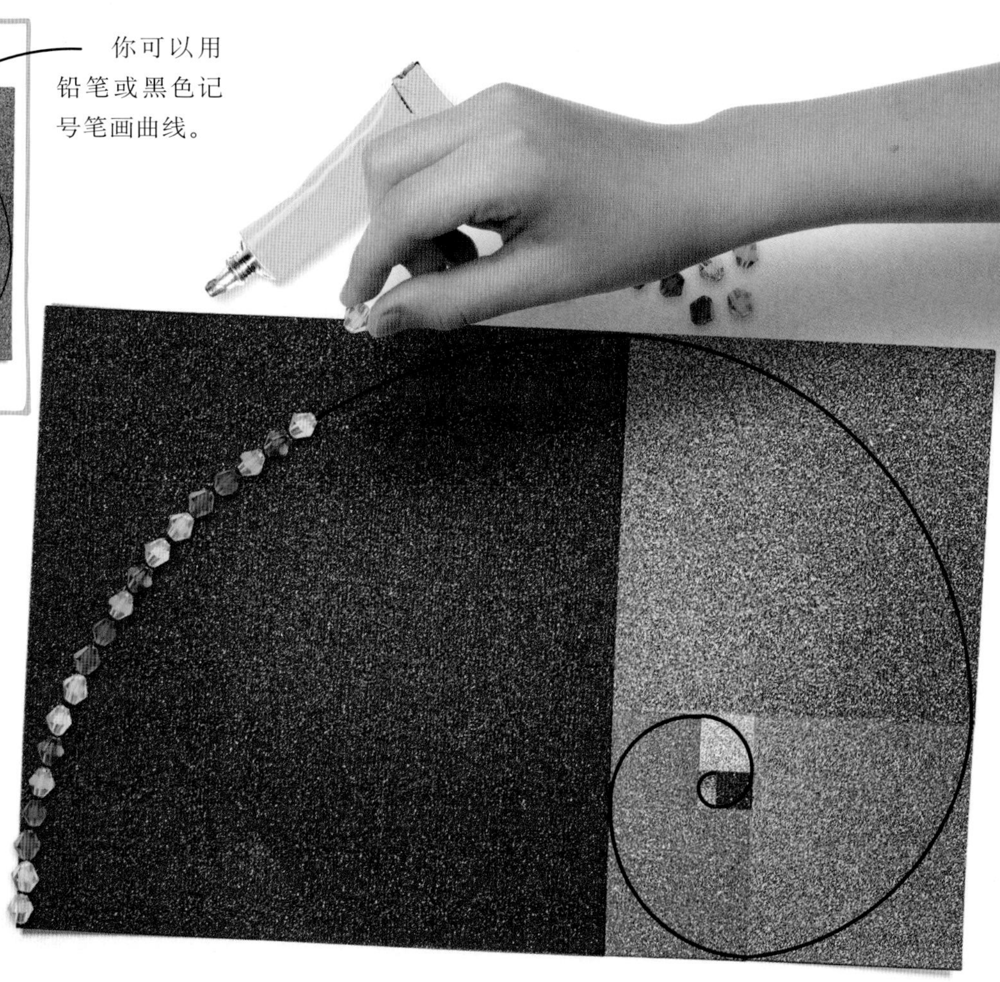

13 重复第12步，将圆规的针尖放在要画的曲线的对角上，画出螺旋线的一段。重复这个过程，直到所有的正方形中都有一段螺旋线。

14 用珠子或亮片沿着螺旋线来装饰拼贴画。

真实世界的数学——自然界中的斐波那契数列和艺术品中的黄金比率

斐波那契螺旋线不仅出现在数学中，还常常出现在自然界中。松果和菠萝将它们的鳞片排列成斐波那契螺旋线形状，而一朵花上的花瓣数量通常是斐波那契数列中的数字。例如，图中这种紫菀属的花通常有34、55或89瓣，花瓣数量都是斐波那契数列中的数字。

斐波那契数列不仅出现在自然界中，还出现在艺术界中。人们认为意大利著名画家列奥纳多·达·芬奇创作《蒙娜丽莎》时，在构图上使用了黄金矩形，即长宽之比约为1.6:1的斐波那契矩形，使作画显得更加和谐。

用一段毛
线将捕梦网挂
在床头。
用色彩鲜艳的
毛线编织网络。
在毛线上穿
上珠子，增添色
彩和光泽。

乘法挂件——捕梦网

捕梦网起源于美国原住民文化，人们认为捕梦网可以捕获好梦，送走噩梦。接下来，你将学习如何平分圆，并且利用乘法表知识编织不同图案的捕梦网。你可以将捕梦网挂在床头，让它陪伴你入眠。祝你有个好梦！

好梦顺着羽毛落到下面睡觉的人身上。

所用的数学知识

- 乘法表——用来制作不同的图案。
- 角度——用来平分圆。
- 半径和直径——用来绘制圆。

如何制作

捕梦网

制作捕梦网是学习乘法表的一个好方法。你需要准备一些卡纸、毛线，以及用作装饰的彩色羽毛和珠子。我们将3的乘法表用于制作捕梦网，你也可以用其他数字的乘法表来编织不同的图案。

圆的半径是直径的一半。

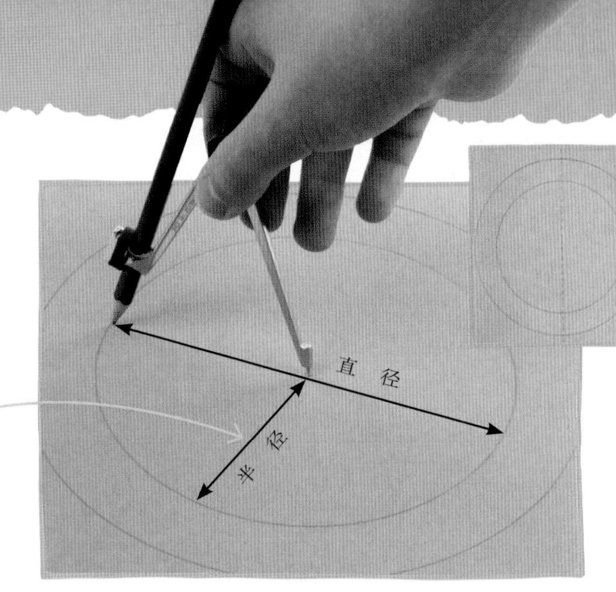

1 在卡纸上画一个半径为10厘米的大圆。再用同一个圆心，画一个半径为7.5厘米的小圆，然后穿过圆心画一条淡淡的直线。

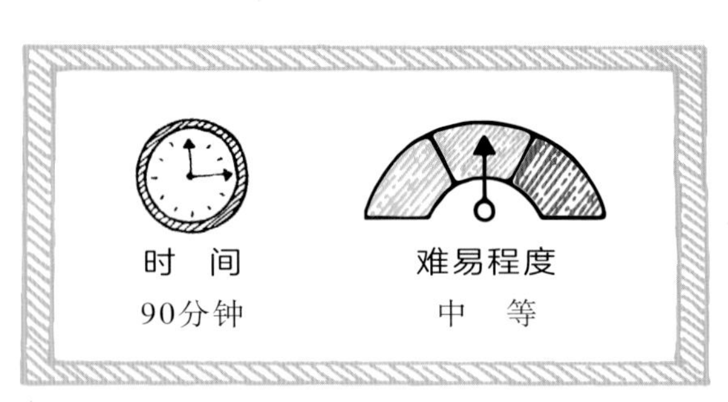

将量角器的基线放在0°线上。

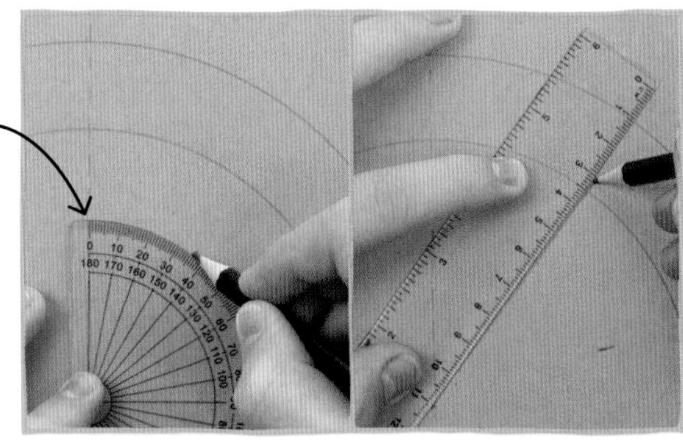

2 用量角器标出10个36°的角。在每个标记处画一条连接圆心和小圆的直线，最后得到一个类似于轮辐的图案。

所需材料与工具

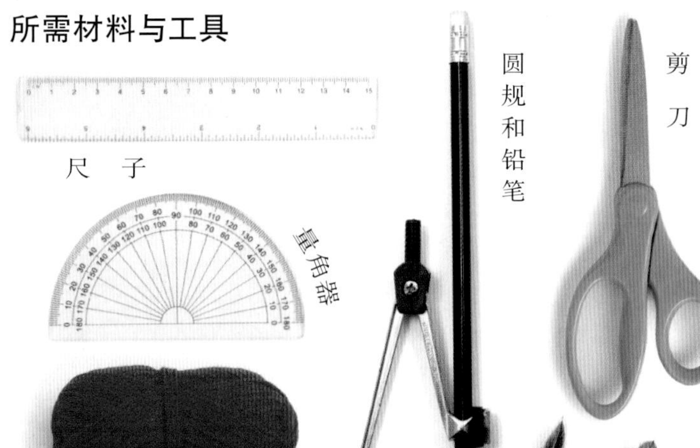

尺 子

量角器

圆规和铅笔

剪 刀

红色毛线

胶 泥

胶 棒

彩色羽毛

灰色的A4卡纸

胶 带

珠子和贴纸或闪光装饰

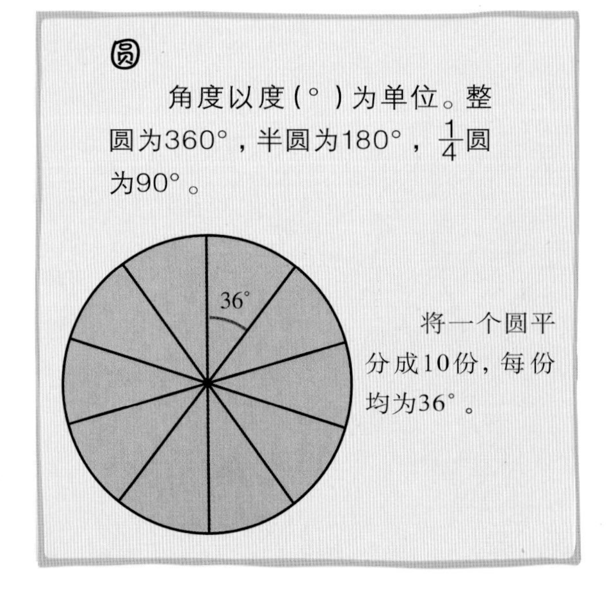

圆

角度以度(°)为单位。整圆为360°，半圆为180°，$\frac{1}{4}$圆为90°。

将一个圆平分成10份，每份均为36°。

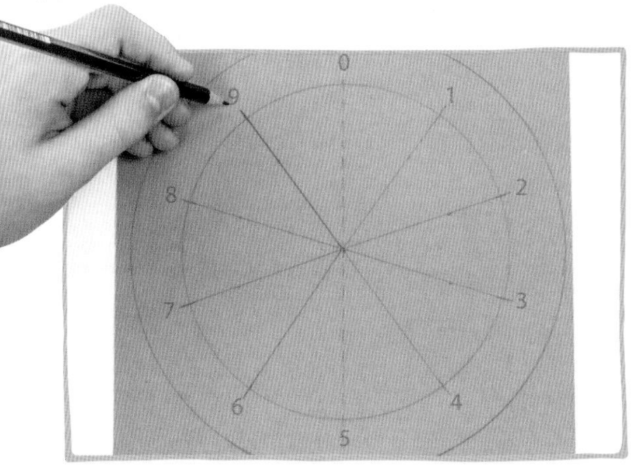

3 在绘制的“轮辐”外侧沿顺时针方向写下数字0～9。

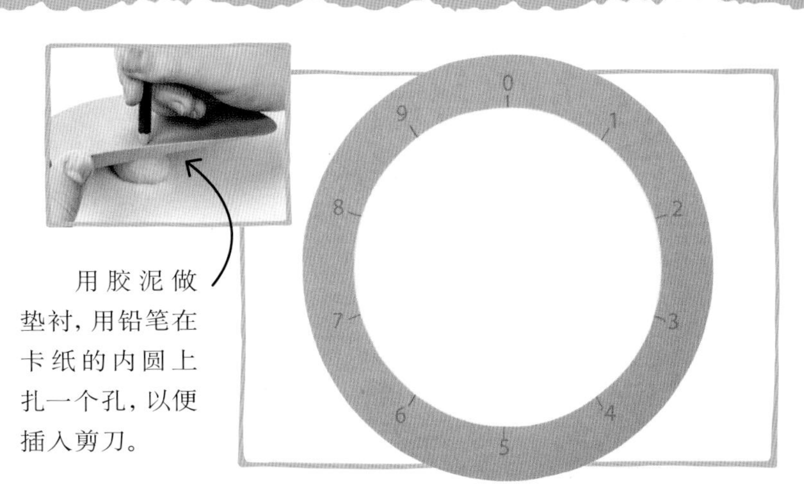

用胶泥做垫衬，用铅笔在卡纸的内圆上扎一个孔，以便插入剪刀。

4 沿着轮廓小心地剪下圆环。

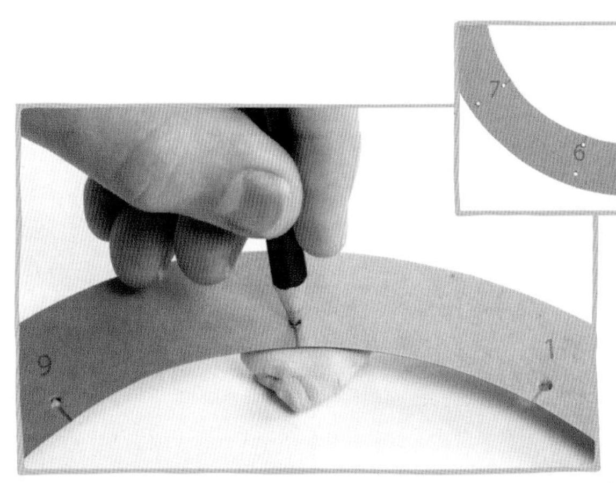

在数字4、5、6、7处分别再多扎一个孔。

5 用铅笔和胶泥在每个标记数字的地方扎一个距离内边缘0.5厘米的孔。在圆环的底部多扎4个孔，在0～1之间的顶部也扎一个孔。

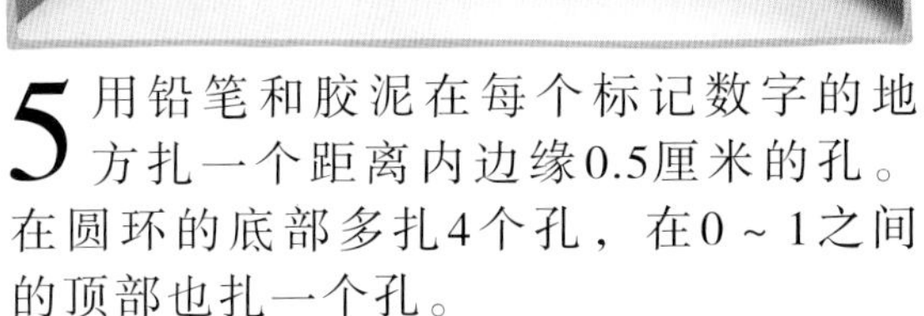

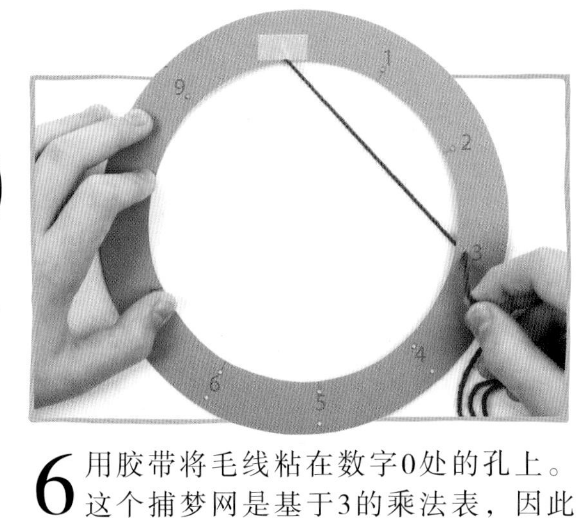

6 用胶带将毛线粘在数字0处的孔上。这个捕梦网是基于3的乘法表，因此将毛线穿过数字3对应的孔。

这个孔将被用来悬挂捕梦网。

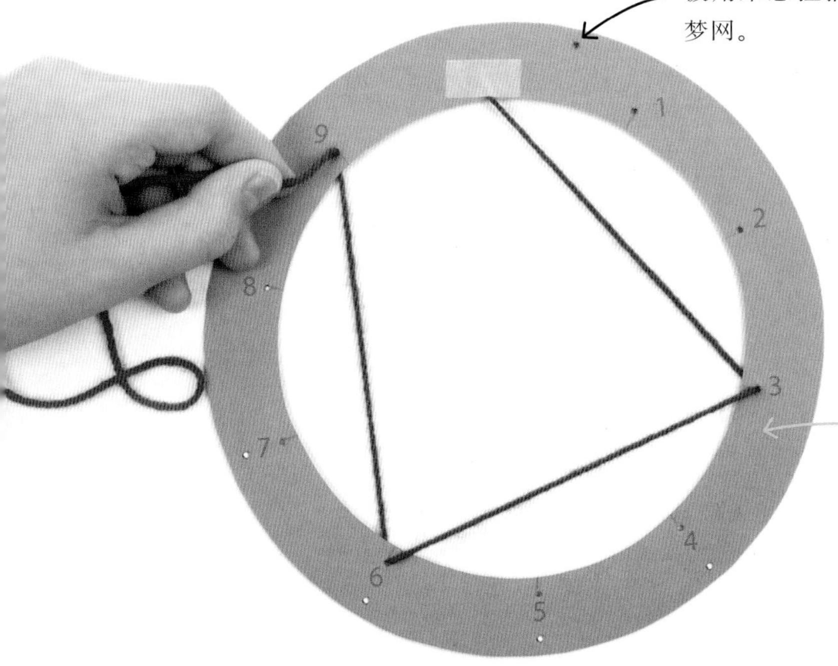

7 3乘以2答案是6，因此要把毛线穿过数字6对应的孔。接下来，计算3乘以3，然后将毛线穿过数字9对应的孔。

用3的乘法表计算毛线下一个将要穿过的孔。

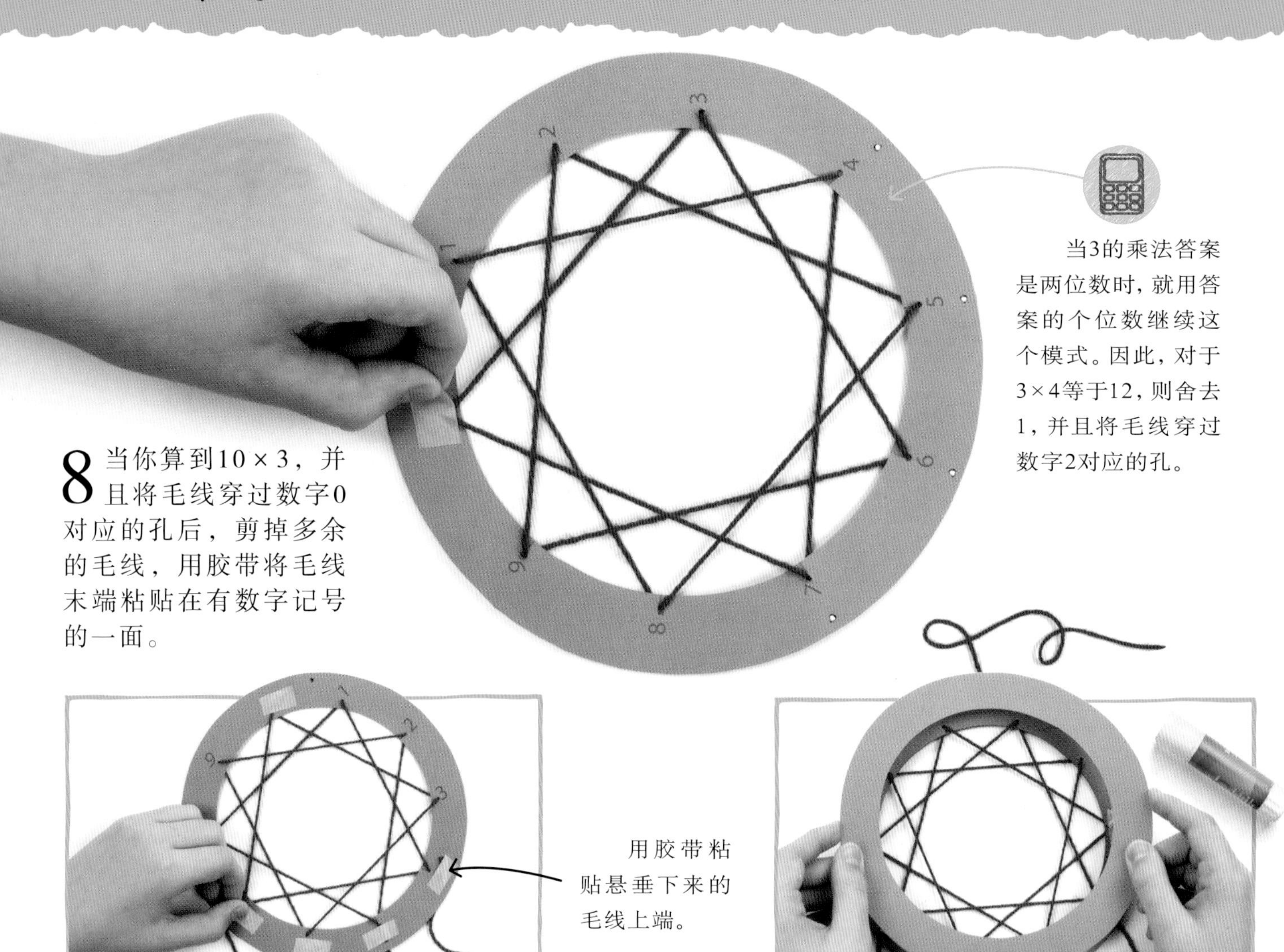

8 当你算到10 × 3，并且将毛线穿过数字0对应的孔后，剪掉多余的毛线，用胶带将毛线末端粘贴在有数字记号的一面。

当3的乘法答案是两位数时，就用答案的个位数继续这个模式。因此，对于3×4等于12，则舍去1，并且将毛线穿过数字2对应的孔。

9 剪4段长20厘米的毛线。将这些毛线穿过底部的孔，用胶带固定。再剪一段毛线，穿过顶部的孔，也用胶带固定，用来悬挂捕梦网。

10 按照第1步和第4步的指示，制作第二个卡纸圆环，用胶将它粘贴到编好网络的圆环有数字记号和胶带的那一面，使捕梦网更加结实。

11 在四根悬垂的毛线上穿上珠子，并且在最后一颗珠子下面打一个结，以免它们脱落。将羽毛插入珠子的孔中，并剪掉多余的毛线。

鲜艳的羽毛为捕梦网增添色彩。

12 用贴纸、闪光装饰或颜料装饰捕梦网，然后就可以将它悬挂起来了！

编织图案

你可以尝试用不同颜色的毛线来编织多个数字乘法表的图案。

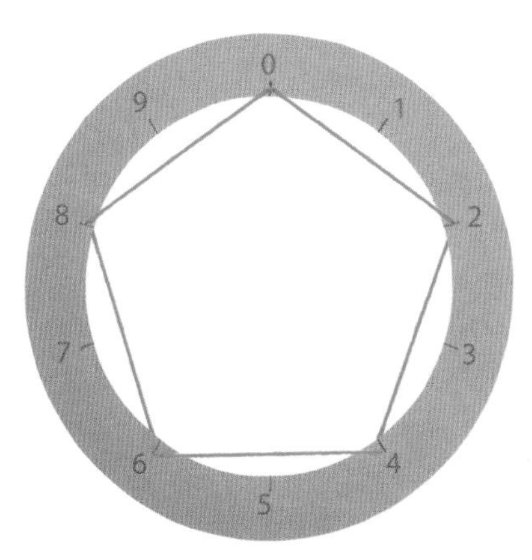

2的乘法表

4的乘法表

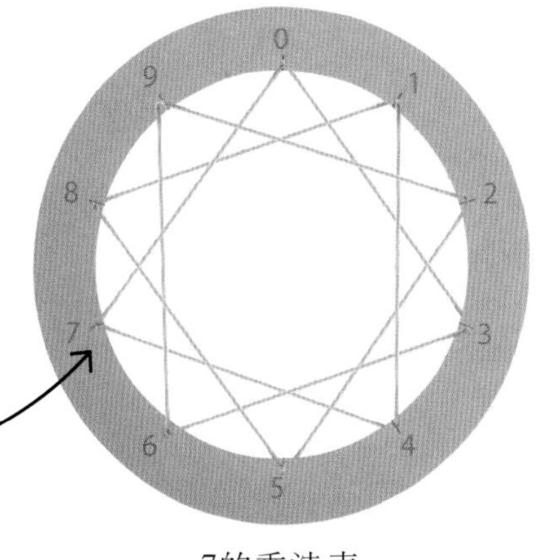

7的乘法表

不同数字的乘法表可能组成相同的图案。这个图案与用3的乘法表编织出来的图案相同。

分数的盛宴——烘烤和分配比萨饼

你可以做一些美味的比萨饼来招待朋友。揉面团和制作酱汁时，你将学习如何测量食材。比萨饼做好以后，你可以用分数计算如何平均分配比萨饼。祝你们愉快地共享美食！

记得将你的比萨饼分成等份，以免因分配不公平引起麻烦。

所用的数学知识

- 测量——用来正确地计算食材的比例。
- 分数——用来将比萨饼平均分给朋友们。

如 何

烘烤和分配比萨饼

制作比萨饼是一个理解分数的好方法，因为你需要将整个比萨饼平均分配，使每个人都得到自己的那份。下面的材料足可以制作两个比萨饼，你也可以添加自己喜欢的配料。

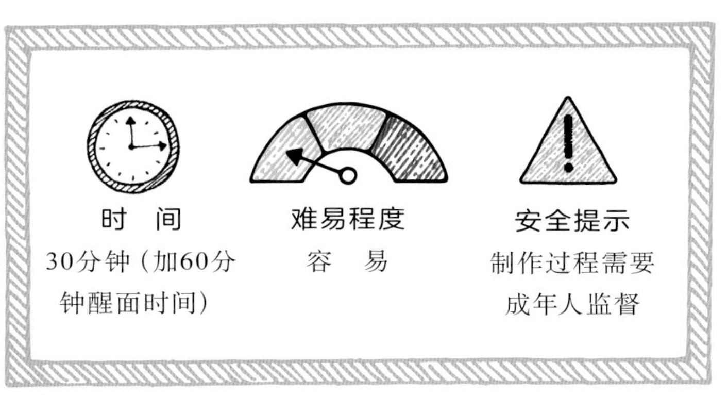

所需材料与工具

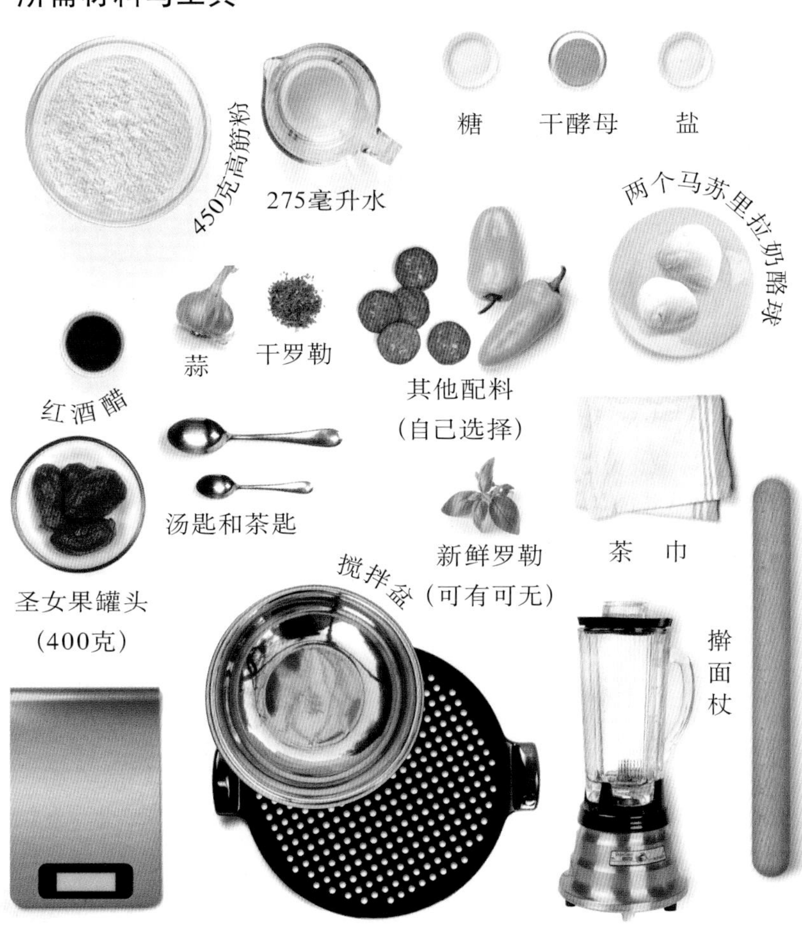

1 将450克高筋粉与1茶匙盐、1茶匙糖和1茶匙干酵母混合。在混合物的中间挖坑，并倒入275毫升水。

2 用勺子搅拌面粉。当面团开始成形时，用手将面团揉在一起。

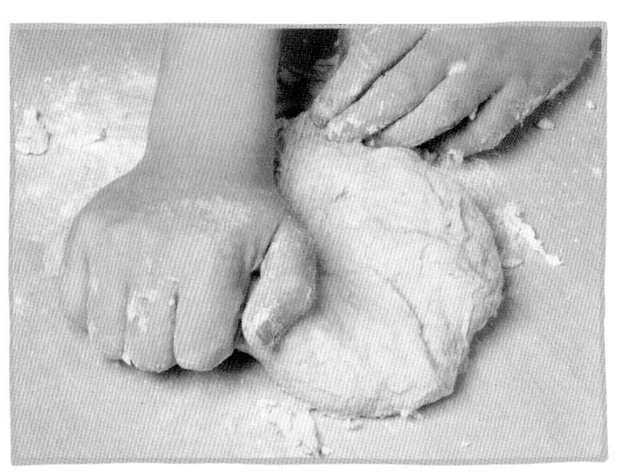

3 撒一些面粉在案板上防止粘黏。然后将面团放在案板上，开始揉面，直到面团变得光滑且不粘黏为止。

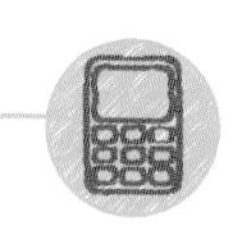

面团发酵后会膨胀。

4 将面团揉成球形，然后将它放回盆中，用湿茶巾盖上，静置一个小时，直到面团发酵成原来的两倍大。

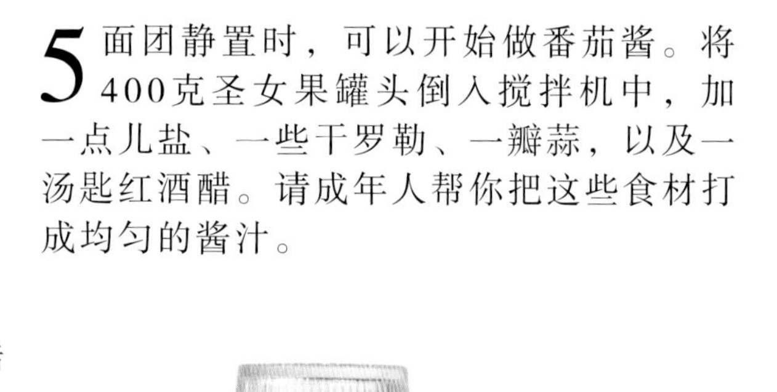

5 面团静置时，可以开始做番茄酱。将400克圣女果罐头倒入搅拌机中，加一点儿盐、一些干罗勒、一瓣蒜，以及一汤匙红酒醋。请成年人帮你把这些食材打成均匀的酱汁。

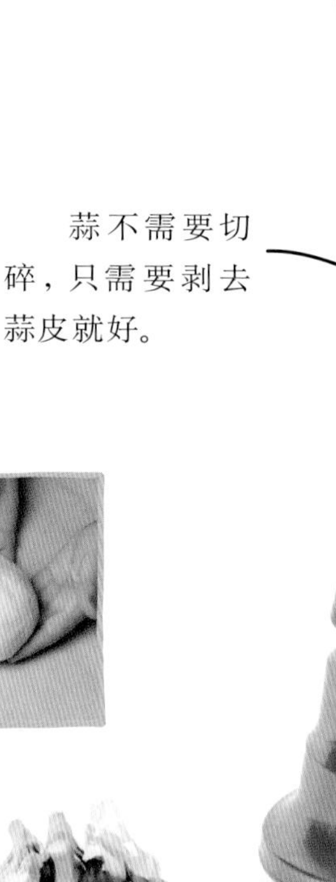

蒜不需要切碎，只需要剥去蒜皮就好。

6 取下茶巾，轻轻地捶击面团，将其中的气体排出来。将面团倒在面板上，揉光滑，然后分成两等份。

分 数

把一个单位分成若干等份，表示一份或几份的数称为“分数”。在这里，你分开的两个小面团都是大面团的$\frac{1}{2}$。如果你将面团平均分为3小团，则每个小面团都是大面团的$\frac{1}{3}$。

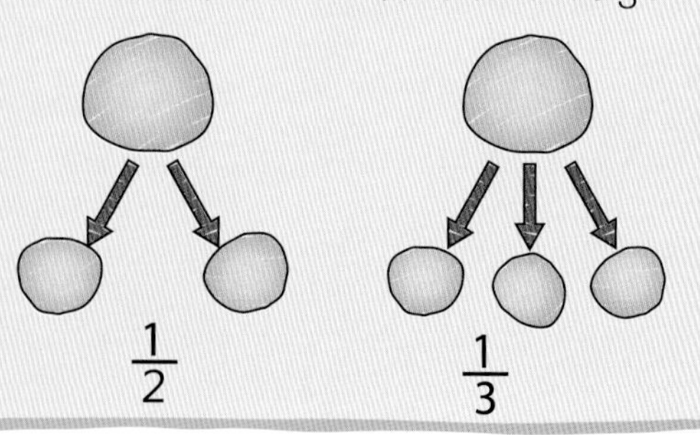

不同地区的温度度量单位不同，有些地区用摄氏度（℃），有些地区则用华氏度（°F）。

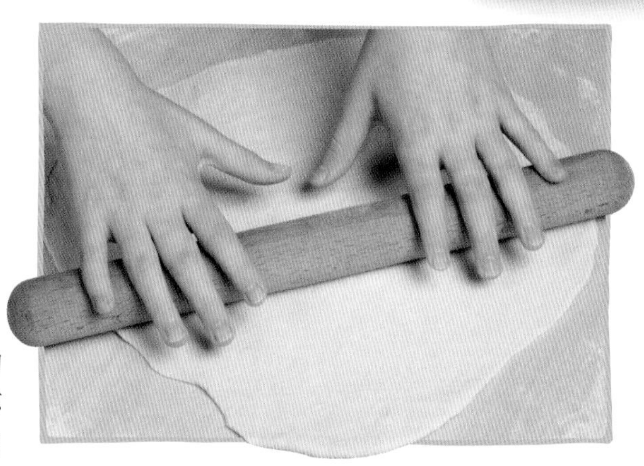

7 将烤箱预热到220℃。在面板上撒一些面粉，然后将两个面团都擀成圆形的面饼。

8 将面饼放到烤盘上。如果放不进去，就将边缘折起来，这样能做出好吃的外皮。将调配好的番茄酱涂在面饼上。

9 将一个奶酪球撕成小块，撒在比萨饼上。你可以添加你想要的配料，例如洋葱、青椒或萨拉米香肠。重复以上步骤，制作第二个比萨饼。最后请成年人将比萨饼放入烤箱中，烘烤10～15分钟。

切分比萨饼

与朋友们共享比萨饼是一个了解分数原理的有效方法。

1 如果3个人共享比萨饼，而每个人都想要1块，则需要将比萨饼分成3等份。1除以3等于$\frac{1}{3}$，因此将比萨饼分成3份。

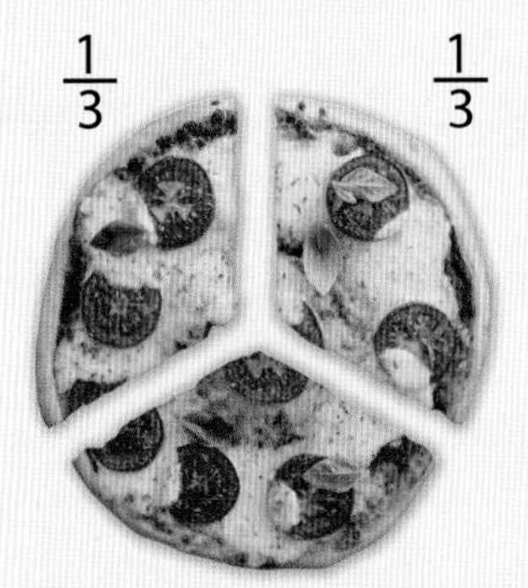

$\frac{1}{3}$ $\frac{1}{3}$ $\frac{1}{3}$

$$1 \div 3 = \frac{1}{3}$$

2 如果又来了3个人，且每个人都想要1块，则需要将比萨饼分成6等份。1除以6等于$\frac{1}{6}$，因此将比萨饼分成6份。分数的分母越大，每份比萨饼就越少。

$\frac{1}{6}$ $\frac{1}{6}$ $\frac{1}{6}$ $\frac{1}{6}$ $\frac{1}{6}$ $\frac{1}{6}$

$$1 \div 6 = \frac{1}{6}$$

10 当奶酪起泡并呈金黄色时，请成年人帮你取出比萨饼。待比萨饼稍冷却后，将它切开。祝你们愉快地共享美食！

你可以将一个比萨饼平均分成两份，每份放入不同的配料，这样你就得到了两种口味的比萨饼。

你也可以用新鲜的罗勒装饰比萨饼。

形 状

数学中的几何图形就像建筑工程中的砖块一样，可以用来制作各种各样奇妙的物品。通过制作相片球，你将了解如何用二维形状组合成三维物体。你还将学习如何印刷重复的图案，以及如何利用镶嵌来创作令人惊叹的艺术品。此外，你还将学会如何使折纸青蛙跳跃，以及如何制作栩栩如生的立体贺卡。

镜像——对称画

美丽的对称画具有相互对应的两部分。在本章中，你将分别用两种不同的方法来创作对称画，你还将学习如何使用坐标系来创作艺术作品。

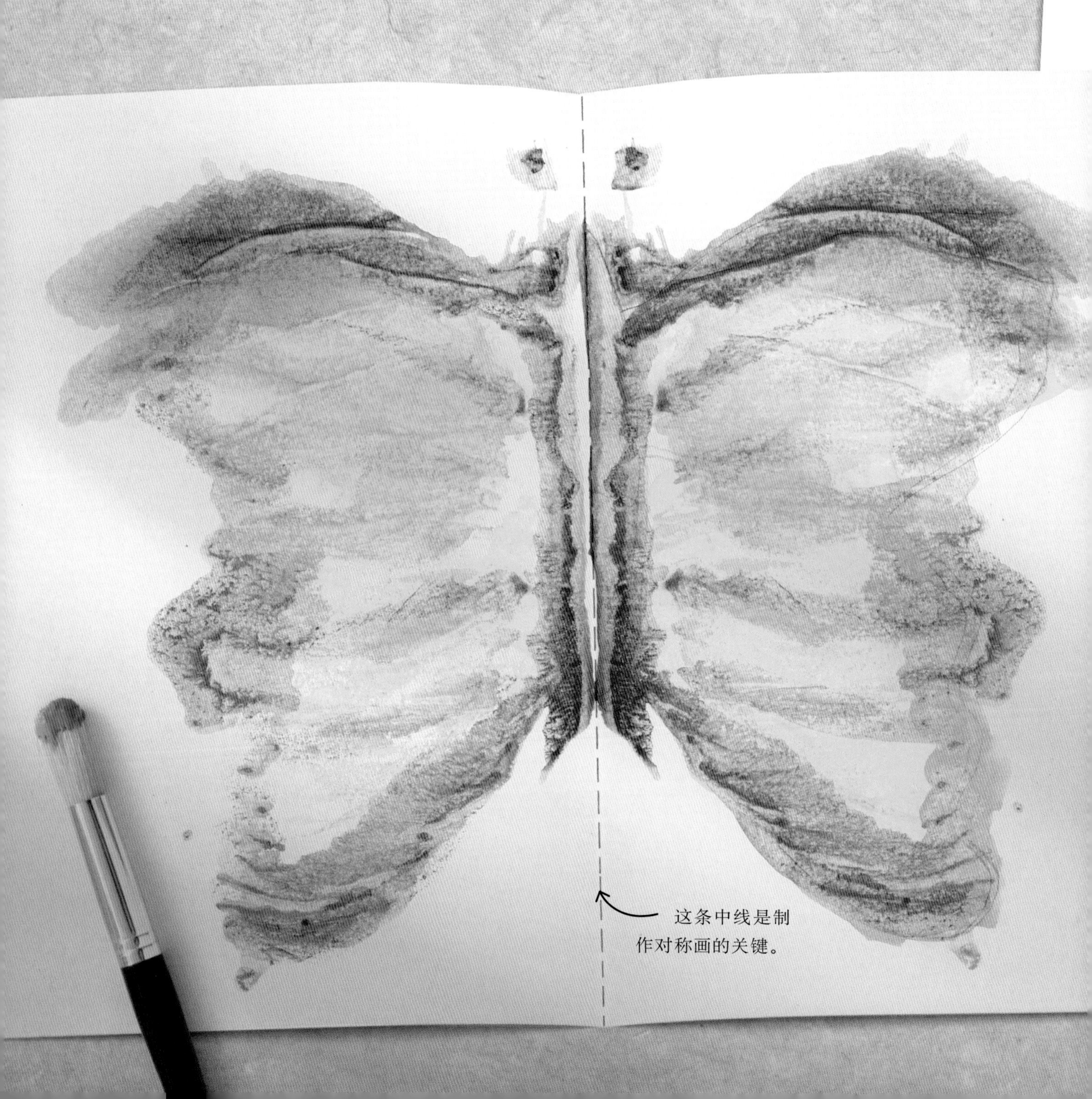

你可以用坐标系制作高精度的对称画。

如何画
对称画

下面的两幅画都是使用反射对称原理绘制的。绘制第一幅画时，你需要使用各种颜色的颜料。绘制第二幅画则有点儿棘手——如果你没有坐标纸的话，需要先绘制一张。

所用的数学知识

- 反射对称性——用来使画的两部分互为镜像。
- 坐标——用来使画完全对称。
- 顶点——用来准确地找到画两侧相互对应的区域。

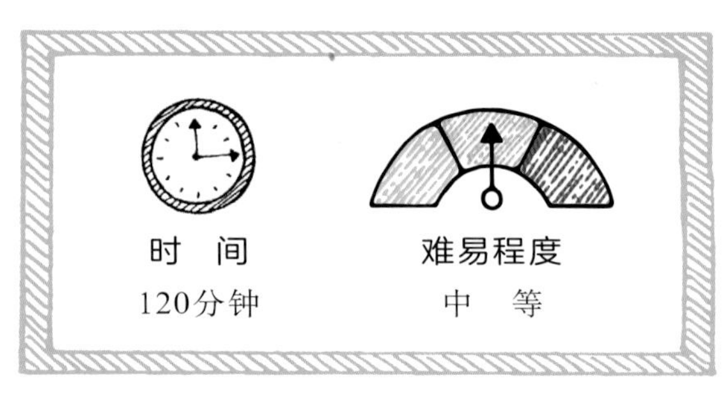

所需材料与工具

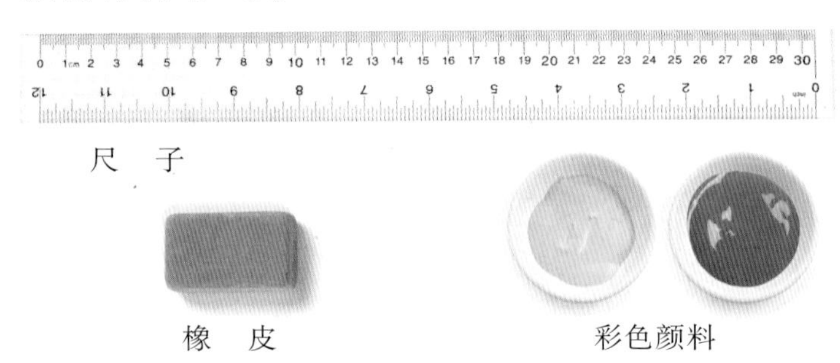

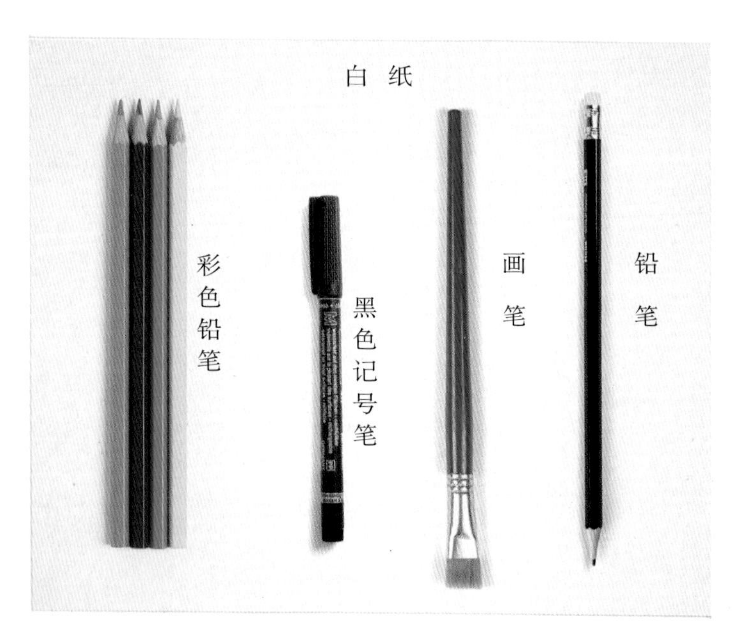

第一幅画

1 将白纸对折，然后展开。用铅笔和尺子沿折痕画一条虚线。

2 在折痕的一侧，用铅笔轻轻地画出蝴蝶的一半。

3 在画纸下面垫一张纸，然后沿着蝴蝶的轮廓涂颜料。最好多涂一点儿，以便在画纸折叠时将颜料印到另一侧。

对称轴也称为对称线或镜像线。

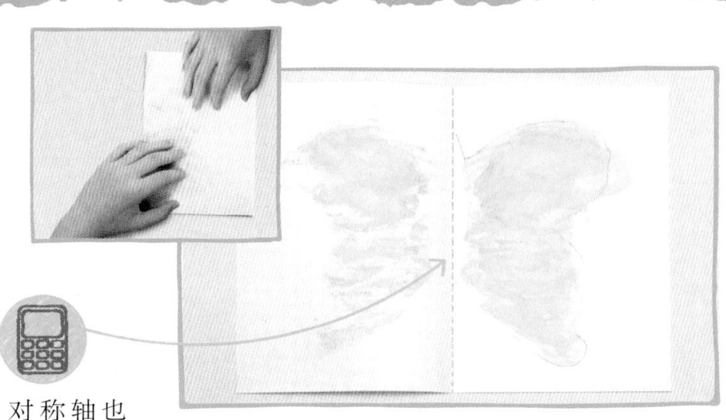

4 将画纸对折，然后向下按压。展开后，你会发现纸上形成了一幅对称画。

5 重复第3步，用颜料给画添加细节，然后再次折叠、按压画纸，将颜料印到另一侧。

反射对称性

如果一条直线穿过一个形状，能够将这个形状分成完全相同的两部分，这两部分互为完美的镜像，那么这个形状就有反射对称性。这条线称为对称轴。对称轴可能是垂直或水平方向的，也有可能是其他方向的。有些形状可能具有数条对称轴，而有些形状可能没有对称轴。

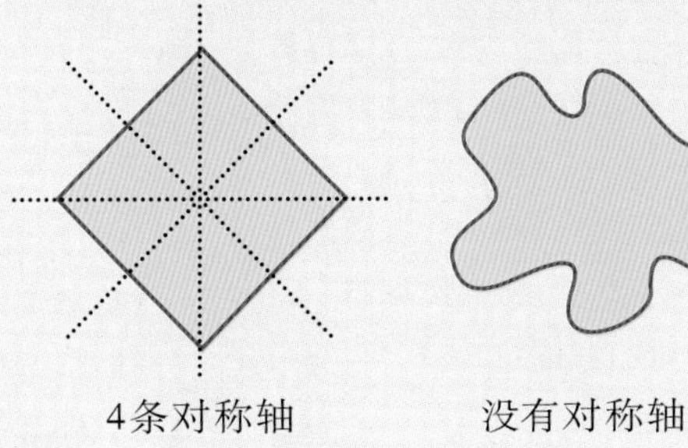

6 再次展开画纸，你可以在折痕的另一侧看到自己添加的细节。

这只蝴蝶有一条对称轴。

第二幅画

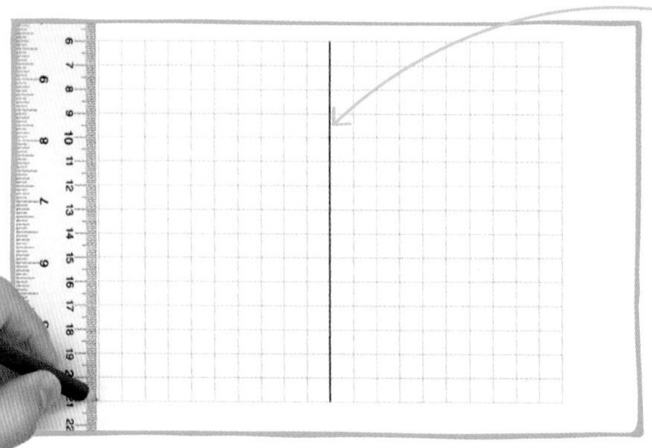

这条垂直线是网格的y轴，也将是对称轴。

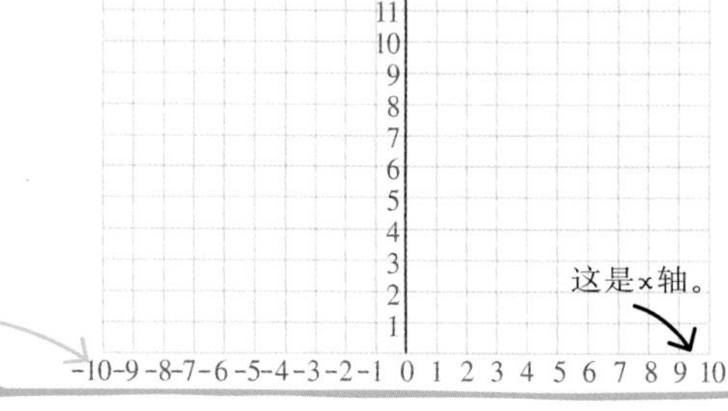

1 用铅笔在一张纸上画一个20厘米×15厘米的长方形，沿着边缘每隔1厘米做一个标记，并将这些标记用直线连起来，形成网格。在网格中间从上到下画一条粗线。

0左边的数字为负数。

2 从−10开始，沿x轴从左向右给网格线编号，一直到10。然后从0到15给y轴编号。

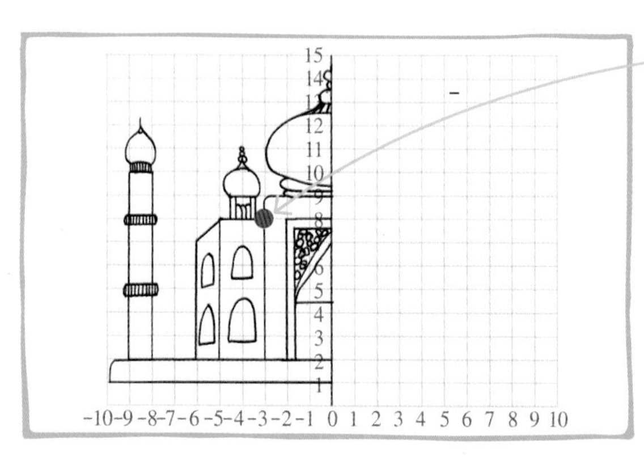

这个顶点的坐标为（−3,8）。

负值坐标被镜像线反射到另一侧时，变为正值。

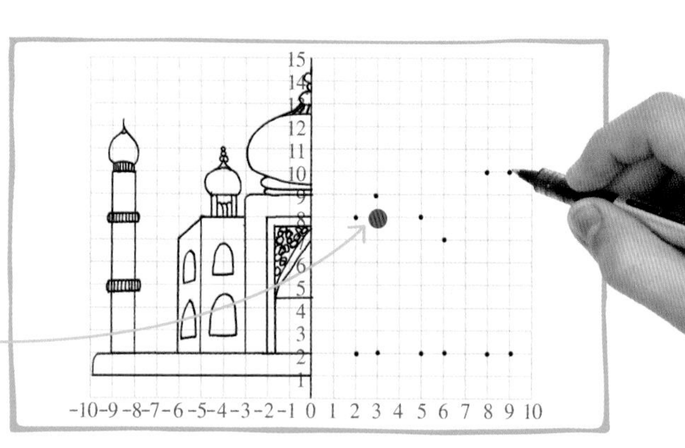

3 在y轴的左侧，尽可能沿着网格线绘制建筑物的一半。利用网格编号来找到直线每个交点的坐标。

4 为了确定要在何处绘制每个顶点的反射点，将每个坐标的第一个数字从负数转换为正数，然后将得到的坐标绘制在y轴的另一侧。

坐标

确定平面上或空间中一点位置的一组有序数称为“坐标”，通常写在括号内，第一个数字代表在x轴上的位置，第二个数字代表在y轴上的位置，中间用逗号分开。

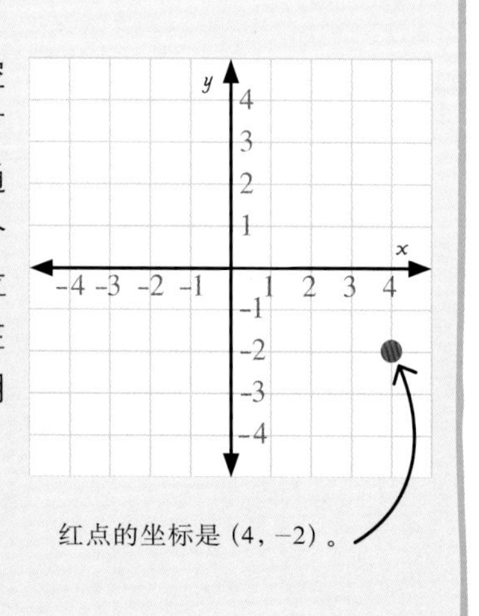

红点的坐标是（4，−2）。

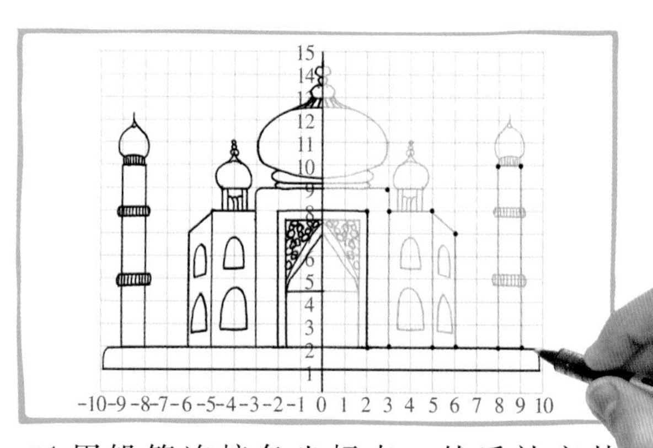

5 用铅笔连接各坐标点，然后补充其他细节。完成后，用黑色记号笔描绘铅笔线。

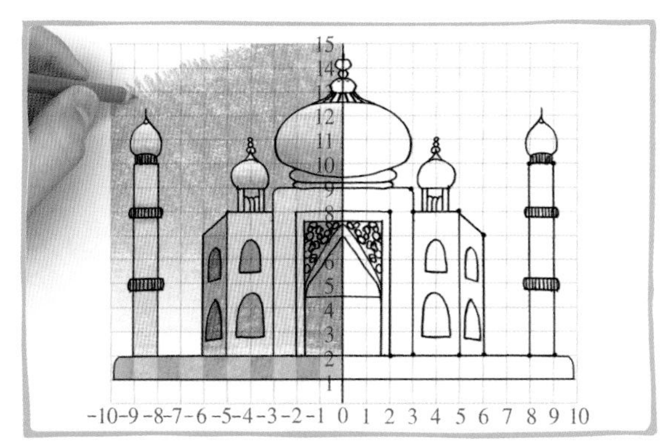

6 用不同颜色的彩色铅笔给图画的左侧上色。你可以用相同色系的颜色（例如浅绿色和深绿色）来绘制有趣的图案。

这个正方形在y轴的左侧为浅绿色，因此右侧也必须是浅绿色。

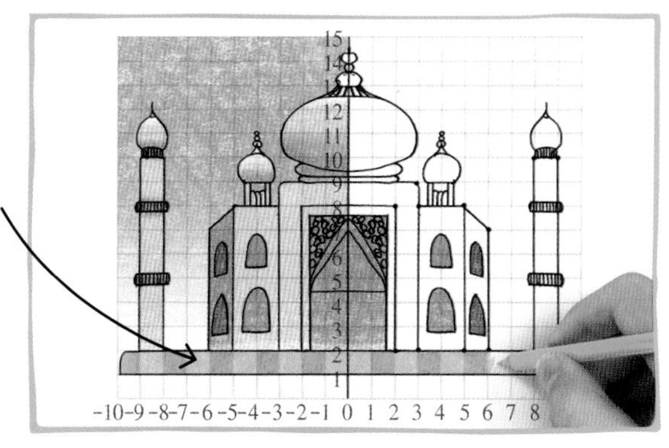

7 接下来，给对称线右侧的方格上色，仔细复制对称线左侧的颜色。坐标可以帮助你确定每个正方形的颜色。

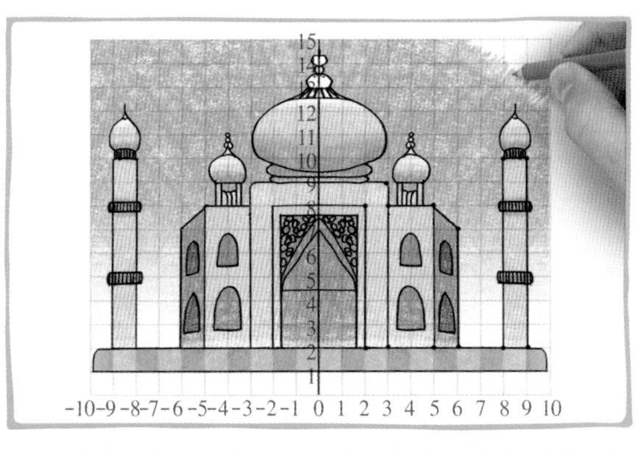

8 重复这个过程，直到整幅图画都上完色，这幅对称画就完成了。还有哪些图画可以制成好看的对称画呢？

真实世界的数学——建筑物的对称性

在建筑物设计中使用对称性，不仅是因为我们喜欢对称的物体，还为了使建筑物更坚固。法国巴黎埃菲尔铁塔的造型以及它侧面的铁艺格子图案都是对称结构。

旋转对称性

如果一个物体绕着称为“旋转中心”的点转动一定的角度，其结果看起来与原来完全相同，则它具有旋转对称性。在旋转一周的过程中，相同图形出现的次数称为“对称阶次”。

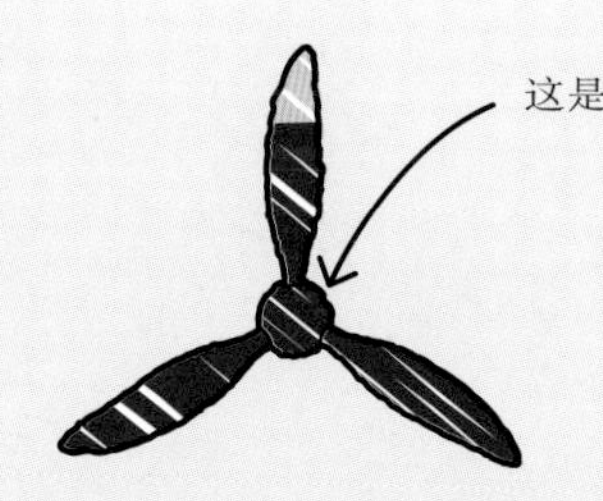

1 为了显示这只螺旋桨的旋转对称阶次，我们将其中一片桨叶的末端染成黄色。

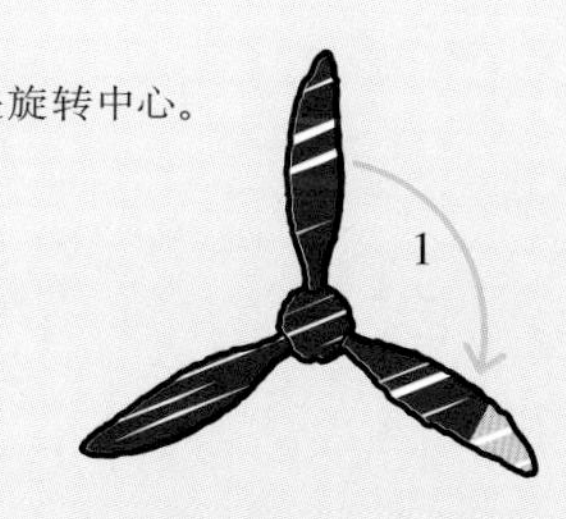

2 旋转螺旋桨，直到它与第1步中的图形相同，你将看到黄色末端围绕中心点转动。

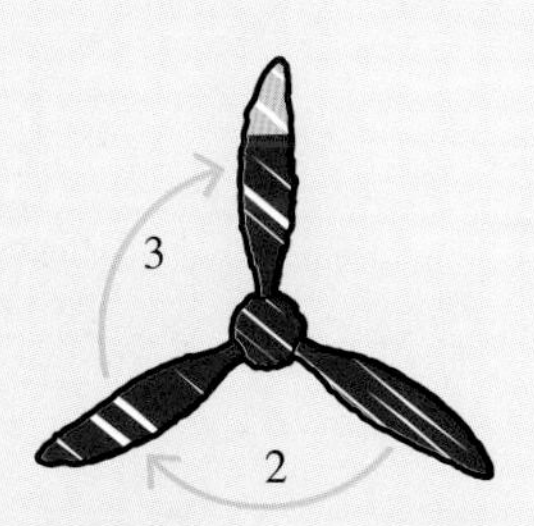

3 直到黄色桨叶回到原来的地方，在这个过程中，相同图形出现了3次，这意味着它的旋转对称阶次为3。

功能强大的多边形——相片球

这个奇怪的形状并不是真正的球体，而是由12个五边形组成的三维形状，称为正十二面体。我们可以在每个面上放一张相片，用它来展示12张你最喜欢的相片。相片球是一件很可爱的礼物。

所用的数学知识

- 二维形状——用来制作相片球的面。
- 三维形状——用二维形状连接成的相片球就是三维形状。
- 角度——用来划分一个圆，并且制作五边形模板。

每个面都有一张相片。做好的相片球上有12张相片。

每个面都是平面图形，合在一起构成了三维形状。

如何制作
相片球

这个项目的第一步是制作一个模板。请务必仔细测量，因为它会影响相片球的尺寸。我们用了宠物的相片，你可以用喜欢的相片来装饰相片球。

直径是通过圆心并且两端都在圆周上的线段。半径是连接圆心和圆周上任意一点的线段。

1 在一张A4卡纸上用圆规画一个半径为3厘米，直径为6厘米的圆。

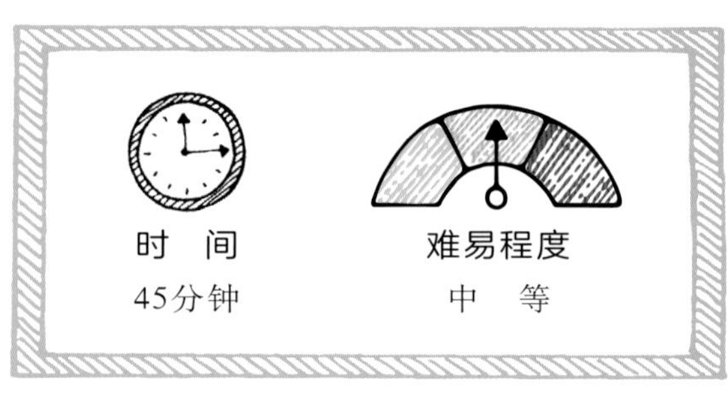

360除以5等于72，因此想得到五边形需要每72°做一个标记。

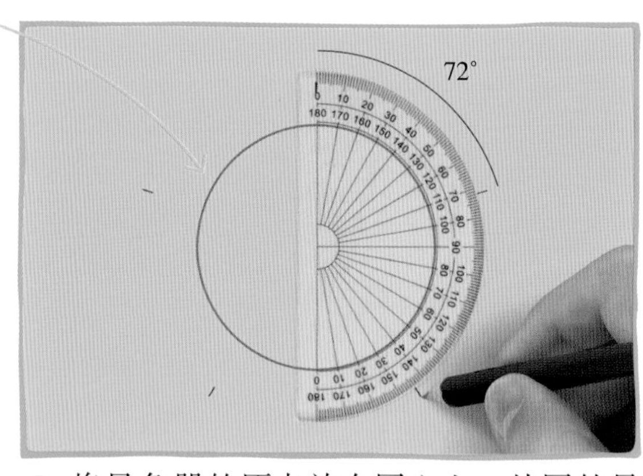

2 将量角器的原点放在圆心上。从圆的最上方开始，在0°、72°、144°、216°和288°处各做一个标记。

所需材料与工具

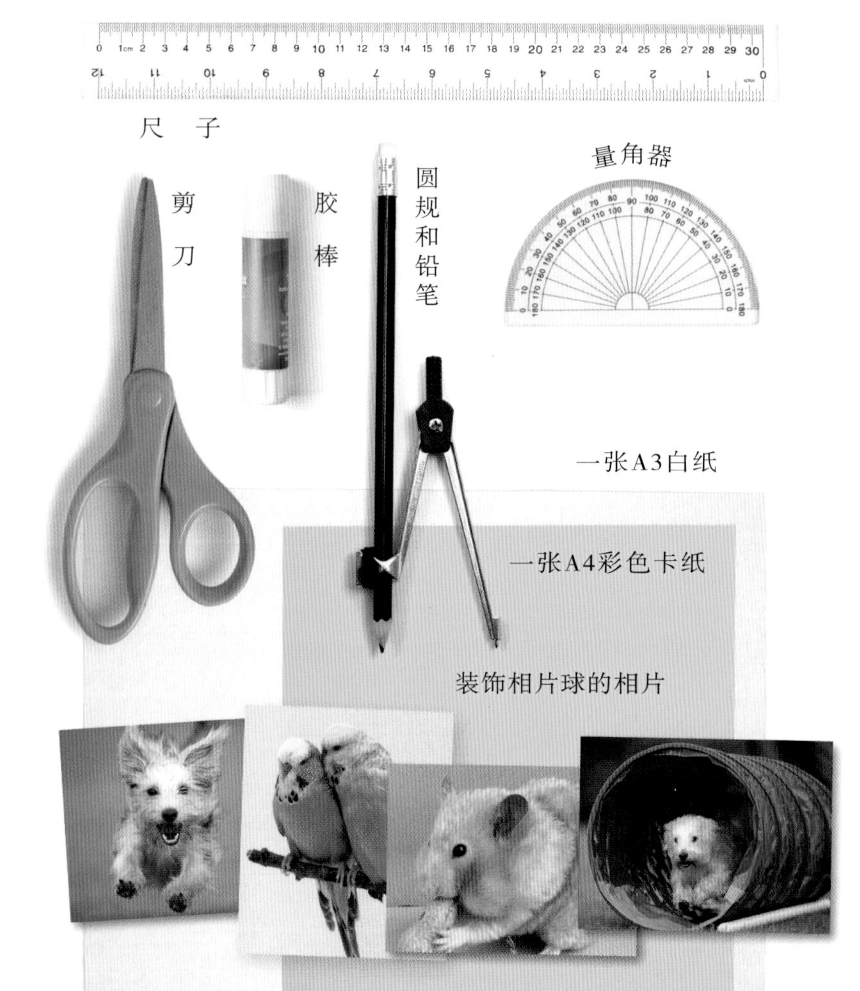

多边形

多边形是具有3条或更多条边的二维形状。多边形通常以边数来命名。

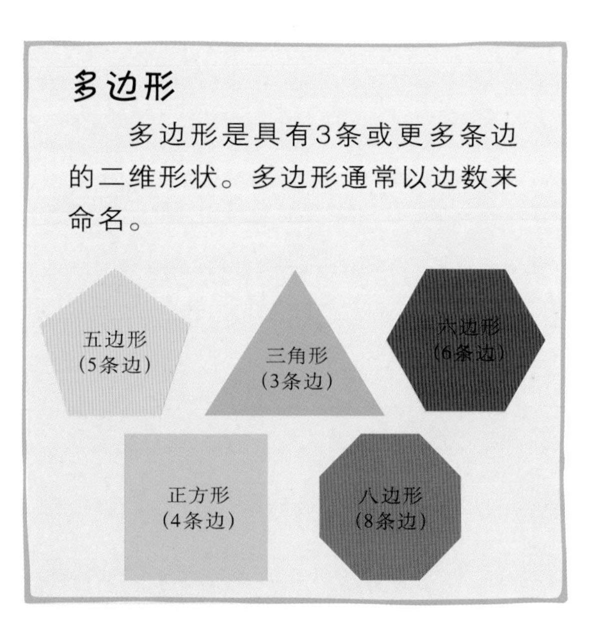

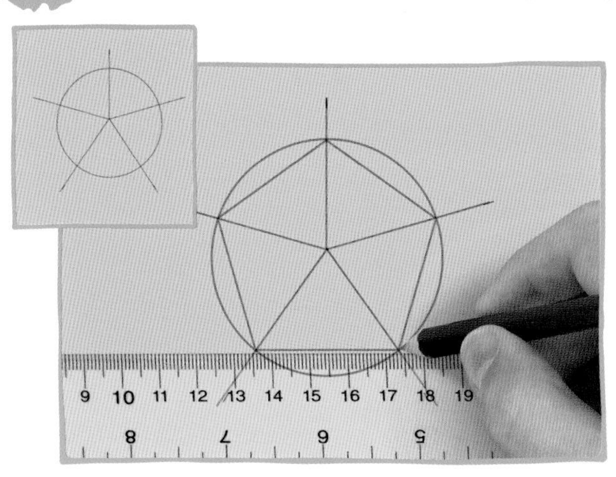

3 先用直线将5个铅笔标记与圆心连接起来，再画出每条线与圆交点之间的连线，得到一个五边形。

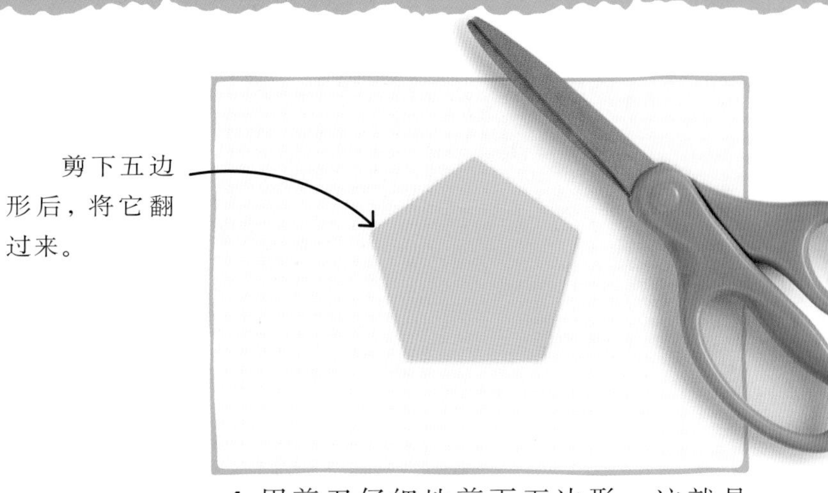

4 用剪刀仔细地剪下五边形，这就是制作相片球的模板。

5 将模板放在A3白纸上，确保其距离四周至少有8厘米，然后用铅笔描出轮廓，并且写上编号1。

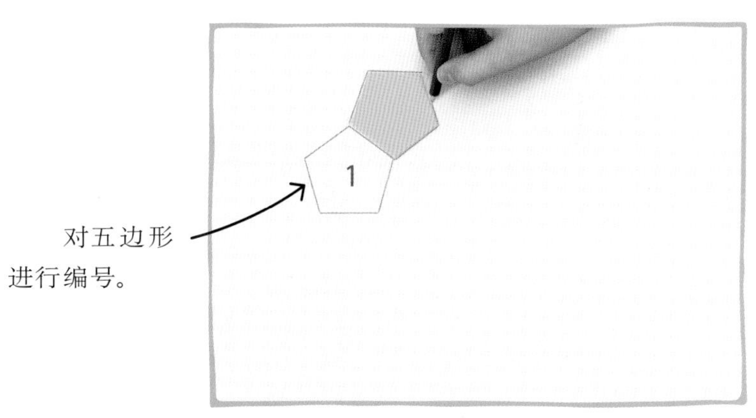

6 将模板移到1号五边形的右上角，描出轮廓，并且写上编号2。2号五边形的左下边应与1号五边形的右上边重合。

7 从2号五边形开始逆时针画五边形，使它们的一条边分别与1号五边形的5条边重合，给它们依次编号，直到有6个相连的五边形为止。

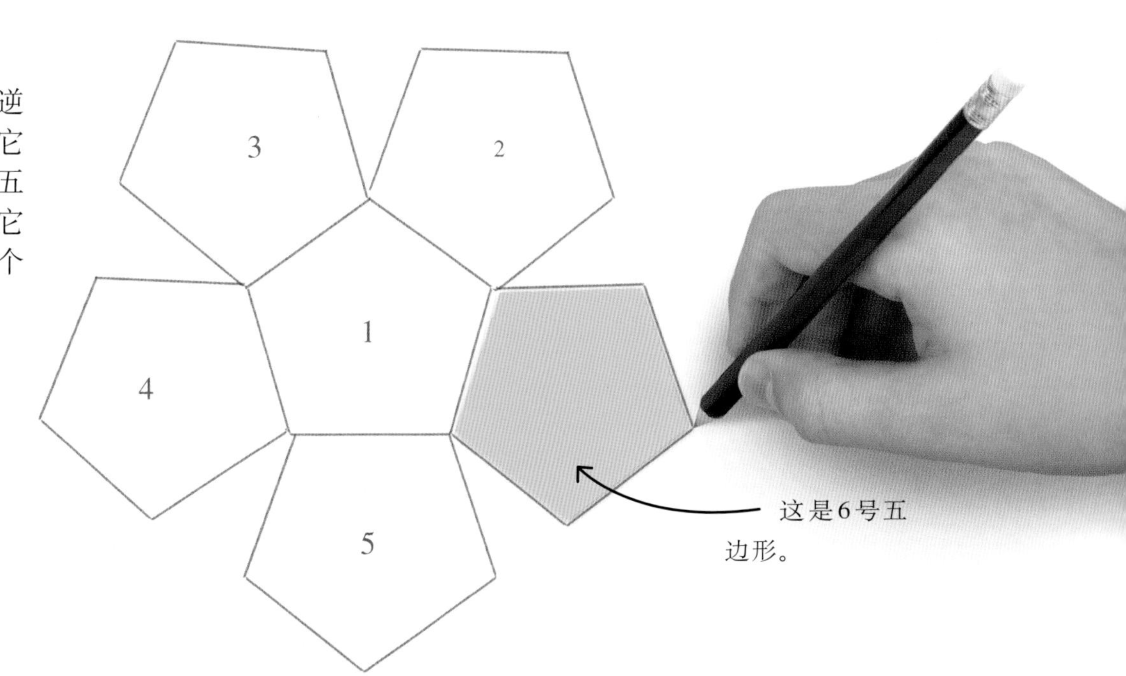

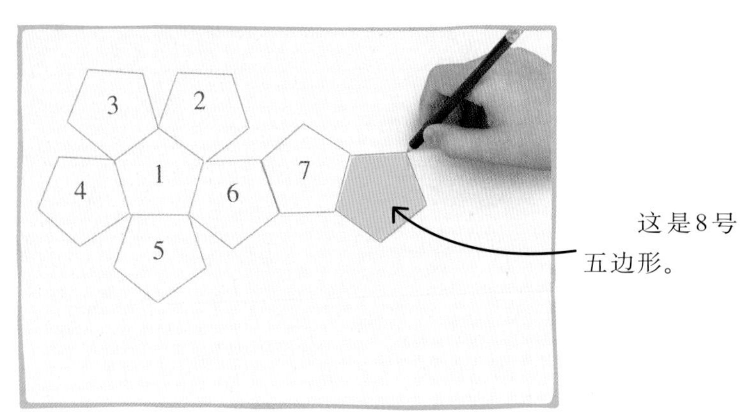

8 再画一个五边形，编号为7号。它的一条边与6号五边形的右上边重合，以此来扩展图案。然后画8号五边形，连接到7号五边形的右下边。

多面体

多面体是指由4个或4个以上多边形所围成的立体。下面的5个多面体被称为正多面体，因为它们每个面的大小和形状相同。

正四面体　正八面体　正二十面体

正立方体　正十二面体

9 在8号五边形的周围再画4个五边形并编号。得到的形状应该和第7步中画好的形状一样。

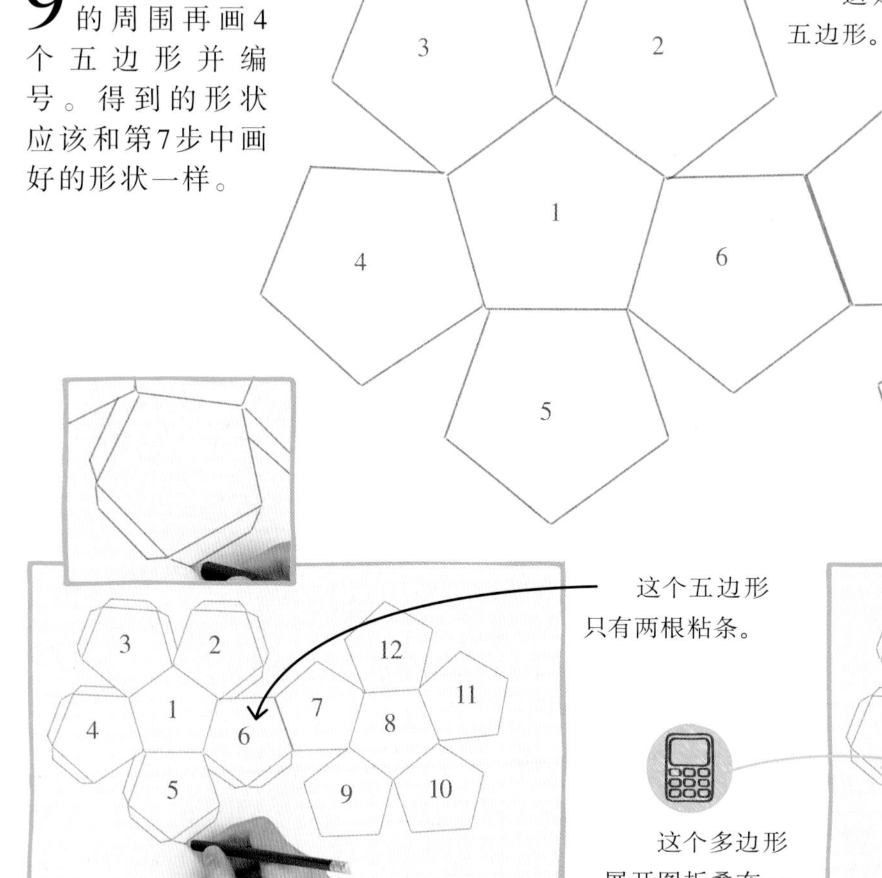

这个五边形只有两根粘条。

10 在2号五边形的右下边画一根0.5厘米宽的粘条。然后按逆时针方向，继续在2～6号五边形的3条边添加粘条，但是跳过第4条边。

这个多边形展开图折叠在一起时，将形成一个十二面体，也就是具有12个面的多面体。

11 在7号五边形的右上边画一根粘条。然后沿顺时针方向跳过3条边，在12号五边形的右下边画一根粘条。继续这个步骤，直到画完9号五边形的粘条。

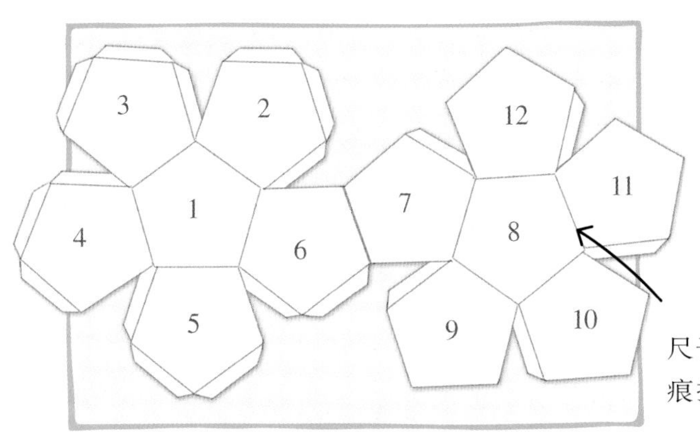

你可以用尺子沿直线划痕折叠。

12 将整个多边形展开图剪下来，并沿所有铅笔线划痕整齐地折叠。

13 将多边形展开图翻到没有铅笔线的一面。先用模板将相片修剪成五边形，然后将它们分别粘贴到每个五边形上。

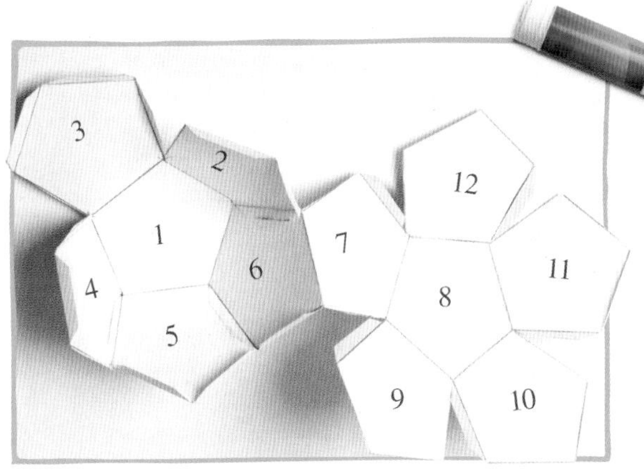

14 将多边形展开图翻过来，为使粘条更容易折叠，沿着它的划痕折一下，然后在每根粘条上涂胶。

15 把多边形展开图组合在一起，然后用力按压，将粘条粘在相对应五边形的下面。

每个面都应该粘贴在下面的粘条上。

真实世界的数学——足球

足球是一个球体，也就是只有一个表面的三维球形。但是，真实的足球是由五边形和六边形缝制而成的，这些多边形拼成了一个光滑的球面。

雕版印刷——包装纸和礼品袋

每个人收到礼物后都非常高兴。自制礼物包装纸或礼品袋一定能给你的朋友留下深刻的印象。艺术家经常用数学序列来创作，你也可以用重复的图案来装饰包装纸。

所用的数学知识

- 重复模式——用来给包装纸和礼品袋印图案。
- 角度——用来准确地折叠礼品袋。
- 测量——用来计算包装纸和礼品袋的形状和尺寸。

如何 雕版印刷

这个项目用马铃薯做雕版，在礼品包装纸上印图案。我们选择鱼图案，你也可以选择你喜欢的图案。请准备很多纸，用纸做礼品袋很好玩！

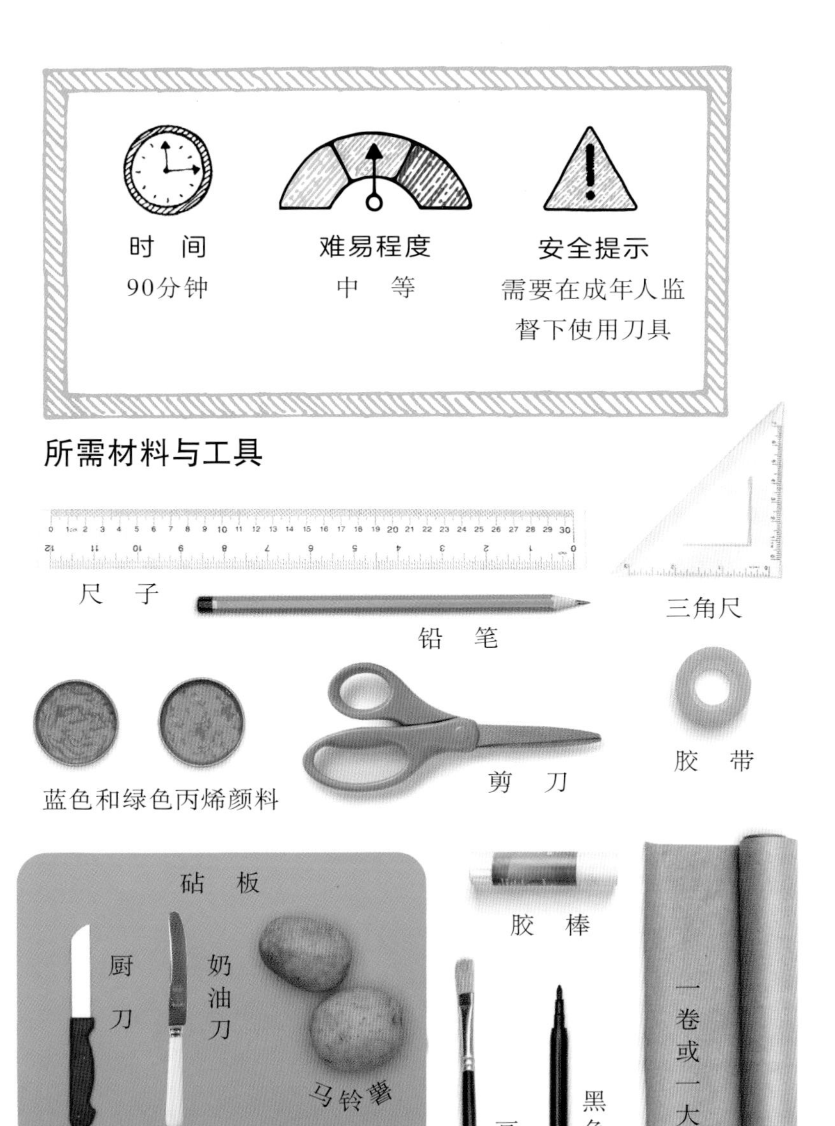

项目1 制作包装纸

1 请成年人用厨刀和砧板切开马铃薯。

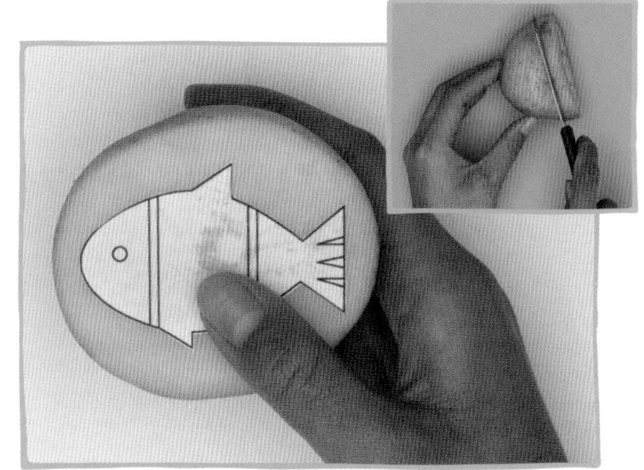

2 用笔在纸上画鱼形，并剪下来。将鱼形模板放在马铃薯上，请成年人帮你沿着模板轮廓向下雕刻大约0.5厘米的深度，然后在马铃薯的侧边按相同的深度往下切。你可以先用笔在马铃薯上沿着模板描出轮廓，然后再雕刻，这样容易一些。

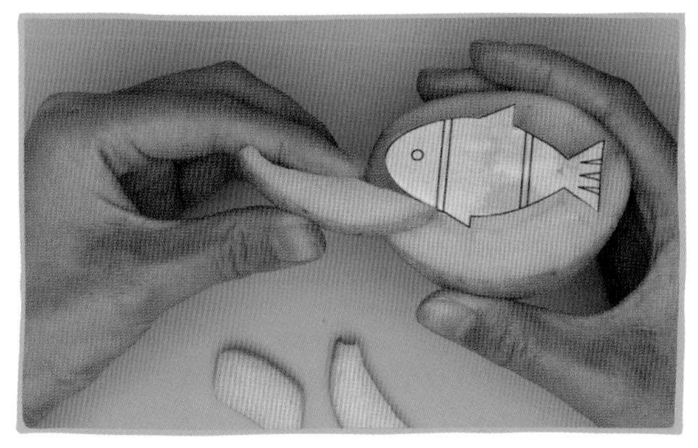

3 用手指将松动的马铃薯掰下来，留下鱼的形状。重复第1～3步，制作方向相反的第二条鱼。

4 用奶油刀在鱼身和鱼尾处刻一些条纹，用铅笔尖扎出鱼眼，雕版就做好了。

使用马铃薯雕版在纸上印刷时，请以这些线条作为参考。

5 测量马铃薯雕版的宽度，然后沿牛皮纸的边缘，以这个宽度为单位做标记。在图纸上用尺子画直线将标记连接起来。

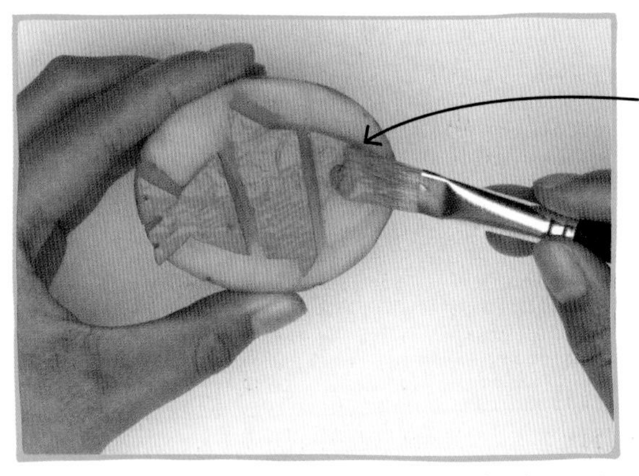

不要在马铃薯雕版上刷太多颜料，否则印不出细节。

6 在马铃薯雕版上刷颜料。每印两次后，需要再次刷颜料。

7 从牛皮纸的左上角开始，沿直线留下印记，直到这一行印满为止。

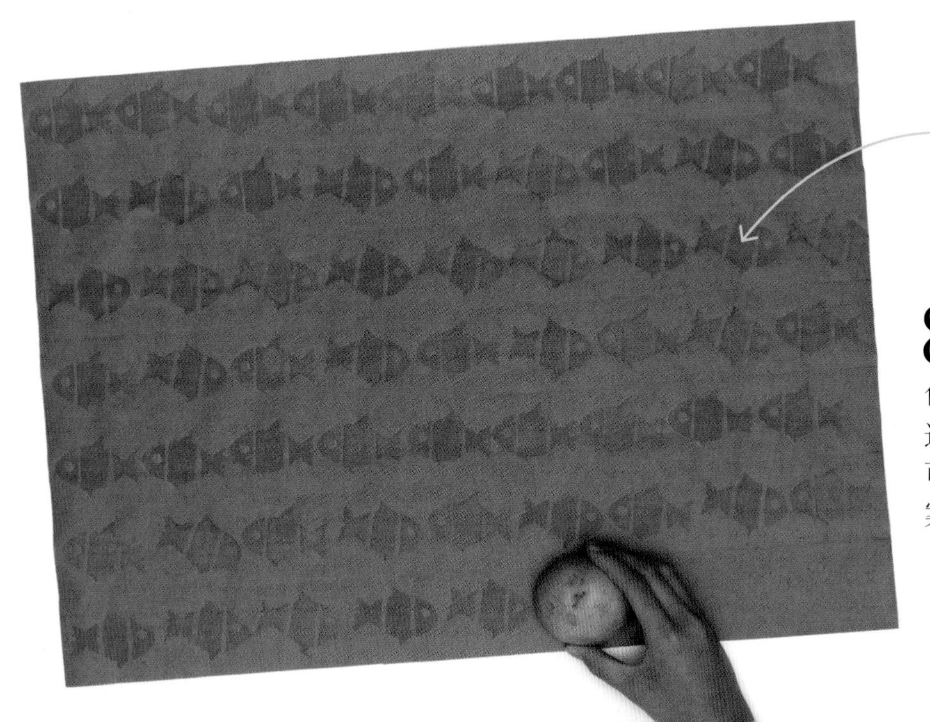

重复模式可以沿水平、垂直或对角线方向展开。也可以按一定规律变换鱼的颜色和方向，如图所示。

8 用鱼形图案覆盖整张牛皮纸，有规律地变换模式和颜色，以得到有趣的图案。图中这个图案用了蓝色和绿色，你可以选择自己喜欢的组合。图案印好后，待颜料晾干。

项目2 制作礼品袋

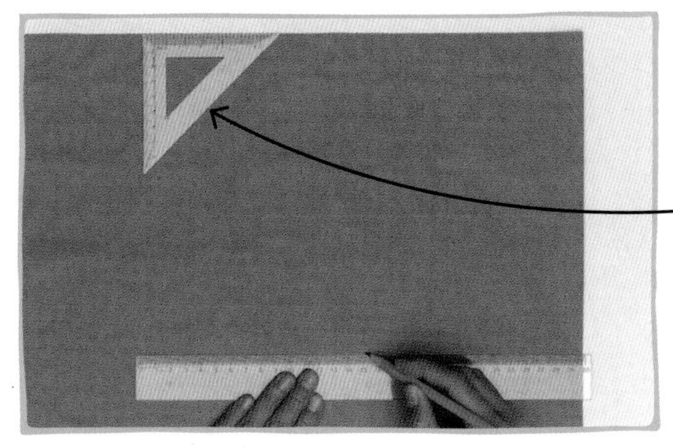

用三角尺检查边角是否呈直角。

1 在包装纸的背面，用铅笔和尺子画一个宽度为21厘米，长度为30厘米的长方形。用剪刀剪下这个长方形。

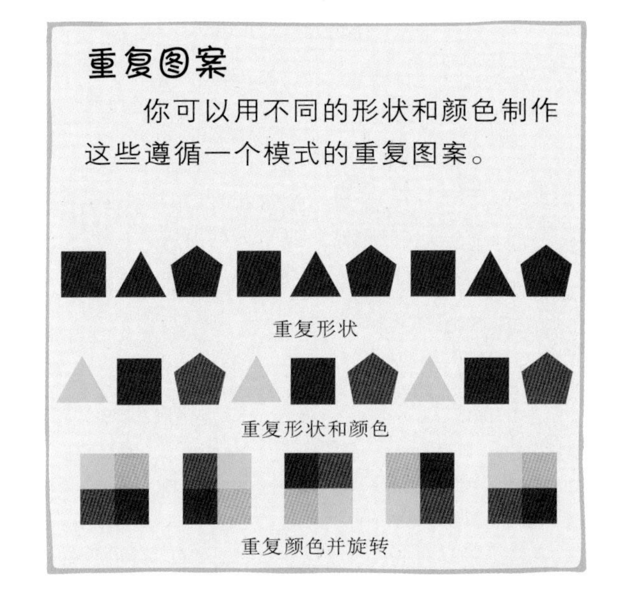

重复图案

你可以用不同的形状和颜色制作这些遵循一个模式的重复图案。

重复形状

重复形状和颜色

重复颜色并旋转

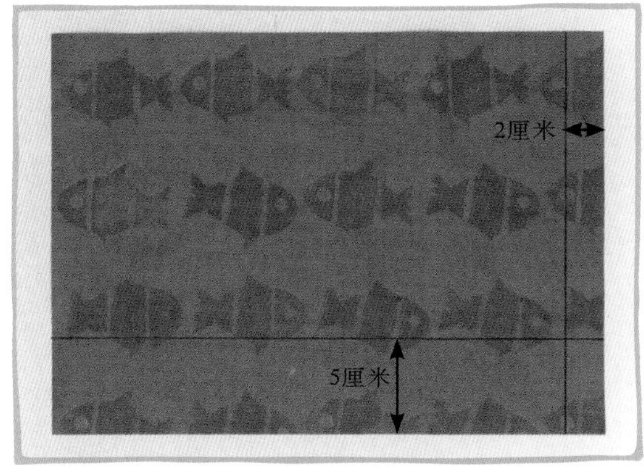

2 用铅笔画一条距离右边2厘米的垂直线，再画一条距离底边5厘米的水平线。

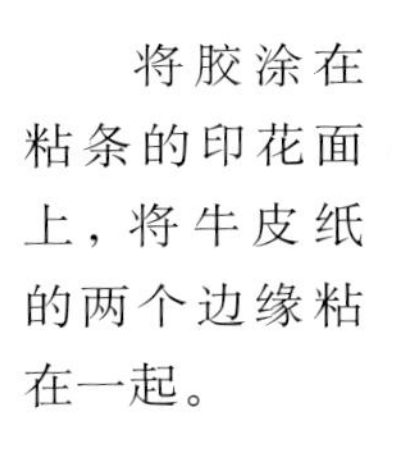

将胶涂在粘条的印花面上，将牛皮纸的两个边缘粘在一起。

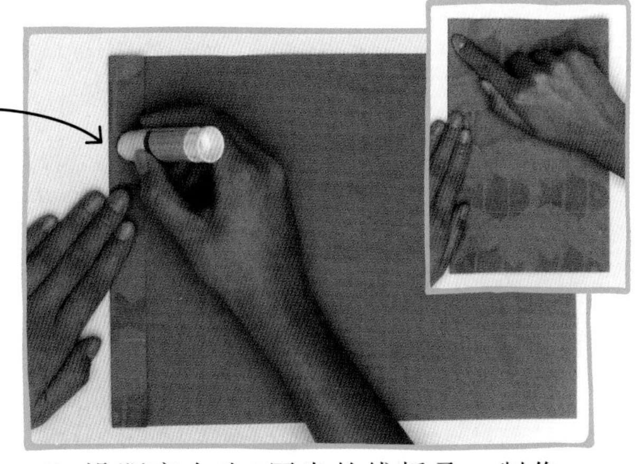

3 沿距离右边2厘米的线折叠，制作一根粘条，将纸张翻过来。在粘条上涂胶，然后将牛皮纸右边缘折叠过来，压在粘条上，用力按压。

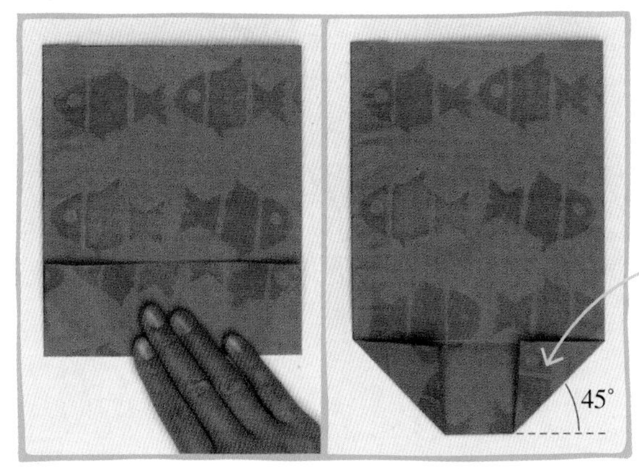

将两个底角都折成45°角，形成三角形。

4 沿第2步中画的距离底边5厘米的线折叠，然后展平。将两个底角分别折叠到铅笔线处，然后按压折痕。

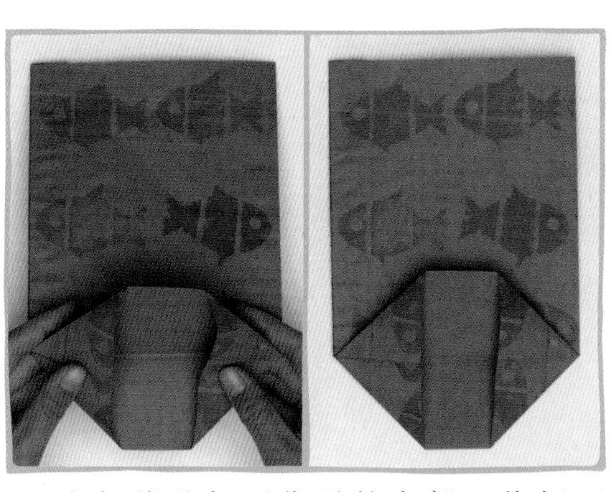

5 在折线处打开袋子的底部，将侧面朝中心方向按压。压平边缘，形成两个大三角形。

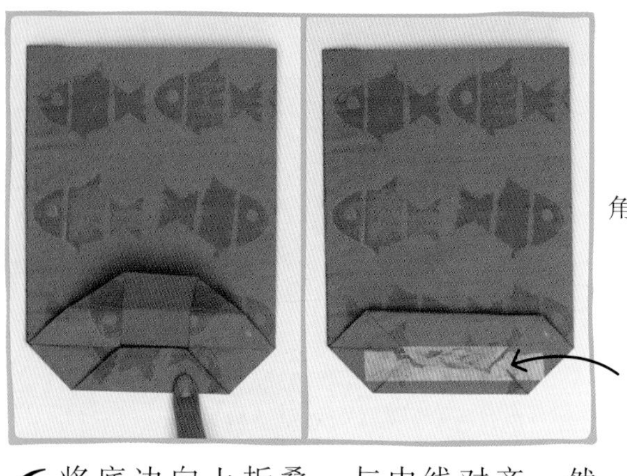

用胶带将两个翻盖固定在中间。

6 将底边向上折叠，与中线对齐，然后向下折叠上翻盖，使它与底部翻盖重叠至少0.5厘米。

折叠使边缘拐角呈90°直角。

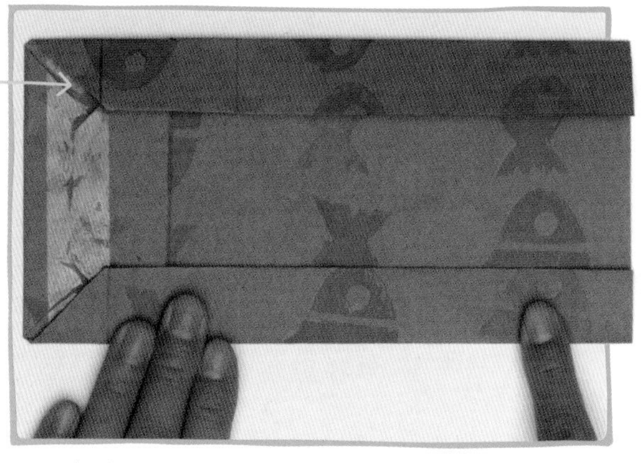

7 将袋子翻转90°，然后将两条长边向内折叠，使左上角和左下角形成直角。沿长边压出折痕，然后展开。

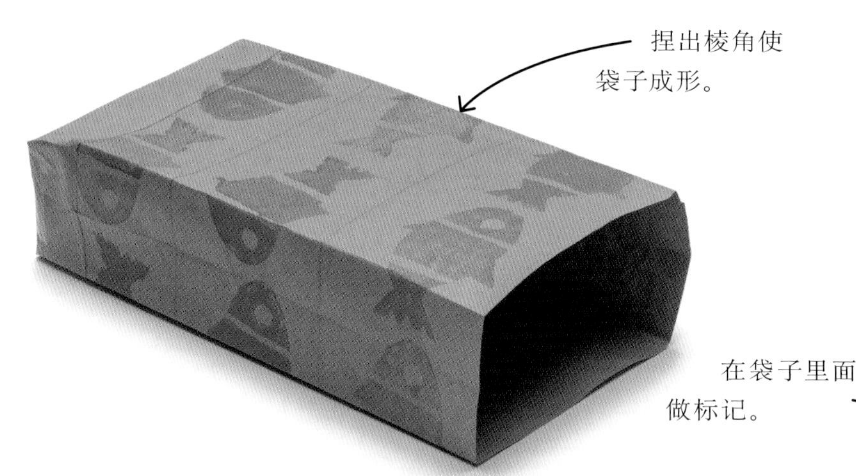

捏出棱角使袋子成形。

8 打开袋子，将手伸进去，小心地推出袋子底部，然后沿着折线捏折出棱角。

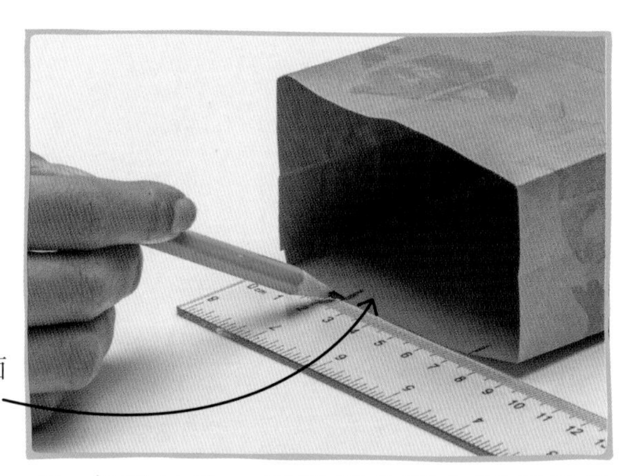

在袋子里面做标记。

9 在开口处，用铅笔分别在距离两条长边2厘米处做标记，用来粘贴袋子提手。

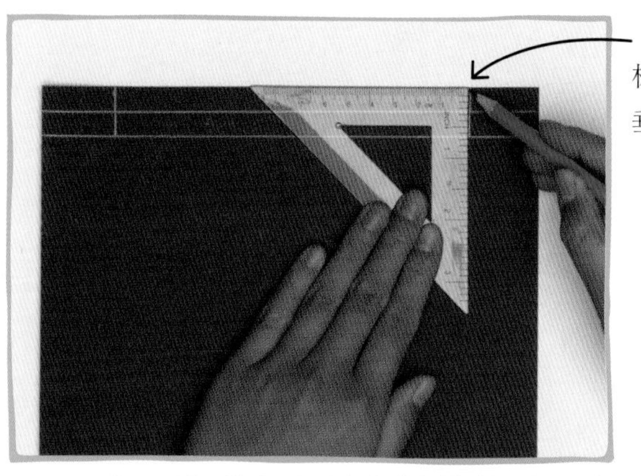

用三角尺在3厘米标记处画出与水平线垂直的直线。

10 在一张彩色卡纸上测量并画两个21厘米×1厘米的长方形。然后在长方形距离每端3厘米处做标记，用来制作提手。

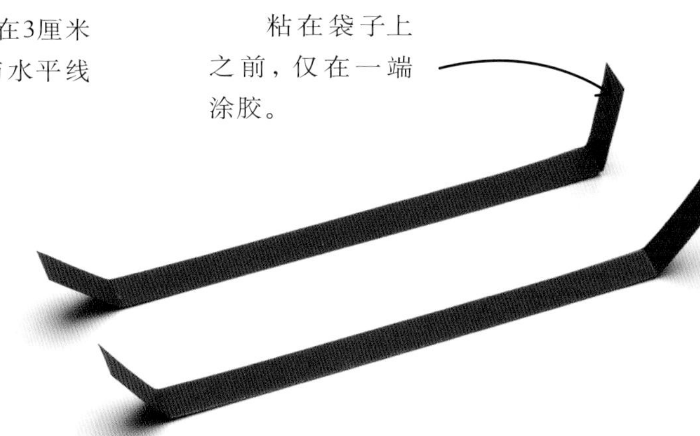

粘在袋子上之前，仅在一端涂胶。

11 剪下两个长方形卡纸，然后沿铅笔线折叠出折痕，形成袋子提手。在每个提手的一端涂上胶水。

12 将一个提手的涂胶端放在第9步中的标记处，向下按压。然后将提手弯过来，将另一端也粘在适当的位置。将袋子翻过来，用同样的方法固定另一个提手。

13 将袋子装满零食，送给你的朋友。你也可以制作更多的礼品袋，装满礼物，在派对上分发。

交替的鱼形图案给礼品袋带来时尚的外观。

真实世界的数学——纺织品印花

将颜色和图案印到纺织品上的过程称为纺织品印花。有许多方法可以将重复的图案印到纺织品上，包括滚筒、木板、模板和丝网印刷。

比例系数——放大图画

使用网格是一种在保持比例不变的情况下精确放大图片的简便方法。你可以用这个方法制作足够大的艺术品，并把它挂在墙上。

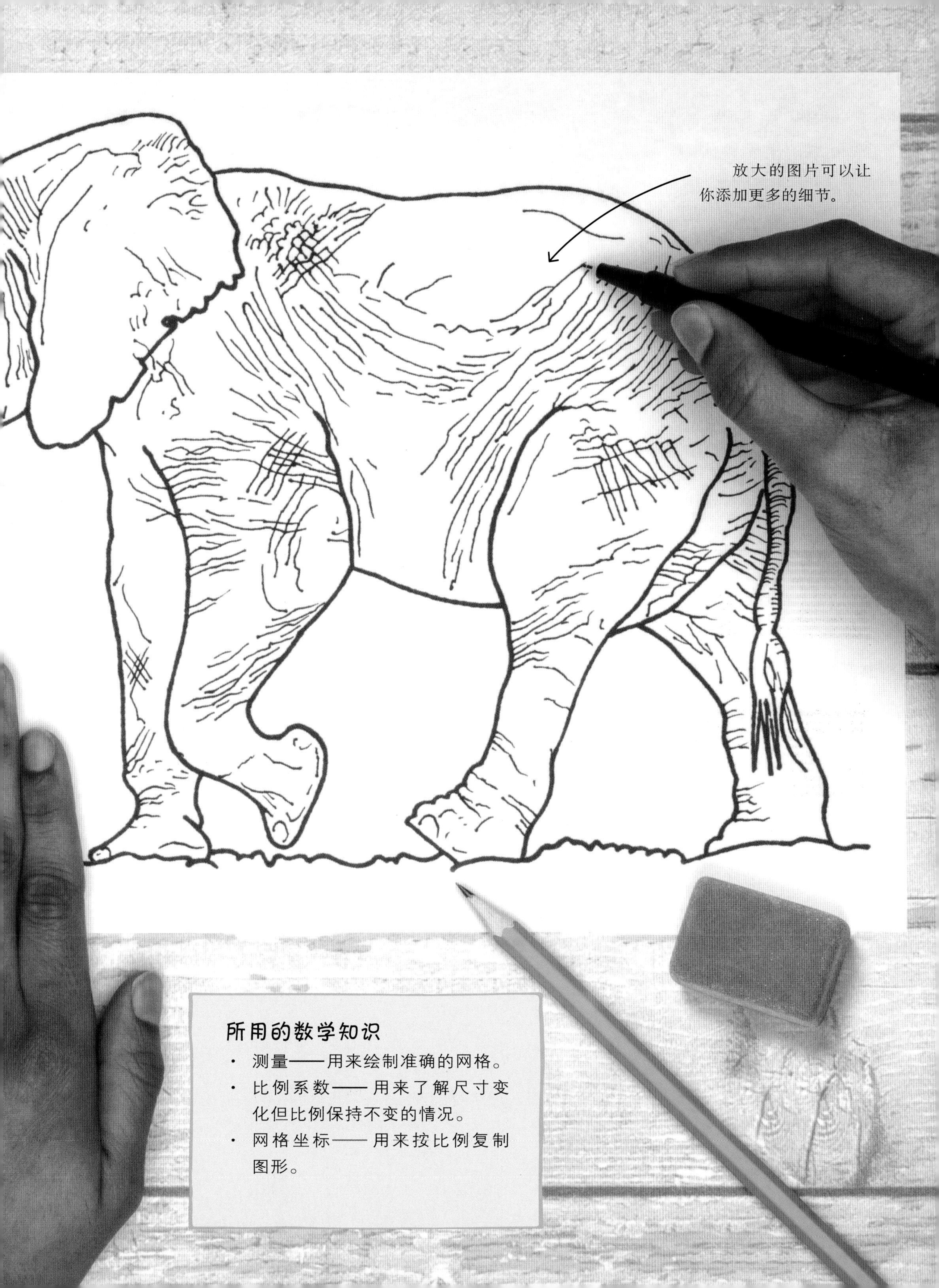

所用的数学知识

- 测量——用来绘制准确的网格。
- 比例系数——用来了解尺寸变化但比例保持不变的情况。
- 网格坐标——用来按比例复制图形。

如何放大

在这个项目中，你需要制作两张不同尺寸的网格纸，它们之间的尺寸差别就是比例，比例越大，尺寸差别就越大。你可以绘制一张网格纸，用来复制原始图画。将这张网格纸夹在或粘贴到书中，使其不能移动，然后照着描绘原始图画。

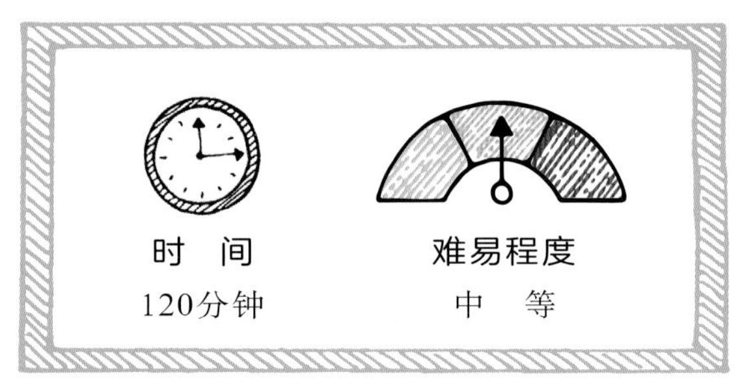

所需材料与工具

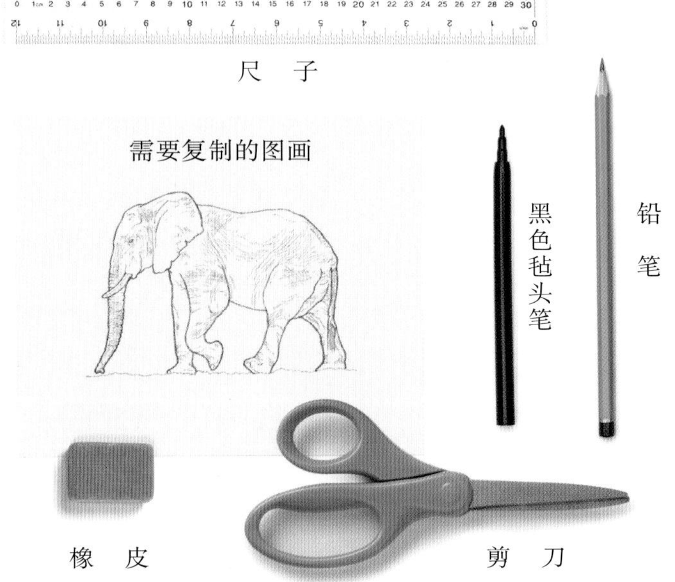

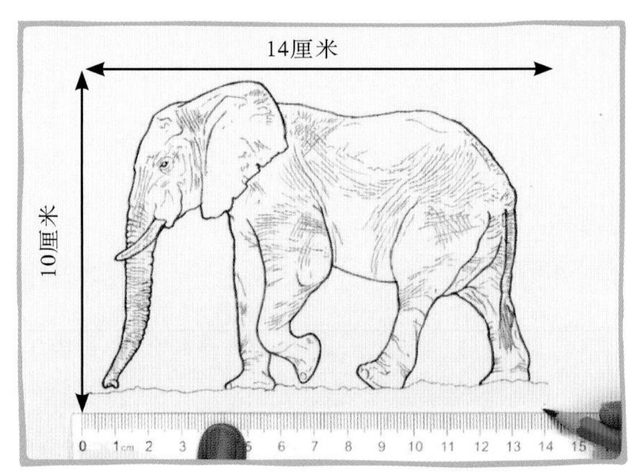

1 选择要放大的图画，用尺子测量它的高度和宽度。我们选择的图画高度为10厘米，宽度为14厘米。

用三角尺确保这些角呈直角。

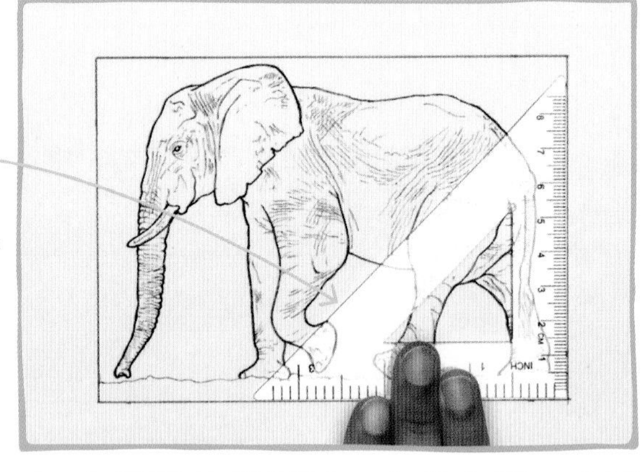

2 在图画的周围画一个长方形，上下左右都要留一些空间。

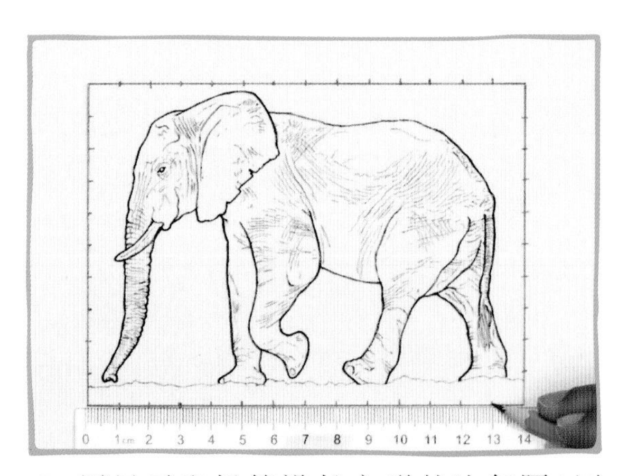

3 用尺子和铅笔沿长方形的边每隔1厘米做一个标记。由于这张图画的尺寸为10厘米 × 14厘米，我们在上边和底边分别做13个标记，在两个侧边分别做9个标记。

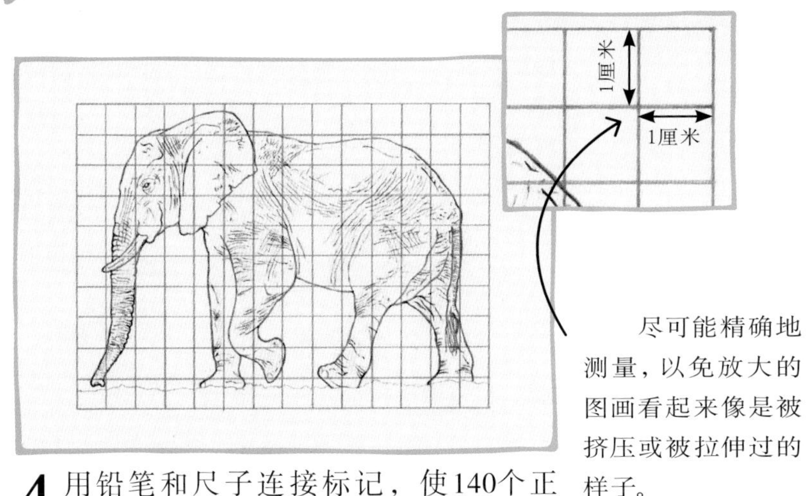

尽可能精确地测量，以免放大的图画看起来像是被挤压或被拉伸过的样子。

4 用铅笔和尺子连接标记，使140个正方形遍布整个图画。现在，你得到了一张覆盖原始图画的网格纸。

比例系数

缩放制图是在保持比例的情况下缩小或放大图画。比例系数是放大或缩小的度量。

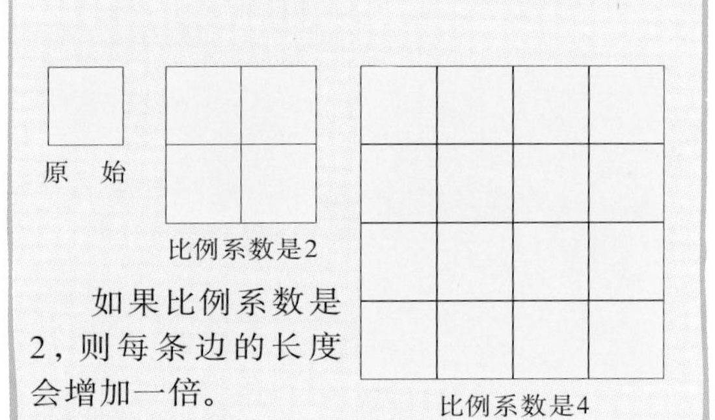

如果比例系数是2，则每条边的长度会增加一倍。

5 在网格两个侧边从1到10对每行正方形进行编号，然后在网格的上边和底边从A到N对每列正方形进行编号，如下图所示。这些编号称为“网格坐标”，它们将帮助你在图画上找到某个所需的正方形。

将原始图画的尺寸放大1倍，则比例系数为2。

6 将高度和宽度都乘以2，使放大图画的尺寸是原始图画的2倍。在一张空白的A3纸上，绘制一个20厘米×28厘米的新长方形。

覆盖图画的网格可以是任意数量大小相等的正方形。

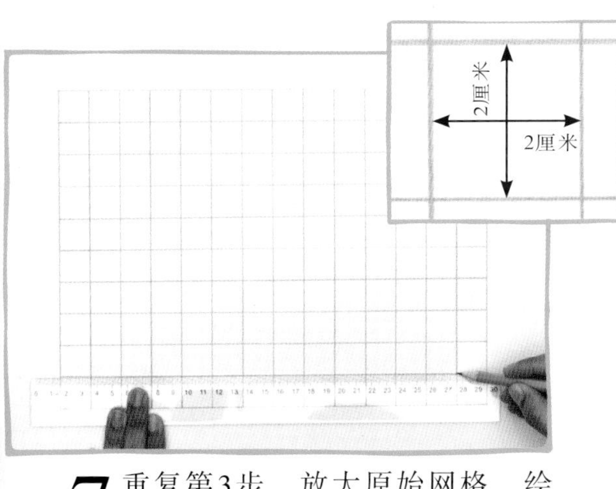

7 重复第3步，放大原始网格，绘制一张新网格纸。也就是说，将每个正方形放大到2厘米×2厘米。

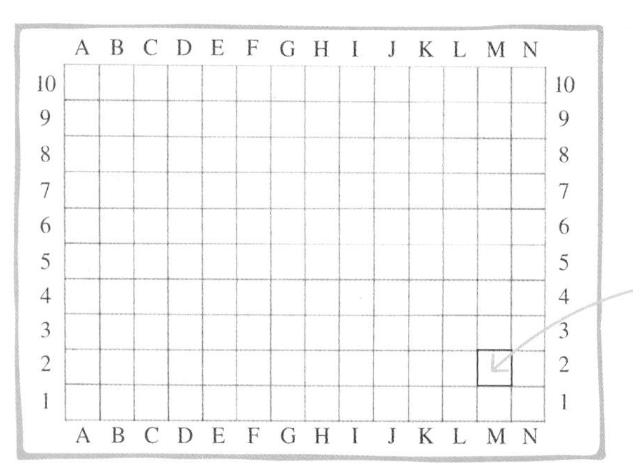

8 重复第5步，写下网格坐标。现在，你可以尝试将图画复制到大网格中了。

读网格坐标的步骤是先水平后垂直，例如，这个正方形的坐标是M2。

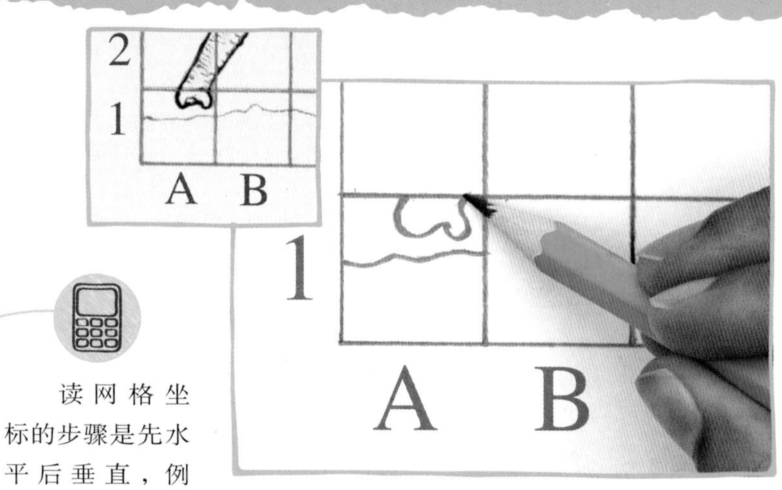

9 从A1开始，用铅笔将每个小网格中大象的轮廓复制到大网格中的相同位置。

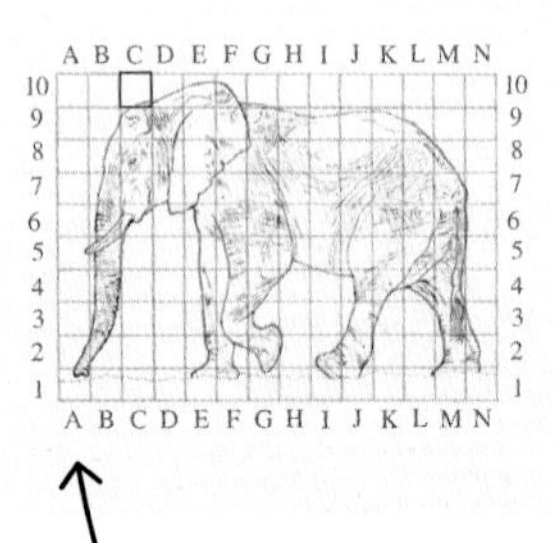

复制轮廓和细节时，将原件放在一旁，以方便对应。

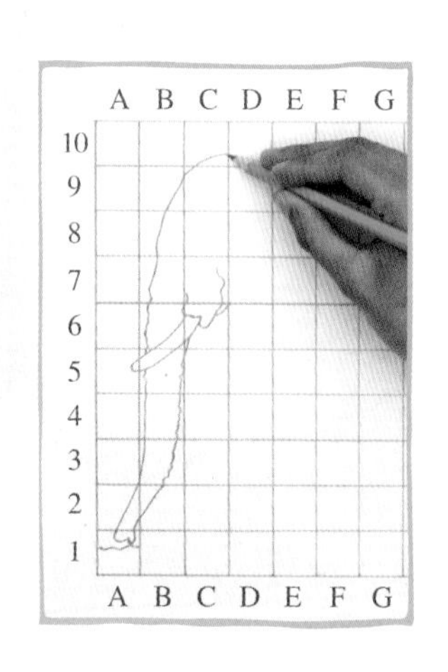

10 采用从下到上或从上到下的顺序，依次将图画复制到大网格中。可以先画轮廓，并用网格坐标确定在每个正方形中绘制的内容。

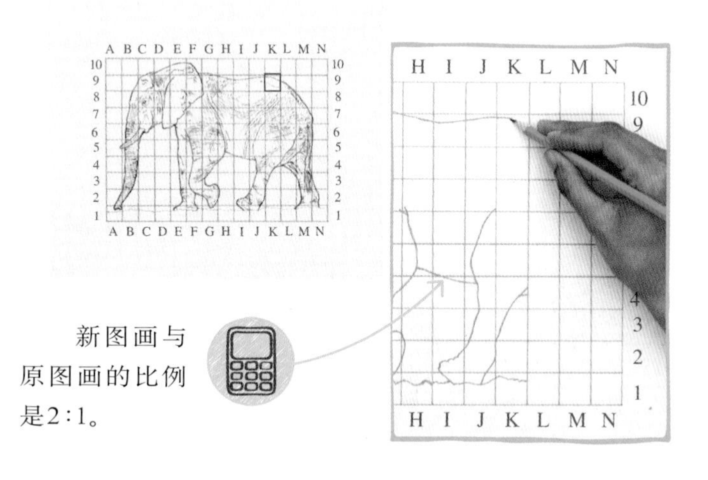

新图画与原图画的比例是2:1。

11 继续复制网格中的线条，直到完成图画的轮廓。检查所有正方形，确保没有错过任何线条。

12 重复第9～11步，这次将小网格上的细节复制到大网格中的相同位置，直到绘制完成！

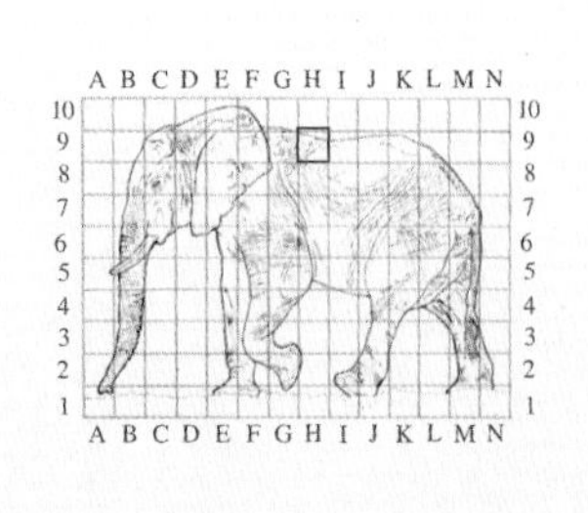

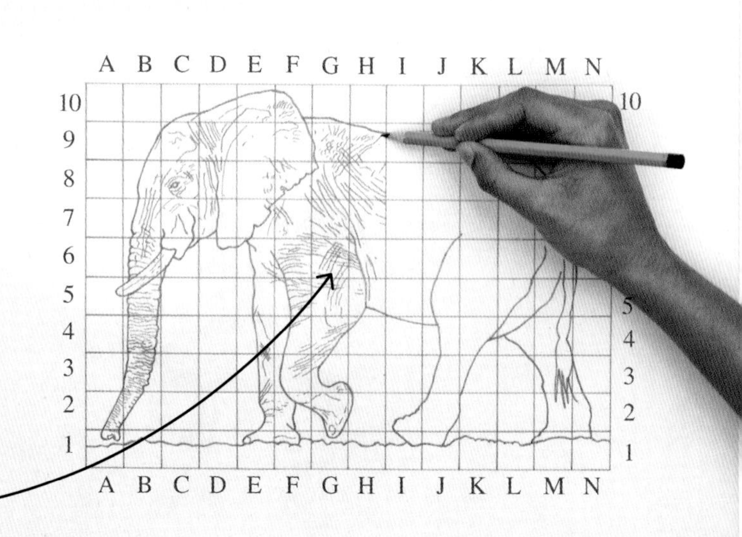

画好轮廓后，再添加细节就容易得多了。

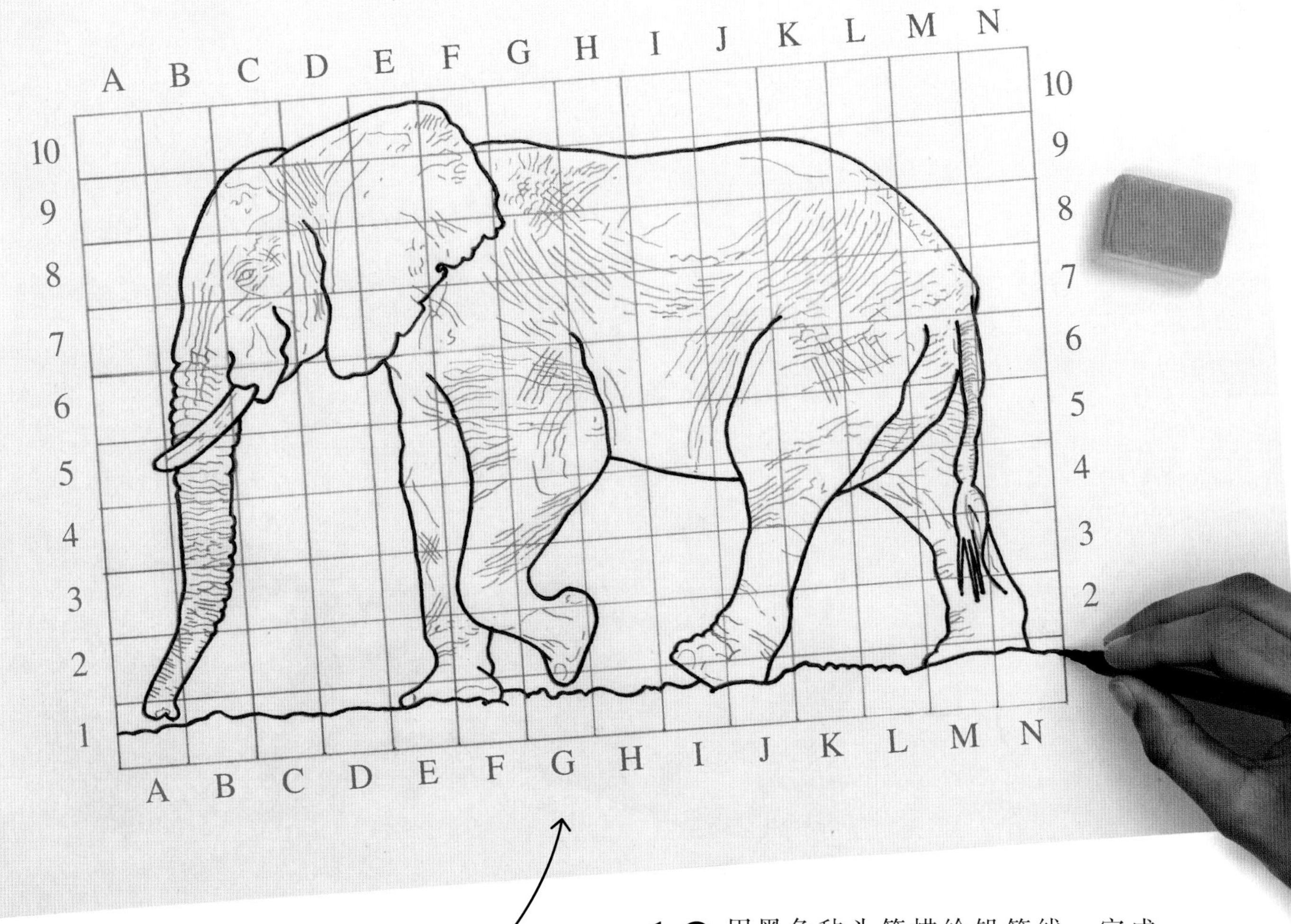

用剪刀沿着外部长方形剪下图画。

13 用黑色毡头笔描绘铅笔线，完成后擦掉铅笔线，然后剪下在第6步中绘制的长方形。

缩放三维物体

比例系数也可以应用于三维物体，除了影响物体的长度和宽度之外，还影响物体的高度。

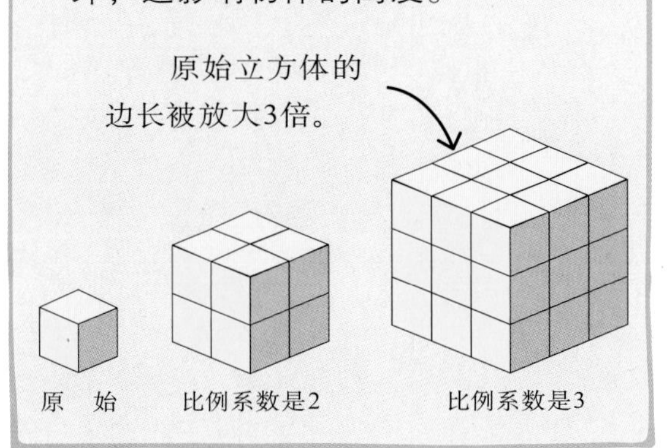

真实世界的数学——微型玩具屋

微型玩具屋是按比例缩小的真实房屋的模型。为了使微型玩具屋和里面的物品尽可能显得逼真一些，必须按照相同的比例缩小。

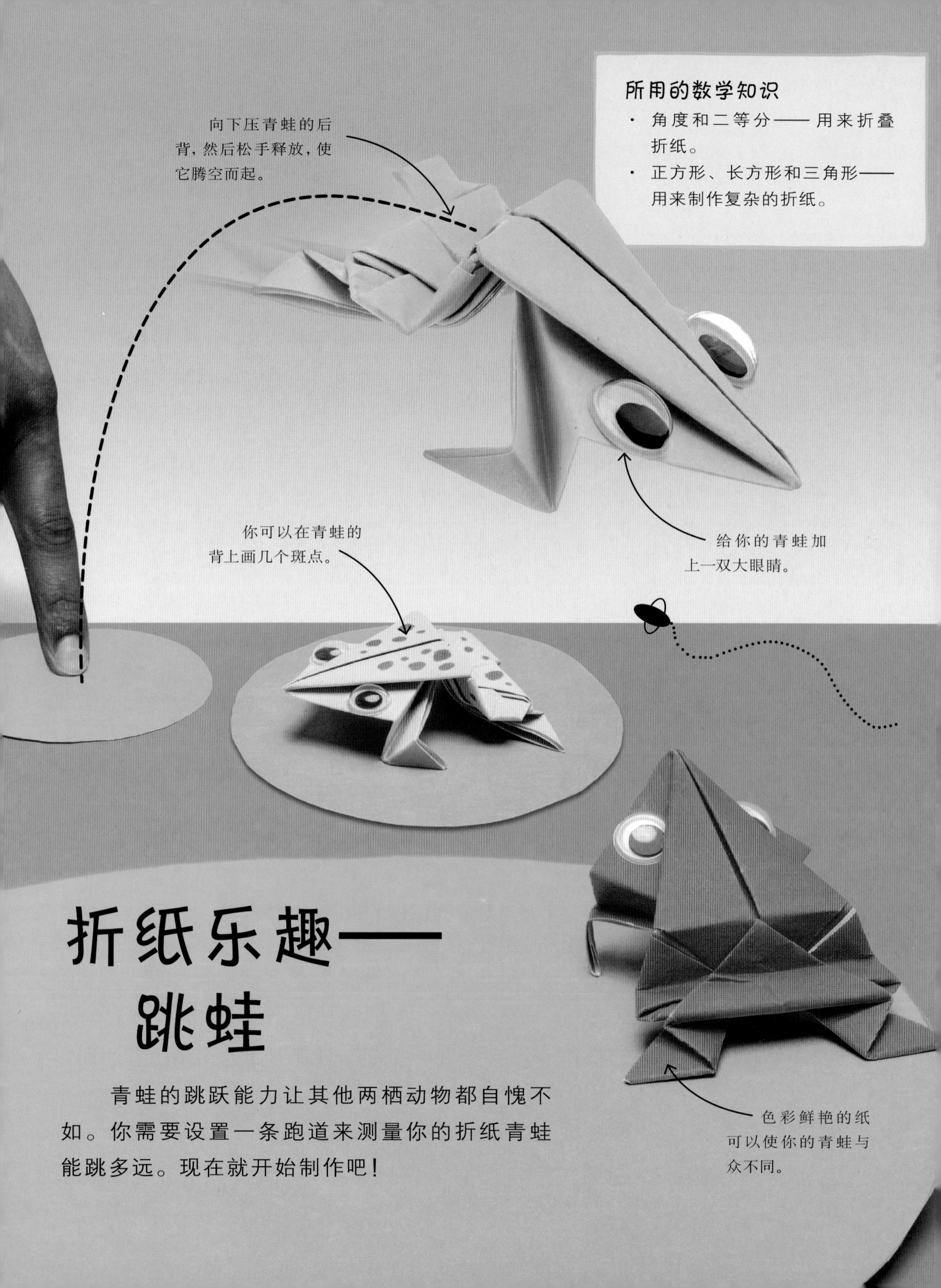

折纸乐趣——跳蛙

青蛙的跳跃能力让其他两栖动物都自愧不如。你需要设置一条跑道来测量你的折纸青蛙能跳多远。现在就开始制作吧！

如何制作

跳蛙折纸

你需要用正方形的纸制作会跳的青蛙，因此第1步就是将普通A4纸裁成正方形，你也可以在手工艺品商店购买专门的正方形折纸。折叠时，务必使折痕精确，这样折成的青蛙才更好看。

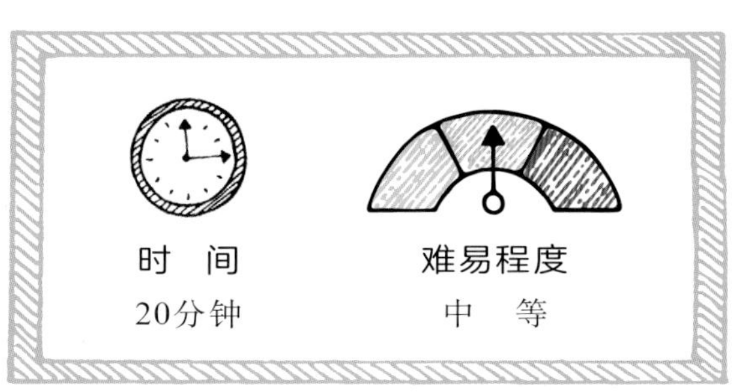

所需材料与工具

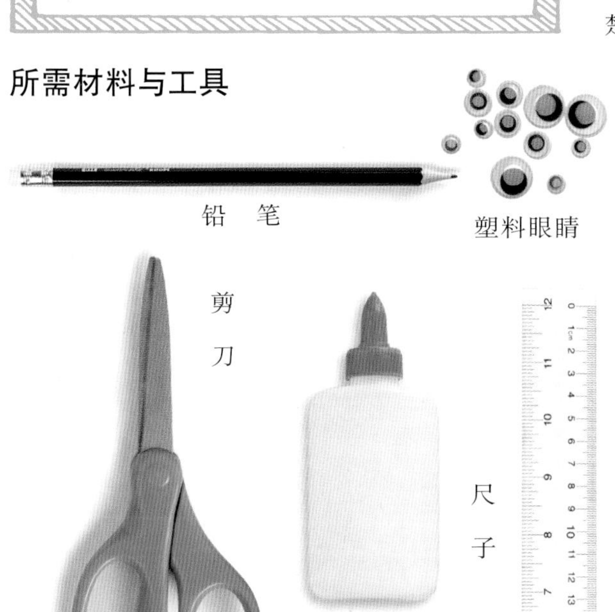

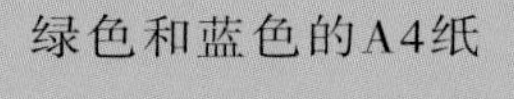

绿色和蓝色的A4纸

1 用铅笔在A4纸距离上边缘15厘米处和距离左边缘15厘米处做标记，沿着标记画出直线，剪下得到的正方形。

用手指沿着折痕按压，形成整齐、清楚的折痕。

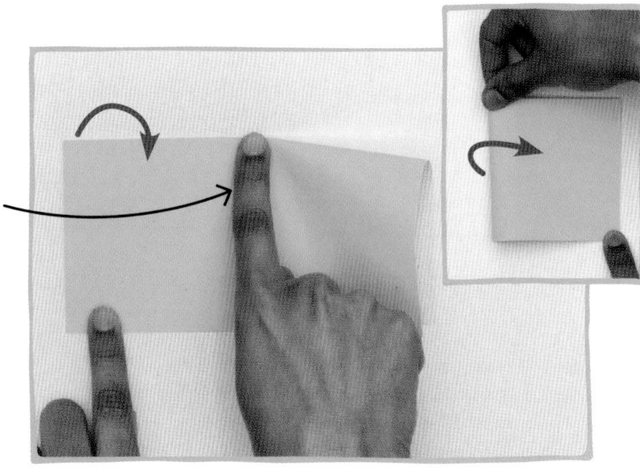

2 将正方形对折，得到一个长方形。再次折叠长方形，得到一个小正方形，然后将它展开，这样就有了两个正方形。

这里的小正方形被折叠成两个小三角形，也就是说，它被二等分。

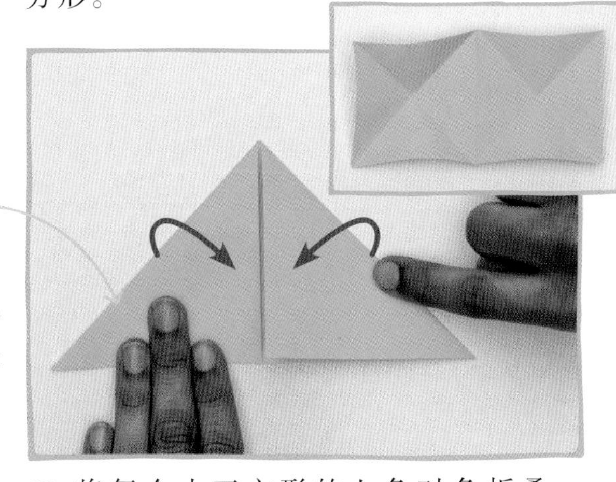

3 将每个小正方形的上角对角折叠、展开，然后下角也进行同样步骤，让两个小正方形布满交叉的折痕。

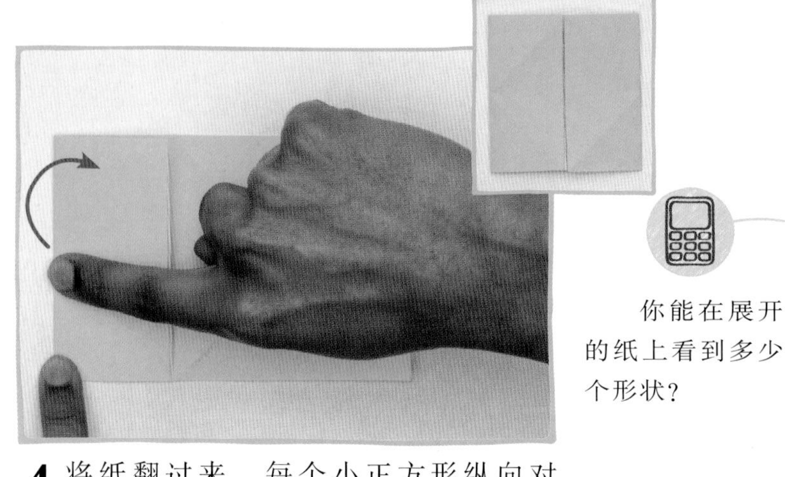

你能在展开的纸上看到多少个形状？

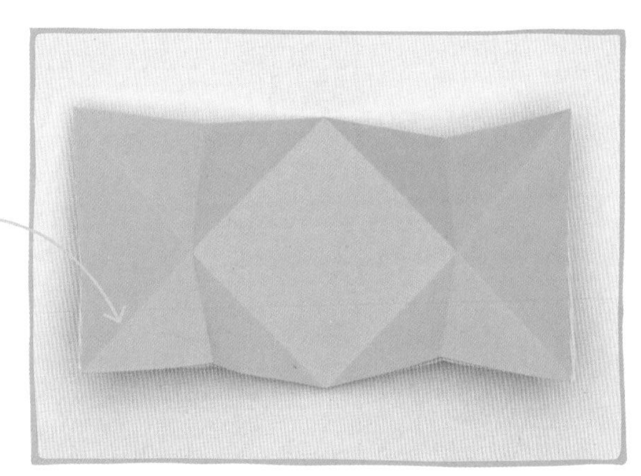

4 将纸翻过来，每个小正方形纵向对折，使折痕通过交叉折痕的交叉点，形成一个在中间开口的正方形，然后展开。

5 将纸翻过来，并重复第4步。完成后展开。

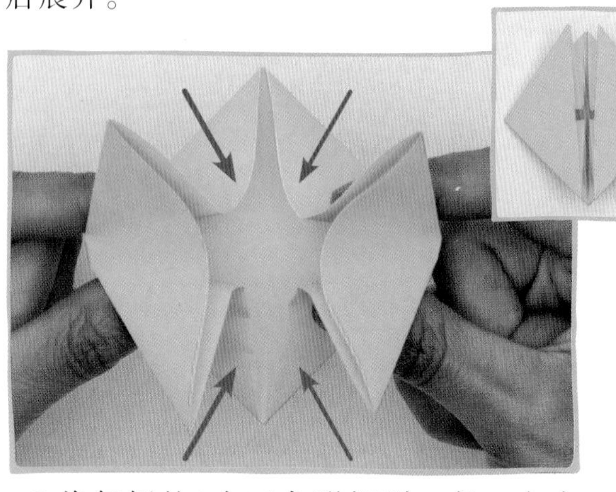

你正在将它们对折，也就是二等分。

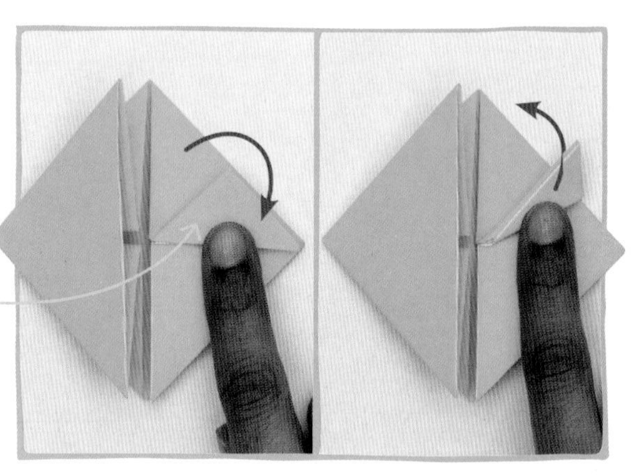

6 将每侧的4个三角形捏到一起，向内折叠，形成一个菱形。

7 将右侧三角形的上角先向下折叠至菱形的中间，然后向上折叠，制作一个小三角形。左侧三角形的上角也重复这个步骤。

8 两个三角形的下角重复第7步，但是注意要先向上折叠，然后向下折叠，制作刚才完成的折叠的镜像。将青蛙翻过来，使平坦面朝上。

二等分

二等分是指将物体分成两个相等的部分。下面的角被二等分，产生两个相等的20°角。

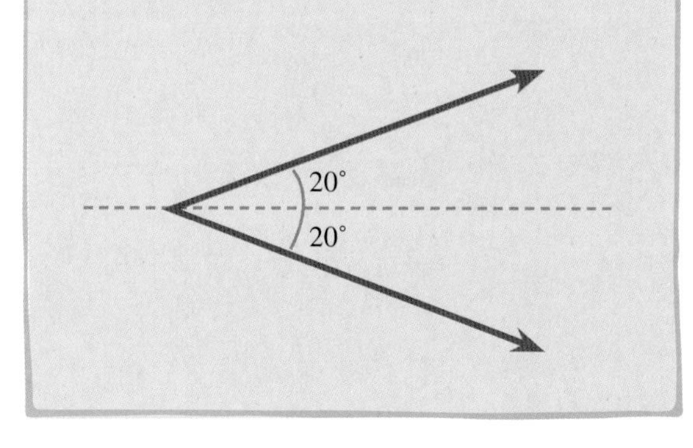

9 将菱形的一条下边折叠到青蛙的中线处，上边重复这个步骤，形成一个类似风筝的形状。

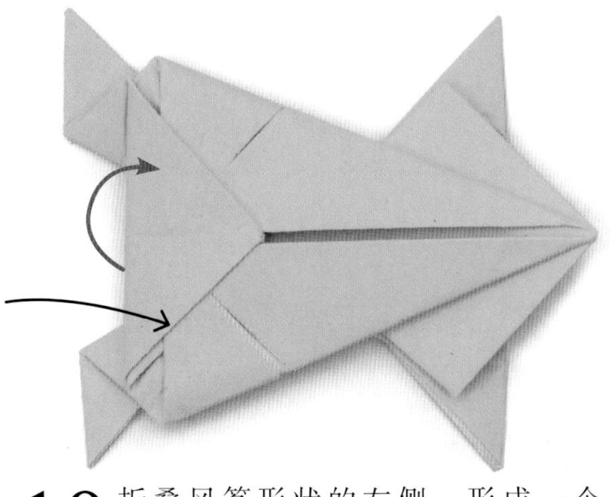

10 折叠风筝形状的左侧，形成一个三角形。将风筝形状的两个内端分别塞入折成的三角形口袋中。

11 将青蛙翻过来，逆时针旋转90°，使尖端向上，然后将青蛙沿中间对折，使后腿与前腿接触。

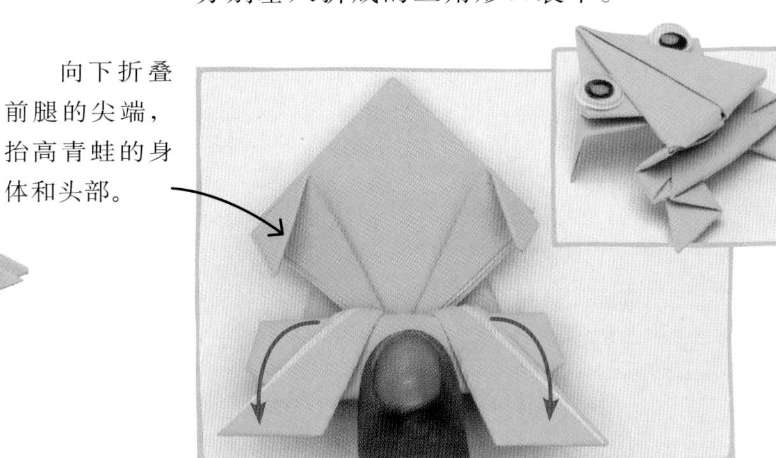

12 将后腿朝你所在的方向对折，形成弹性机制。在前腿折出小褶皱，使青蛙的头抬起来。然后用白乳胶粘上青蛙的眼睛。

13 将手指放在弹性机制上，向后按压，然后松手释放，使青蛙跳跃。你可以用一张蓝纸当作河流来测量你的青蛙能跳多远。

所用的数学知识

- 镶嵌——用来制作完美契合的二维形状。
- 旋转——铺放每个形状时，需要旋转，以使它与其他形状嵌合。
- 测量——用来制作具有相等尺寸的正方形网格。

镶嵌图案的美妙之处在于：无论你把它挂在什么地方，都很好看。

好玩的图画——镶嵌图案

镶嵌图案由相同的形状组成，这些形状无间隙地嵌合在一起。你是否注意到蜜蜂建造的蜂巢就是由许多六边形镶嵌而成的？它们整齐地排列在一起，非常壮观。如果让你用镶嵌图案创作一个引人注目的作品，你会选择什么形状？

我们选择用“笑脸”来制作镶嵌图案。

如何制作
镶嵌图案

这个项目将诞生一幅令人印象深刻的作品。我们要根据镶嵌的形状制作模板。我们将演示笑脸图案模板的制作方法。你还可以通过调整第2步，来制作属于你自己的艺术作品。

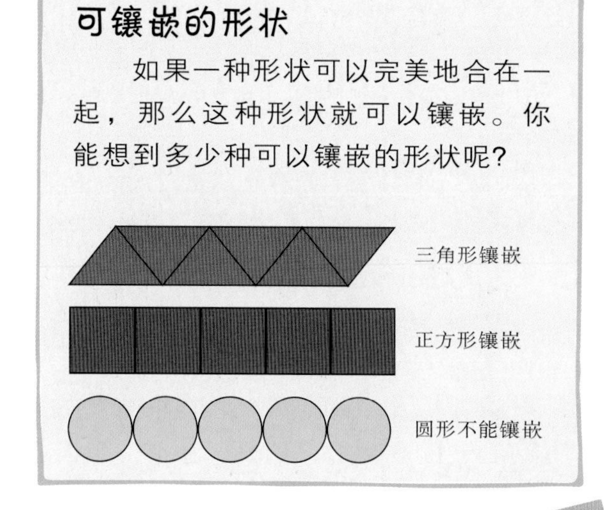

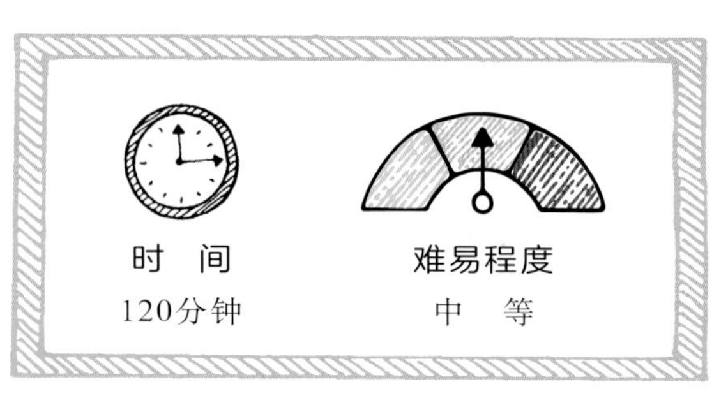

一定要精确地测量正方形的四条边是否相等。

所需材料与工具

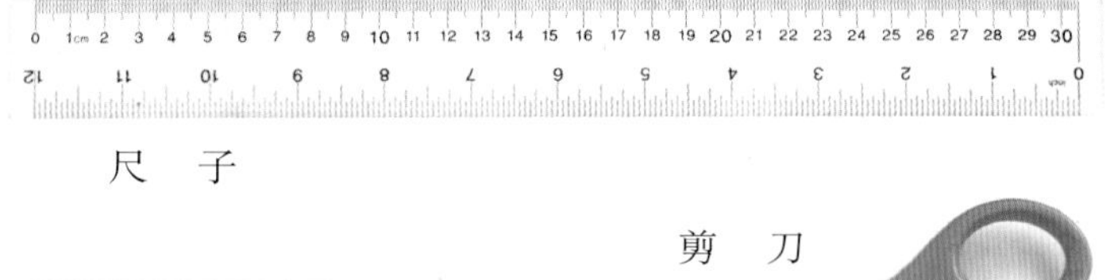

尺 子

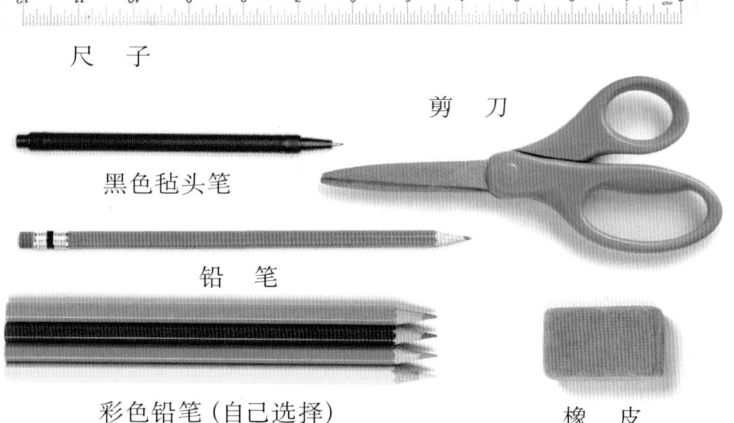

剪 刀

黑色毡头笔

铅 笔

彩色铅笔（自己选择）

橡 皮

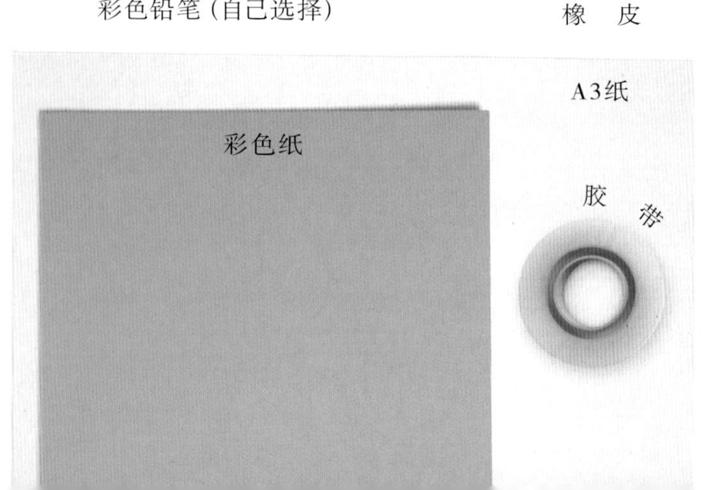

A3纸

彩色纸

胶 带

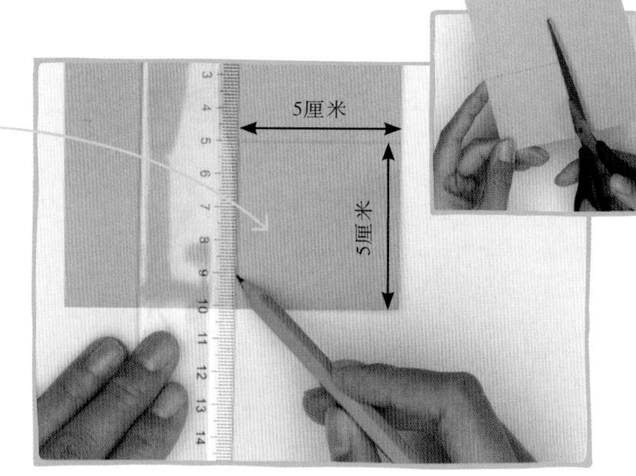

1 用尺子画一个边长为5厘米的正方形，然后用剪刀细心地将它剪下来。

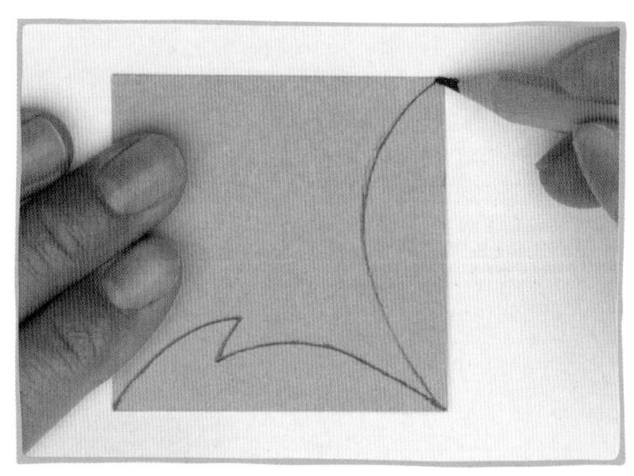

2 复制图中所示的形状，你可以使用呈波浪状或锯齿状的线条，但不要太细，因为太细了不容易剪。

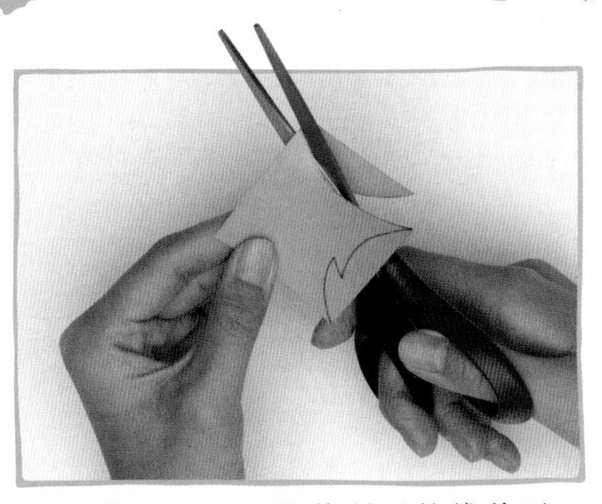

3 用剪刀细心地沿着所画的线剪开，得到三片不相连的纸片。

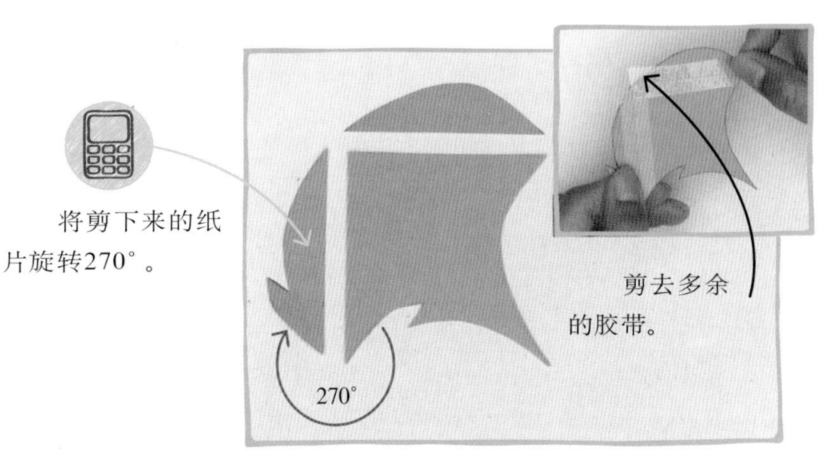

4 转动剪下来的纸片，用胶带将它们相邻的边粘在一起。这就是模板。

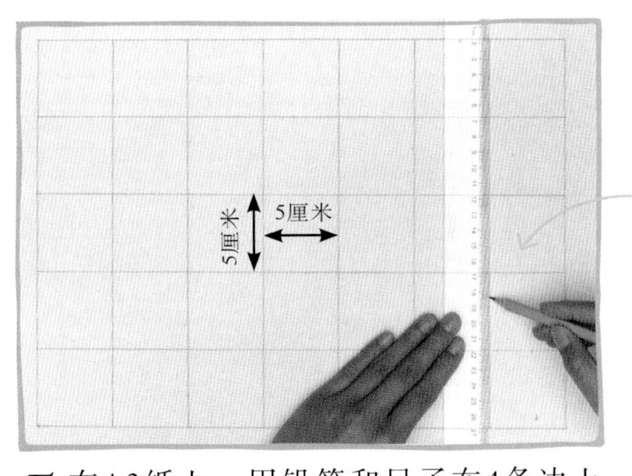

这个网格由边长为5厘米的正方形构成。

5 在A3纸上，用铅笔和尺子在4条边上每隔5厘米做一个标记，然后画出连接标记的水平线和垂直线，形成网格。

将模板的垂直线和水平线与网格线对齐。

6 将模板放在网格中间的一个正方形中，用一只手将形状固定在适当的位置，同时用铅笔仔细地描画它的轮廓。

7 想一想你如何画才能使这个图形栩栩如生。我们这里画的是笑脸。

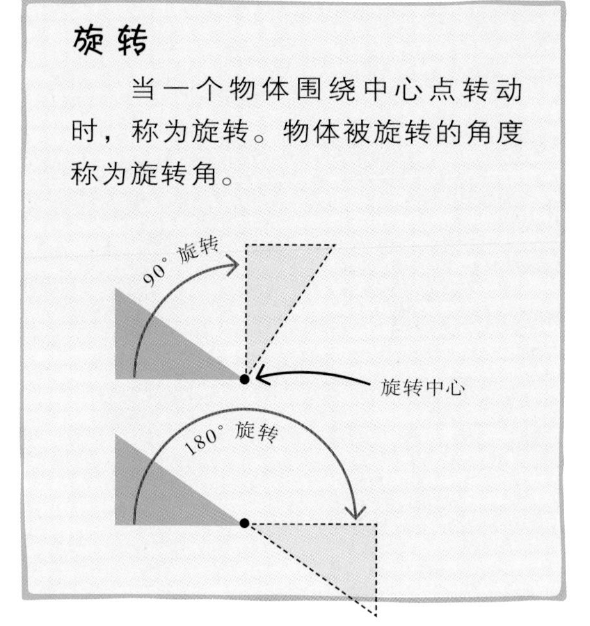

旋转

当一个物体围绕中心点转动时，称为旋转。物体被旋转的角度称为旋转角。

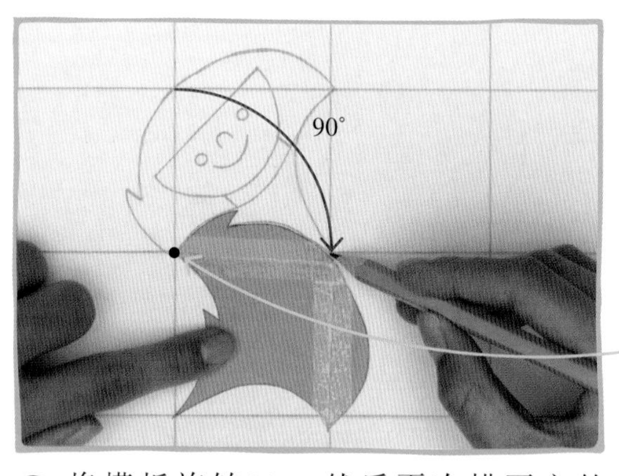

8 将模板旋转90°，然后再次描画它的轮廓。看看这些形状如何像拼图一样拼在一起。

旋转时，将模板的一个角固定在一个点，这就是旋转中心。

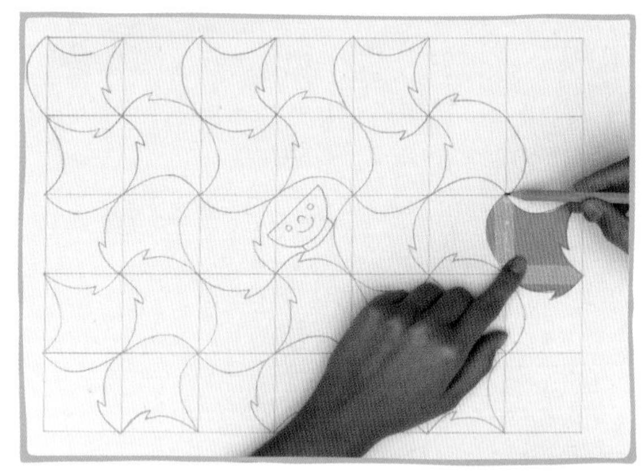

9 继续描画模板的轮廓，直到将网格铺满为止。

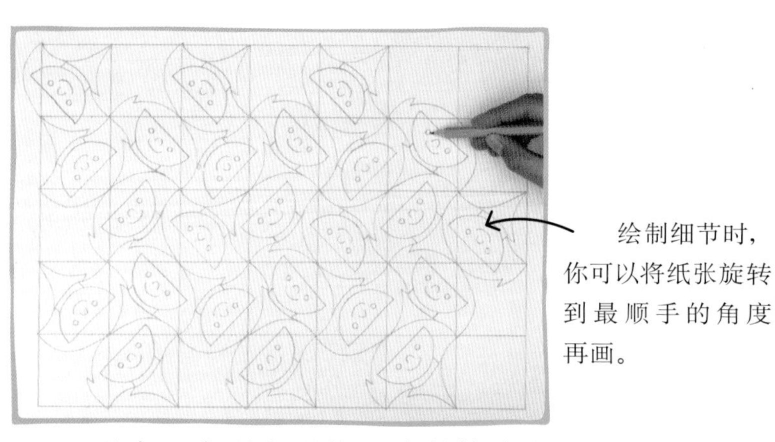

绘制细节时，你可以将纸张旋转到最顺手的角度再画。

10 现在，在所有形状上绘制笑脸或你选择的图案，要使每个图案都相同。

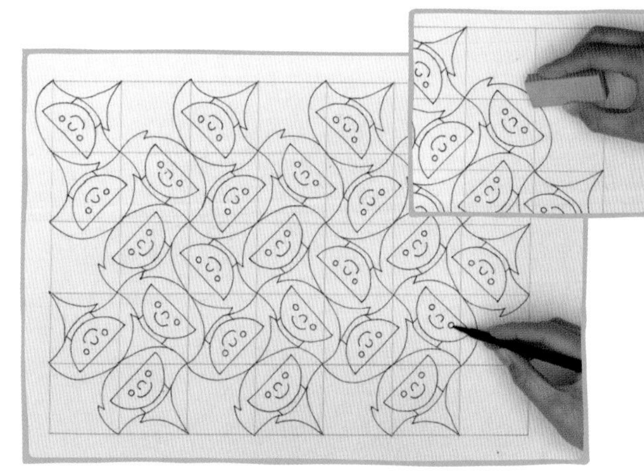

11 用黑色毡头笔仔细描画铅笔线，使图案更加清晰，然后擦掉所有的铅笔线。

12 现在，用彩色铅笔或毡头笔给镶嵌图案上色。

对比色使图案显得更活泼。

更复杂的镶嵌图案

掌握了制作镶嵌图案的基础知识之后，你可以尝试制作更复杂的图案。右图使用的方法与你刚才学到的相同，只是在第2步绘制了更复杂的模板。你还可以尝试用不同的颜色使图案看起来更丰富。

令人难以置信的形状——不可能三角形

这个被称为“彭罗斯三角”的形状不可能在实际的三维空间中出现，因此也被称为“不可能三角形”，但是它的平面图巧妙地用角度欺骗了你，让你相信它在现实生活中是存在的。

所用的数学知识

- 测量—— 用来确保三角形的边长相等。
- 圆规—— 用来给三角形轮廓定位。
- 三维形状—— 使绘制在纸上的三角形看起来像一个三维物体。

你可以将三角形安装在具有艺术气息的相框中作为装饰，也可以作为礼物送给朋友。

画大一点儿！尝试将测量值增加一倍或两倍，绘制一个超大的三角形。

如何绘制

不可能三角形

不可能三角形具有相等的内角，你可以用圆规做到这一点。你可以给三角形涂上颜色，形成阴影效果，使它看起来像一个三维物体。

等边三角形

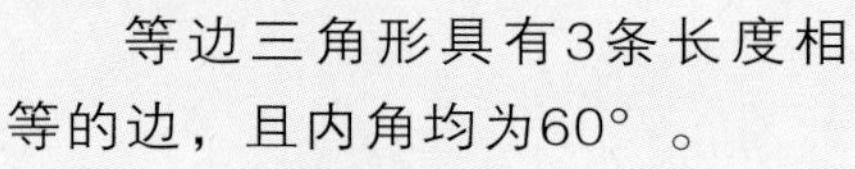

等边三角形具有3条长度相等的边，且内角均为60° 。

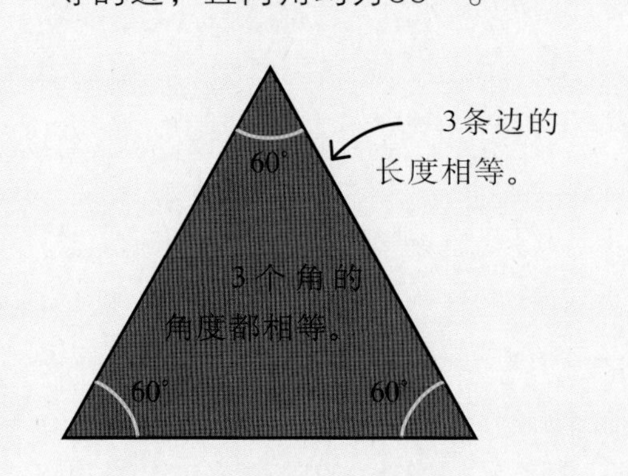

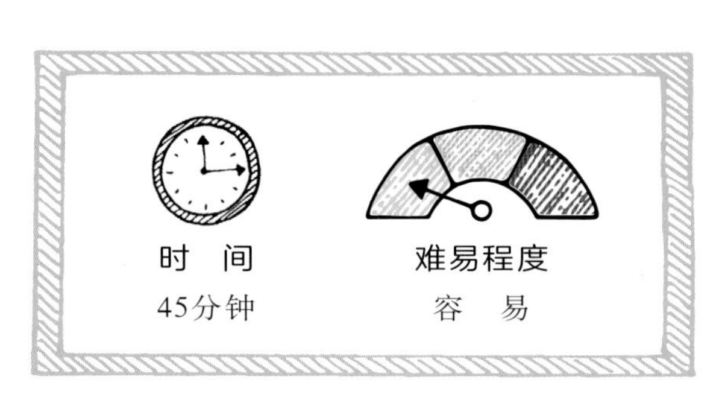

所需材料与工具

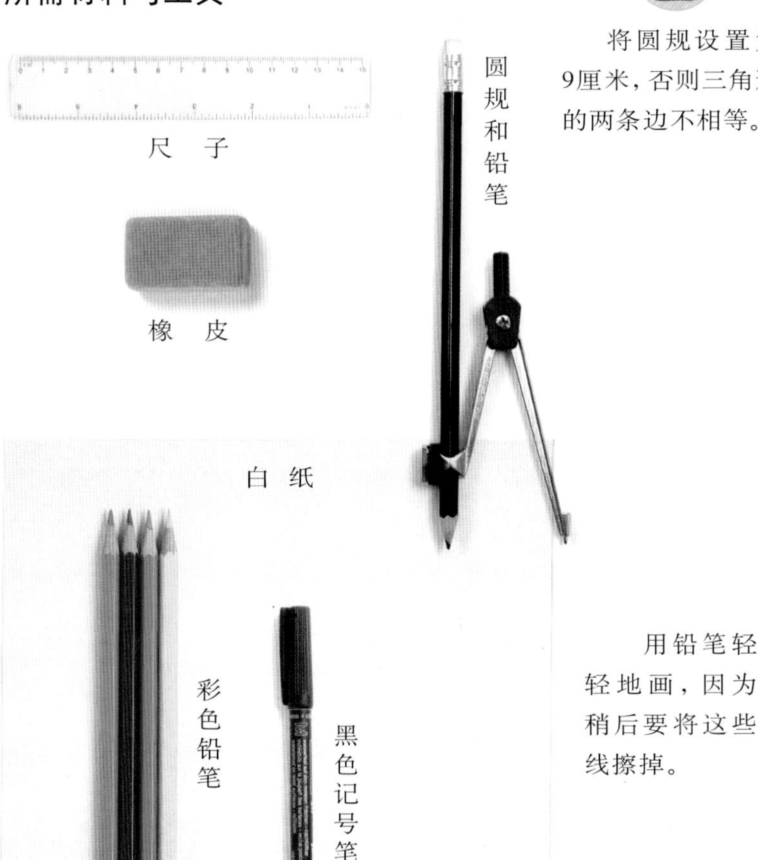

将圆规设置为9厘米，否则三角形的两条边不相等。

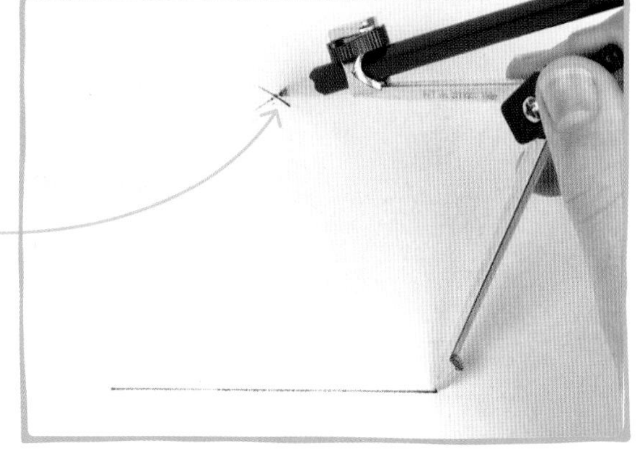

1 用铅笔和尺子画一条9厘米长的直线。然后将圆规设置为9厘米，将圆规的针尖放在直线的一端，然后画一条淡淡的弧线。在直线的另一端重复这个步骤，并使两条弧线相交。

用铅笔轻轻地画，因为稍后要将这些线擦掉。

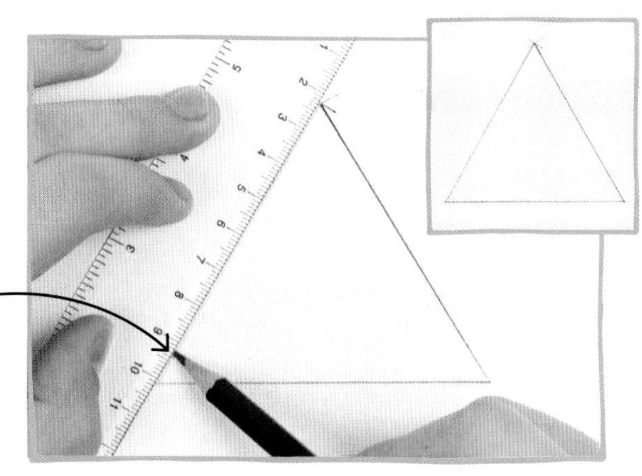

2 用铅笔和尺子将两条弧线的交点与直线的两端连接起来，形成一个等边三角形。

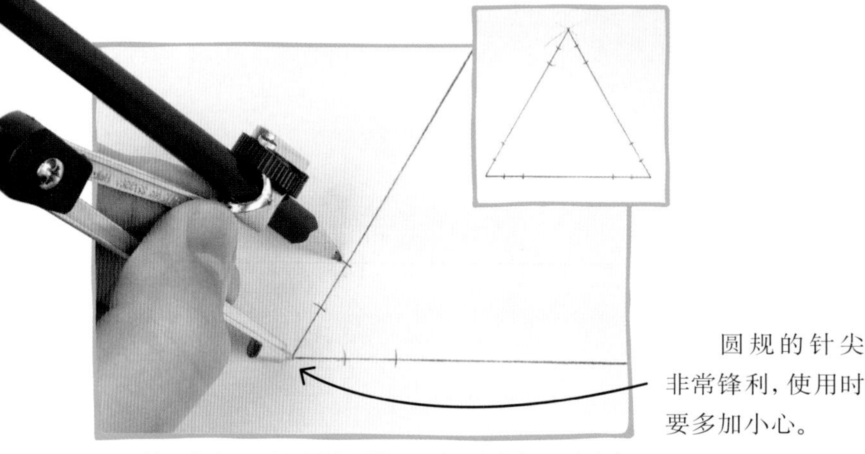

圆规的针尖非常锋利，使用时要多加小心。

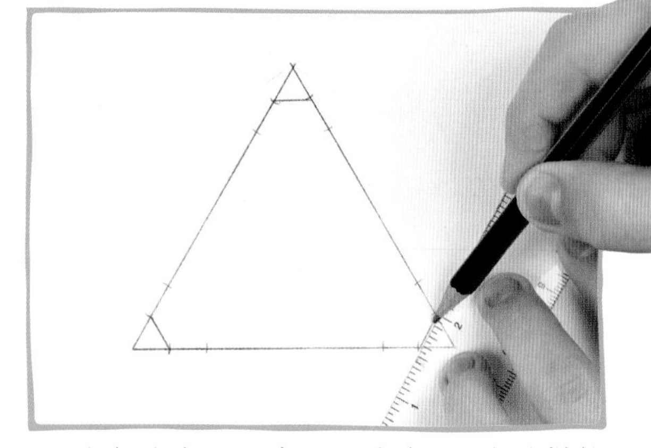

3 接下来，将圆规设置为1厘米，用它在每个角的两条边上到顶点1厘米处做标记。然后将圆规设置为2厘米，重复这个步骤。

4 在每个角的两条边距离角1厘米处做标记并连接，形成3个小等边三角形。

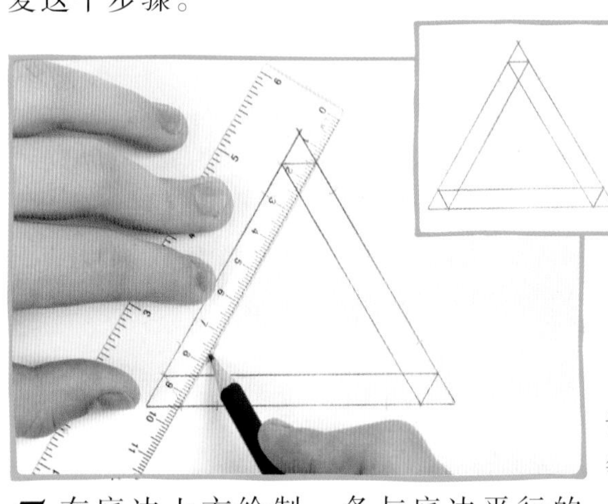

3组平行线应该形成3个完美的等边三角形。

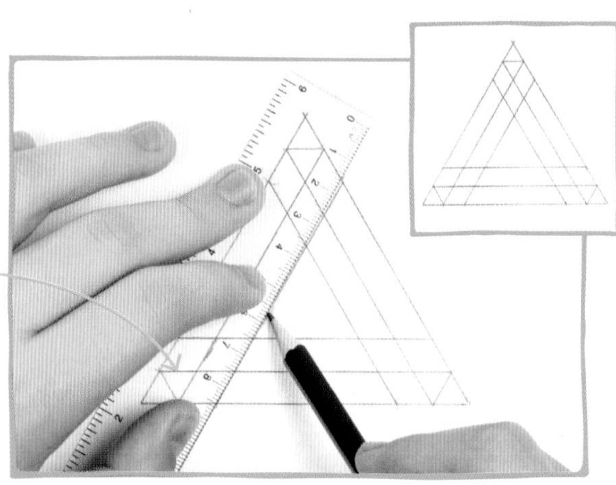

5 在底边上方绘制一条与底边平行的直线，连接两个1厘米标记。其他两条边也重复这个步骤，这样就形成了一个较小的三角形。

6 用铅笔和尺子再画3条线，连接2厘米标记，形成了一个更小的三角形。

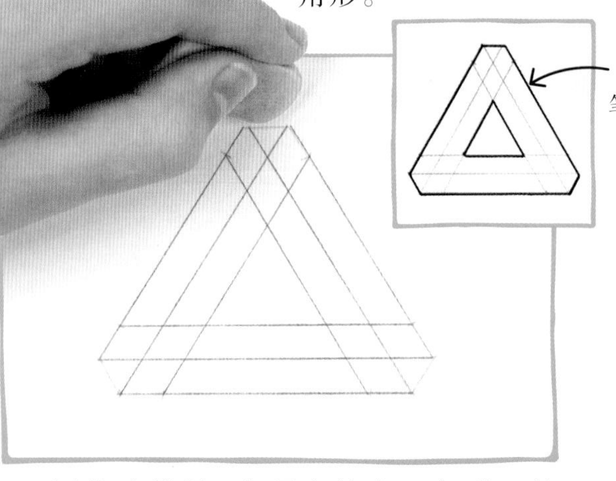

用黑色记号笔加深这些线。

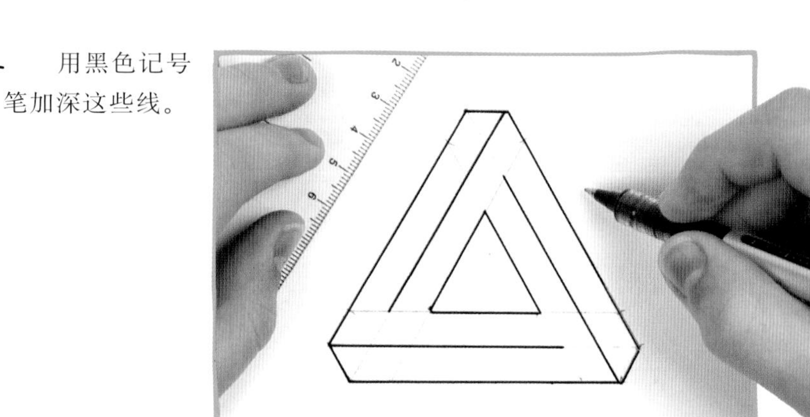

7 用橡皮擦掉3个顶点的小三角形，然后用黑色记号笔描绘外围的轮廓，以及最里面的三角形。

8 接下来，用黑色记号笔描绘外三角形内部距离外边缘1厘米的3条线。从顶点开始沿直线向对面的顶点延伸，在距离2厘米处停止。

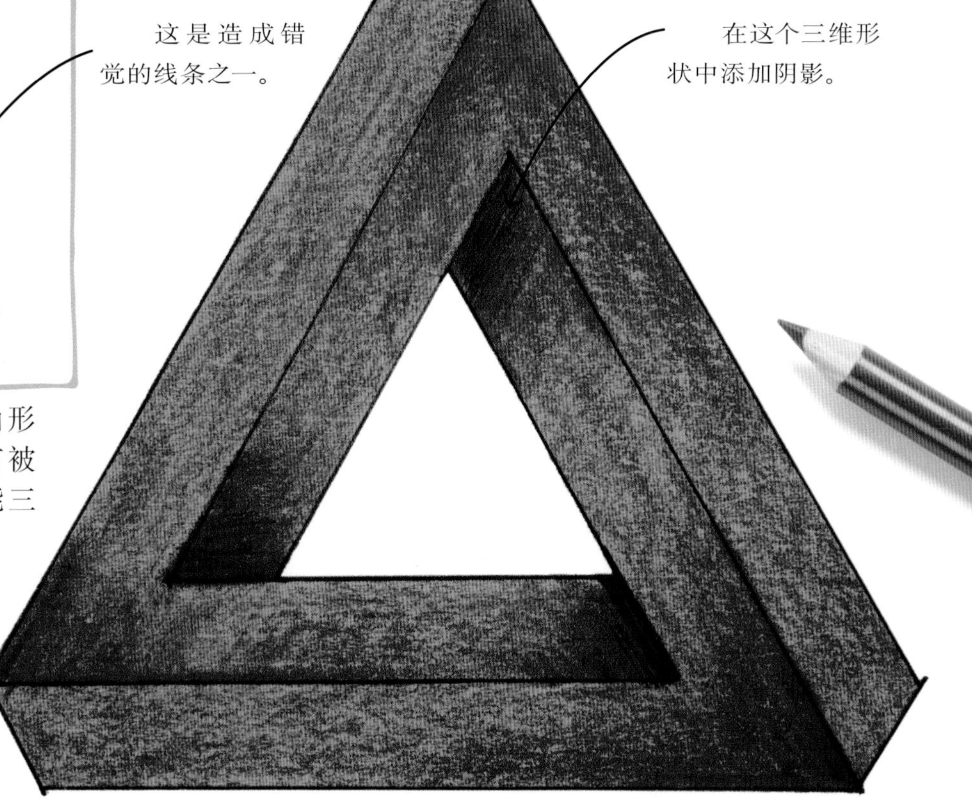

9 将1厘米线的一端分别与内三角形的3个顶点连接，然后擦去没有被黑色记号笔描过的铅笔线，不可能三角形就画好了。

10 现在来做最后的润色，诀窍是添加阴影。这将使你的三角形看起来更像三维物体。

升级

为了使不可能三角形显得更加神奇，何不画一个由立方体构成的三角形？尽管这看起来比较复杂，但是它仅用了以3个角度绘制的直线，而不需要使用圆规。如果你没有圆规，这是一个很好的替代方法。

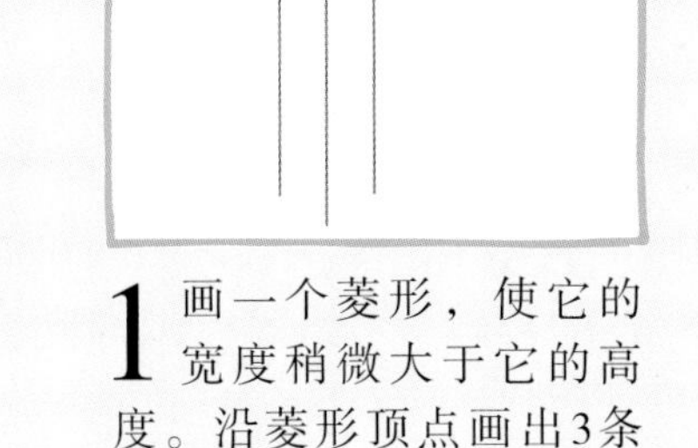

1 画一个菱形，使它的宽度稍微大于它的高度。沿菱形顶点画出3条平行线。

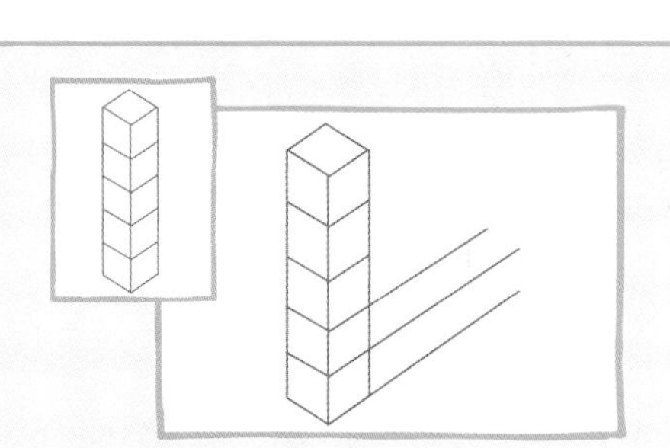

2 用宽V形线将3条线连接在一起，形成一座有5个立方体的塔。将底部的3条V形线向右延伸。

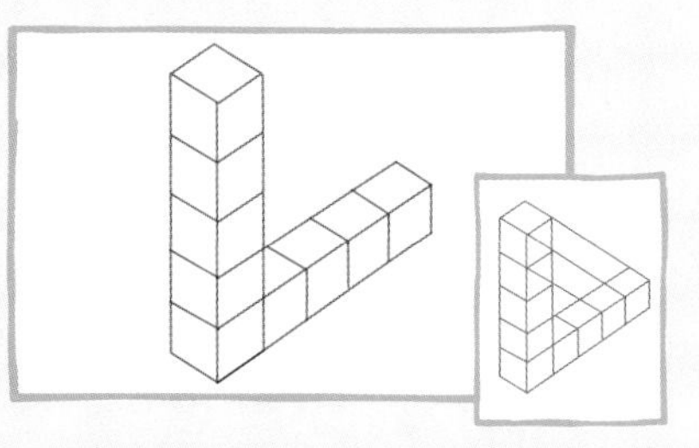

3 重复第2步，将这些平行线分成多个立方体。延伸最后3条V形线，使它们连接第一个菱形。

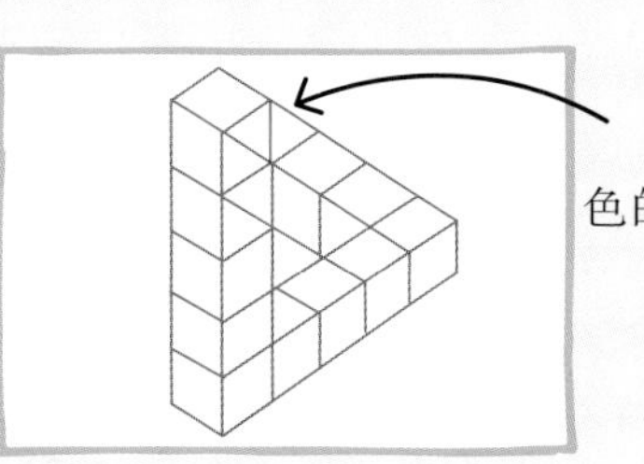

4 添加V形线，将这3条平行线变成立方体，然后擦掉最后一个立方体上多余的线条。

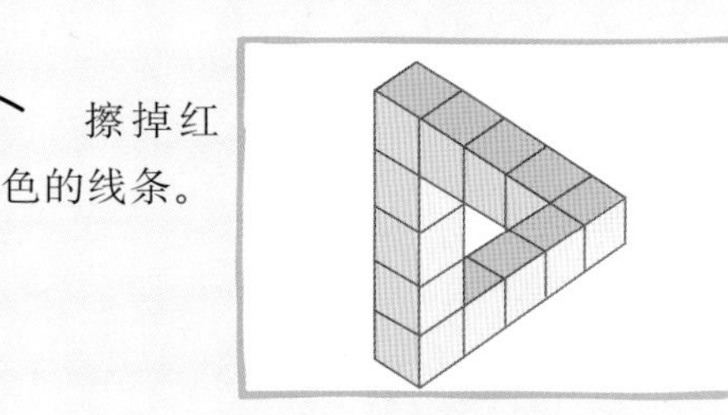

5 涂上不同的颜色，增强这个不可能三角形的立体感。

用绿色作为狮子贺卡的背景。

舌头给这张青蛙贺卡增加了特色。

所用的数学知识

- 角度—— 用来增强贺卡的结构，架构弹出的立体窗口。
- 测量——使弹出窗口的形状和尺寸恰到好处。

神奇的角度——立体贺卡

使用一些数学知识，你就可以制作栩栩如生的动物贺卡。在这个过程中，你将学习如何测量角度，以及如何制作一个可以弹出立体形象的贺卡。

如何制作

立体贺卡

这个项目的关键是要细心测量角度，并在折叠卡纸时注意使折线均匀平直，做到这些，一切就会很顺利。先试着做狮子立体贺卡，掌握了技巧之后，你就可以自由发挥。

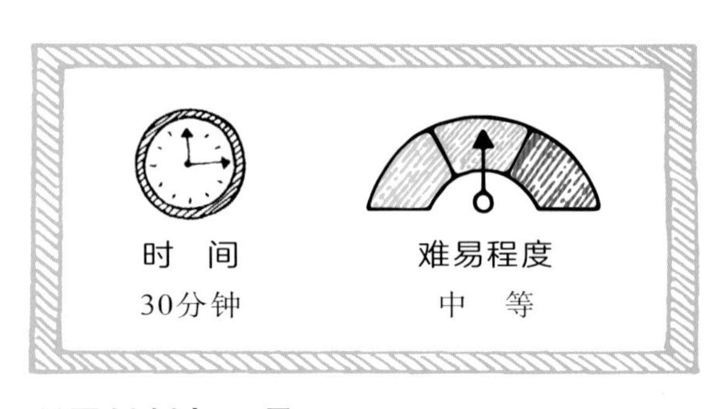

所需材料与工具

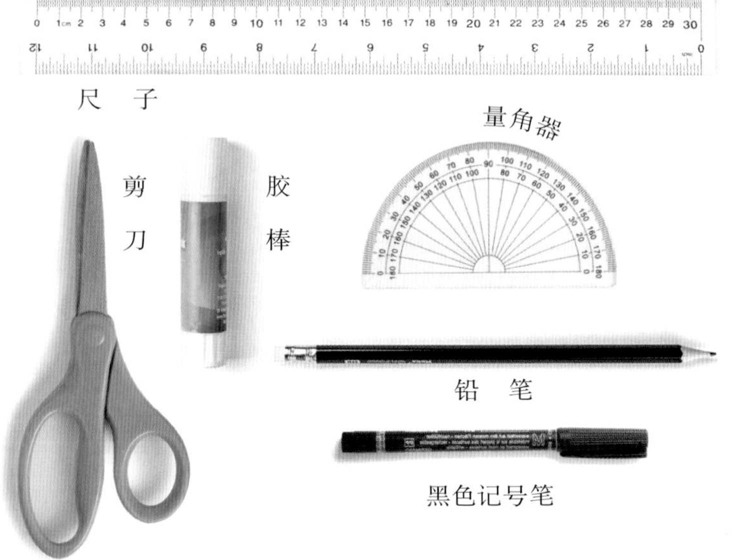

A4彩色卡纸
为了制作狮子立体贺卡，
我们准备了：
1张绿色卡纸
2张黄色卡纸
1张橙色卡纸

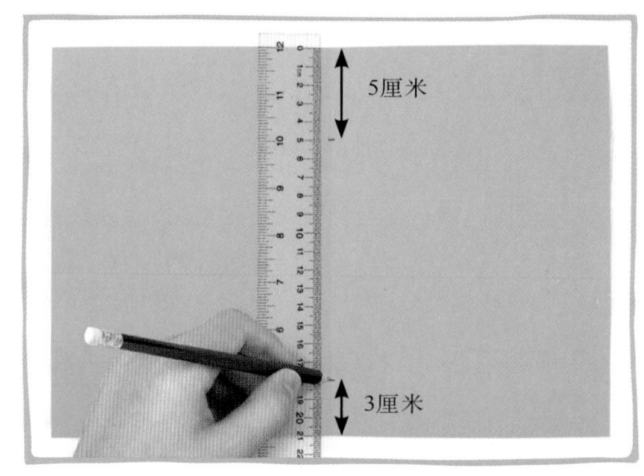

1 将一张A4卡纸对折，沿着折叠处按压，然后展开。在折痕上距离上边缘5厘米和下边缘3厘米处分别做标记。

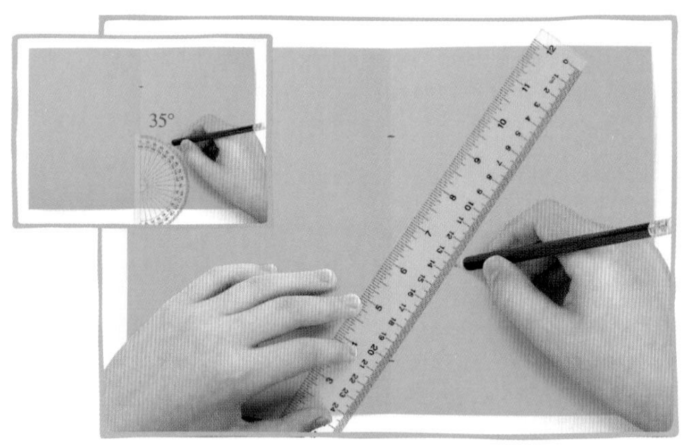

2 将量角器的原点放在3厘米标记处，使零刻度线与折痕对齐。在35°角处做标记，并画出一条8厘米长的直线，连接这个标记和折痕上3厘米处的标记。

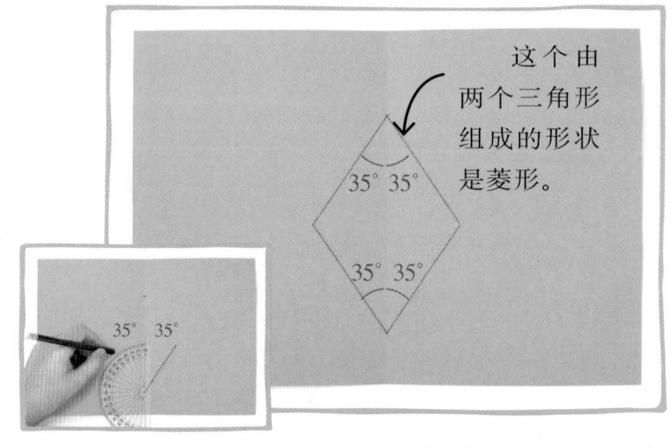

3 在折痕的另一侧重复第2步。然后在折痕上的5厘米标记处重复第2步和第3步，但是方向朝下。最后得到两个相对的70°角。

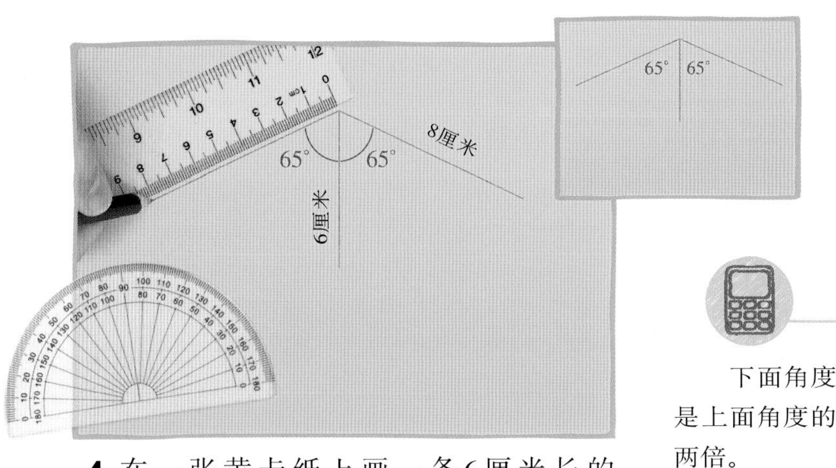

4 在一张黄卡纸上画一条6厘米长的线，在线的上端点以65°角画出左右两条长8厘米的线，用来制作口部。

下面角度是上面角度的两倍。

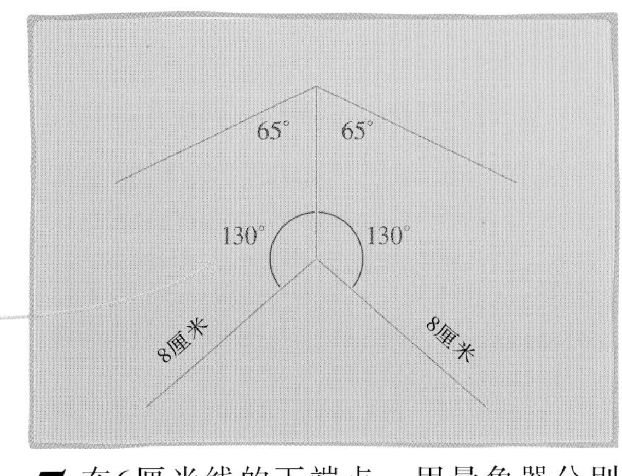

5 在6厘米线的下端点，用量角器分别在左右两侧画两个130°的角，然后沿每个角度绘制一条长8厘米的线。

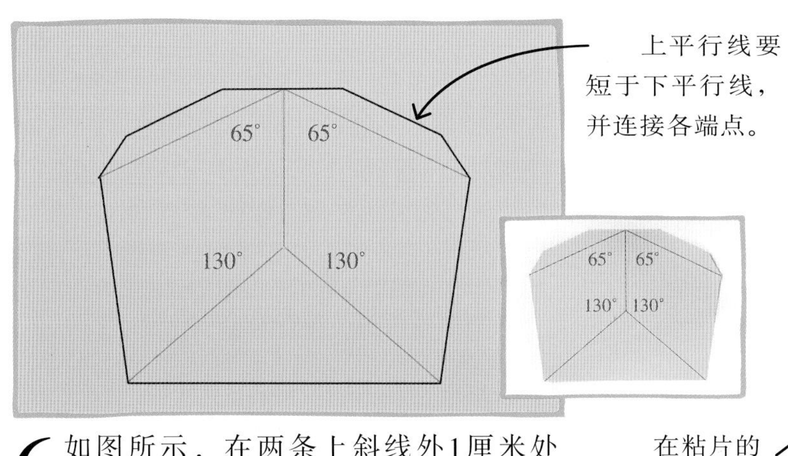

上平行线要短于下平行线，并连接各端点。

6 如图所示，在两条上斜线外1厘米处画平行线，用来制作粘条。用黑色记号笔将这些点连接起来，形成一个底部为三角形的形状。

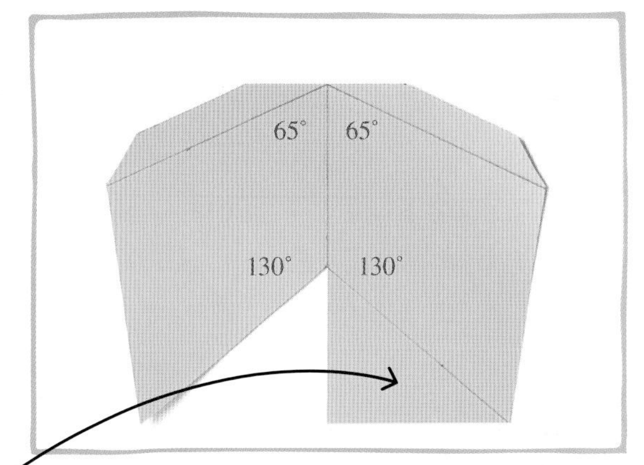

在粘片的背面涂胶。

7 如图所示，将底部的三角形剪掉一半，剩下的一半作为粘片。沿着铅笔线划痕折叠、压紧，在粘片背面涂胶。

使用量角器

将量角器与角的基线对齐，然后在量角器的边缘找到角的另一条边所对应的数字。

注意你要使用的是哪一组数字。

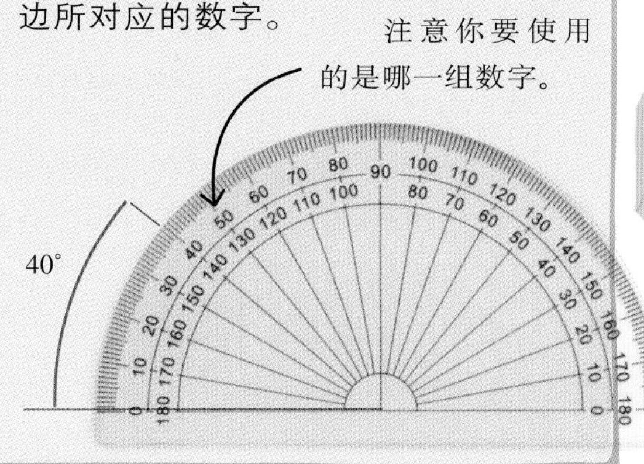

8 将卡纸翻过来，然后将涂胶的三角形粘片折叠到另一侧的背面，使两条8厘米线重合。这是狮子的上颌。

将三角形粘片粘在这里。

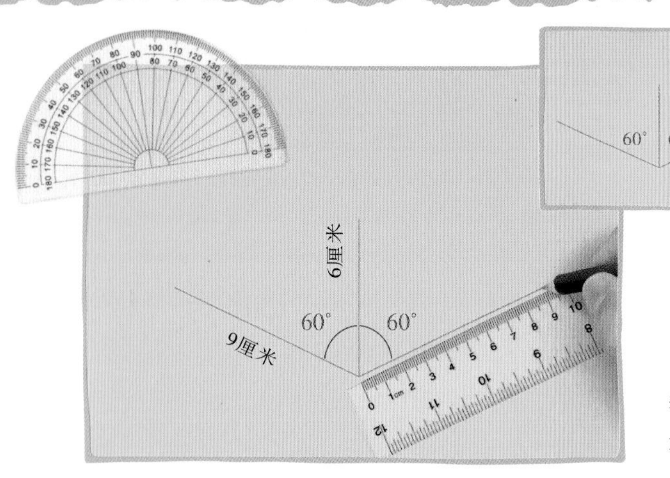

9 现在制作狮子的下颌。在另一张黄卡纸上画一条6厘米长的线。在这条线的下端左右两侧分别量出两个60°的角，然后沿着这两个角画两条9厘米长的线。

这些粘条将帮助你将下颌粘在基座上。

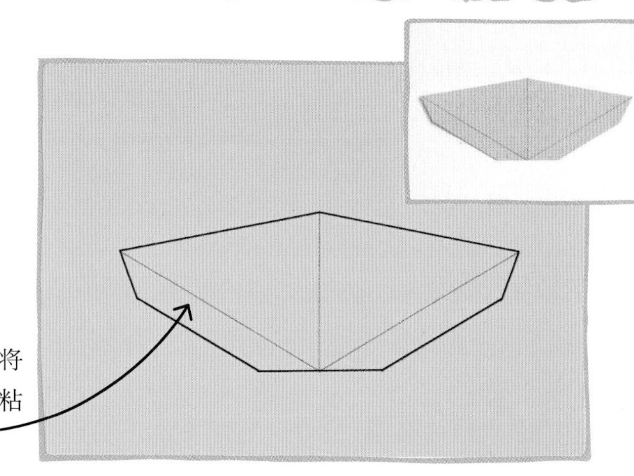

10 如图所示，用黑色记号笔在两条9厘米线的外侧1厘米处画平行线，然后将这些线的末端与6厘米线的上端连接起来。沿黑色记号笔线剪下图形，然后沿着铅笔线折叠。

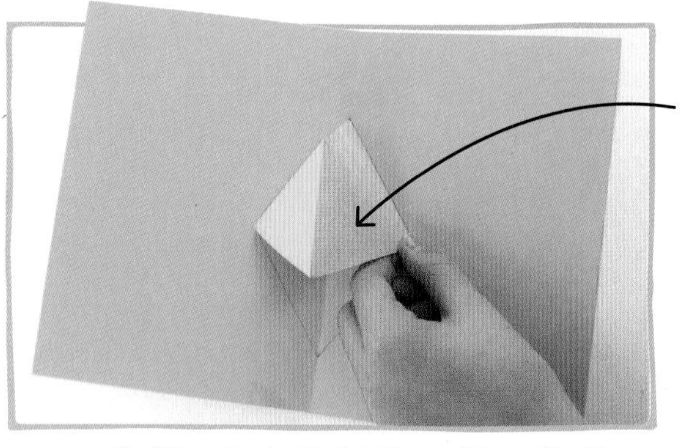

放置上颌，使它跨过中间的折痕。

11 取第8步中做好的上颌，使铅笔标记在内侧，向内折叠粘条，在粘条上涂胶，然后将它沿着第3步中绘制的上面的70°角粘贴。

12 取第10步做好的下颌，将粘条向外折叠。在粘条上涂胶，然后粘在第3步中绘制的下面的角度的铅笔线上。

剪一张折叠的卡纸，形成对称的鬃毛。

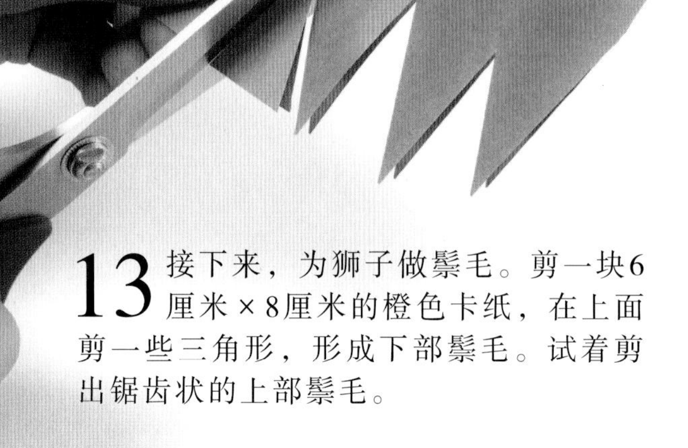

13 接下来，为狮子做鬃毛。剪一块6厘米×8厘米的橙色卡纸，在上面剪一些三角形，形成下部鬃毛。试着剪出锯齿状的上部鬃毛。

14 将上部鬃毛粘在狮子脸部周围。用手向上弯曲三角形部分，使鬃毛具有三维外观。下部鬃毛重复这个步骤。

在白纸上描出硬币的轮廓，用来制作眼睛。剪下眼睛，用黑色记号笔画上瞳孔。

15 用涂色或粘贴卡纸的方法，给狮子配上眼睛、耳朵和鼻子。你甚至可以将牙齿粘在它的嘴里。

更多立体贺卡

你可以尝试制作各种动物形状的立体贺卡。制作鲨鱼或青蛙时，你可以将第5步的两条线缩短到2厘米，使嘴张得更大。为了使嘴的内部呈现红色，你可以用一张红卡纸按照第1～3步制成红色菱形，然后将它剪下来，粘贴到第3步图中背景卡片的菱形上。

剪一排三角形，作为鲨鱼的牙齿。

用大小不同的硬币在绿色和红色卡纸上绘制圆圈，制作青蛙的大眼睛。

测 量

本章中的项目将引导你掌握测量技巧，包括测量重量、长度、宽度和高度。你将学会计算橡皮筋赛车的速度，用彩色时钟看时间，并且制作奇妙的弹珠溜槽系统。你还将学会衡量事情发生的可能性，甚至学会计算成本和利润。

神奇的平均数——橡皮筋赛车

用少量的材料，你就可以制作属于自己的赛车，并通过一些简单的改造来提升它的性能。你还可以测试并记录赛车跑完全程所需要的时间，以计算行驶速度和平均速度，进而调整设计，提高赛车的速度。

画一些白色的正方形当作赛道。

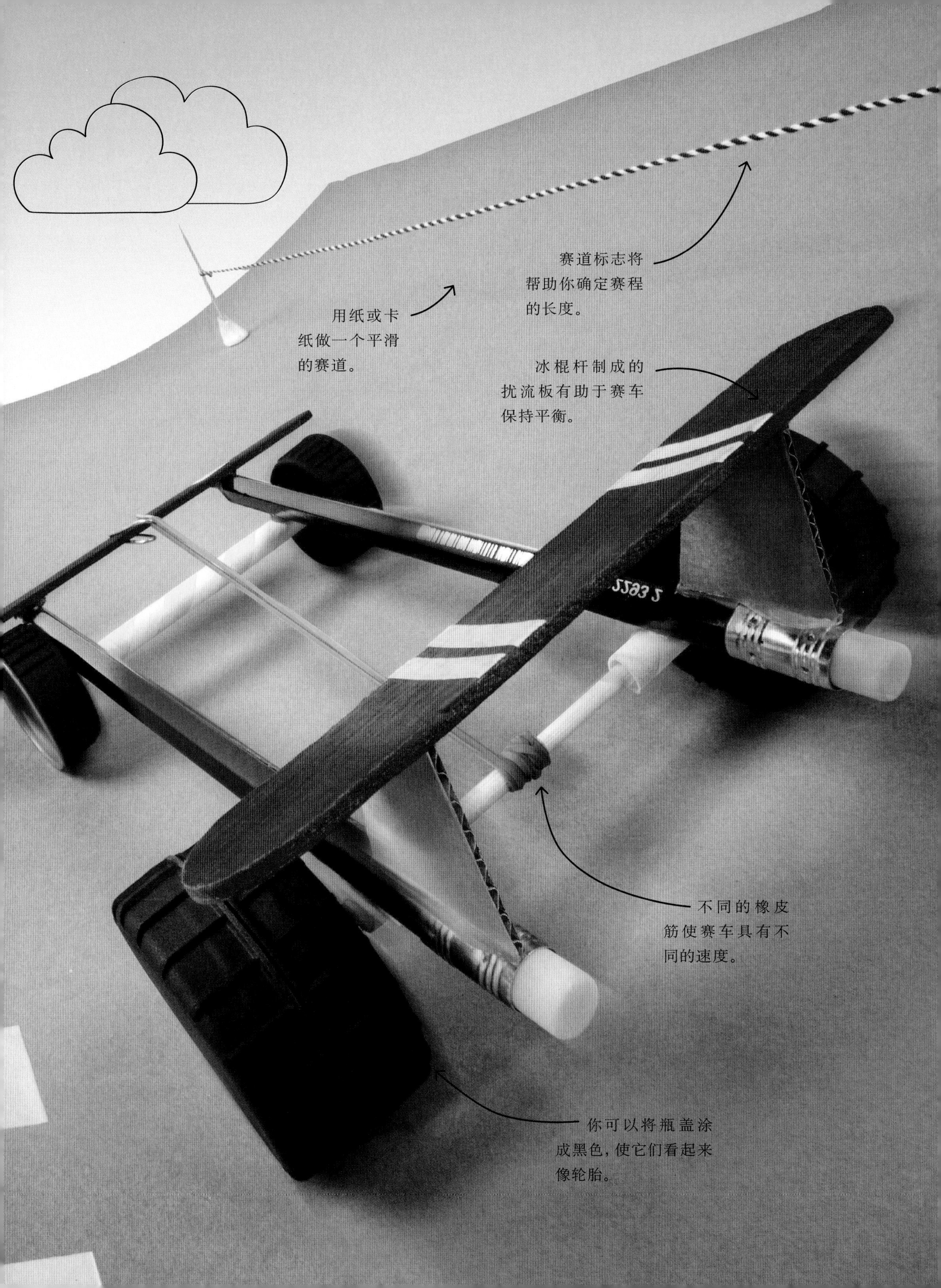
赛道标志将
帮助你确定赛程
的长度。
用纸或卡
纸做一个平滑
的赛道。
冰棍杆制成的
扰流板有助于赛车
保持平衡。
不同的橡皮
筋使赛车具有不
同的速度。
你可以将瓶盖涂
成黑色，使它们看起来
像轮胎。

如何制作

橡皮筋赛车

拉伸的橡皮筋储存着能量，释放的能量将使赛车加速运动。制作一条有长度标记的赛道并为赛车计时，这样你就可以计算出赛车的平均速度。

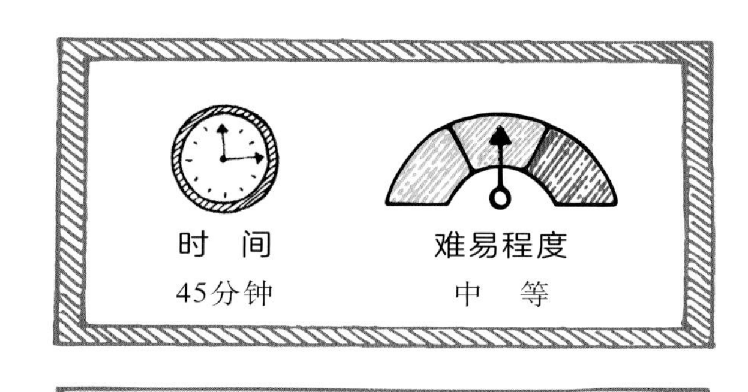

所用的数学知识

- 四边形——用来支撑有助于赛车保持平衡的扰流板。
- 计时——用来计算赛车的速度。
- 平均数——用来获得可靠的结果。

所需材料与工具

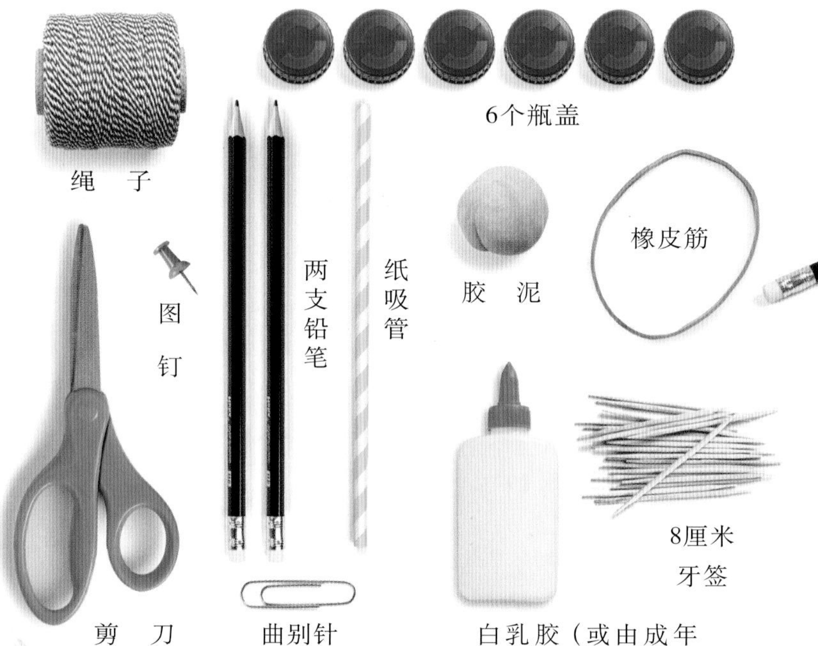

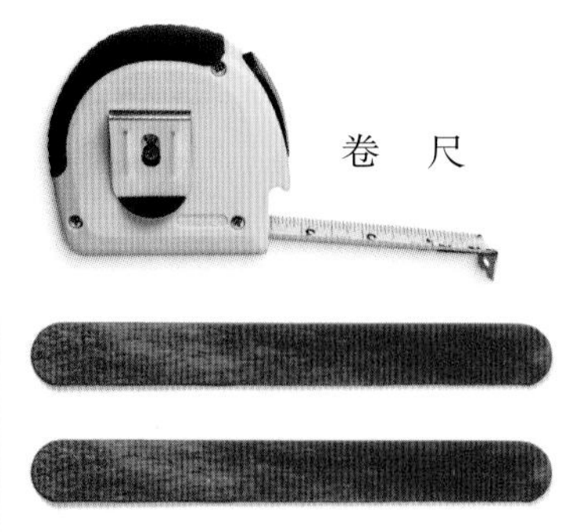

两根超宽冰棍杆
11.5厘米×1.7厘米
（或相同尺寸的硬纸板）

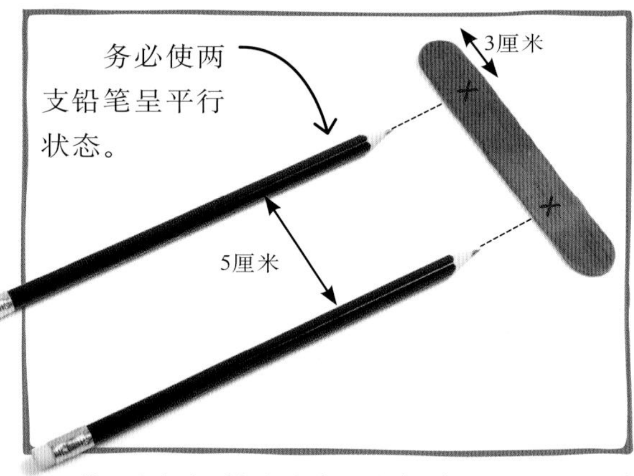

1 将两支铅笔间隔5厘米放置，然后将一根冰棍杆（或相同尺寸的硬纸板）放在铅笔的笔尖处，并在冰棍杆上距离每端3厘米处分别做标记。

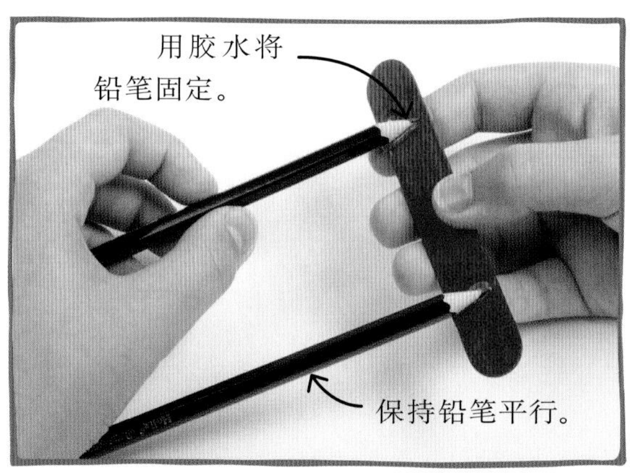

2 将两支铅笔的笔尖粘在标记上，保持平行状态。

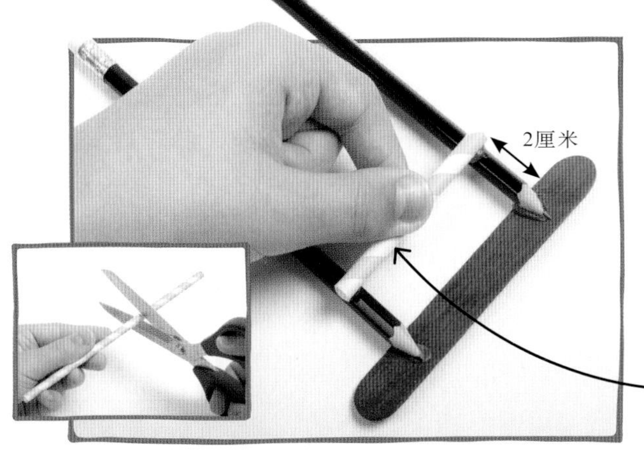

你可以用三角尺检查吸管是否与铅笔垂直（呈直角）。

3 剪一段6.5厘米长的纸吸管，并将它粘到距冰棍杆2厘米处。这将是赛车的车头。

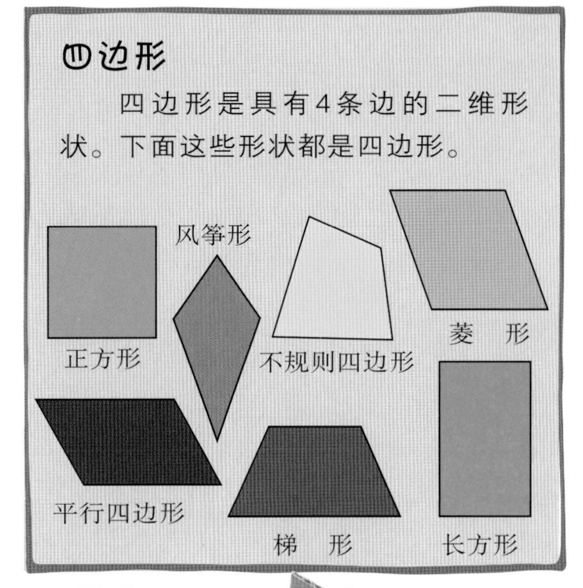

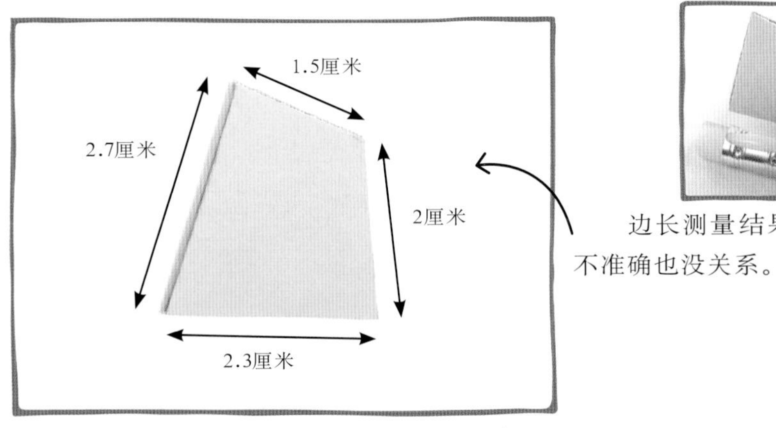

边长测量结果不准确也没关系。

4 在硬纸板上画一个四边形（有4条边的形状），上边的长度应与冰棍杆的宽度相等。

5 再制作一个相同的四边形，然后将两个四边形分别粘到每支铅笔有橡皮的一端，使四边形的上斜边向铅笔尖的方向倾斜。

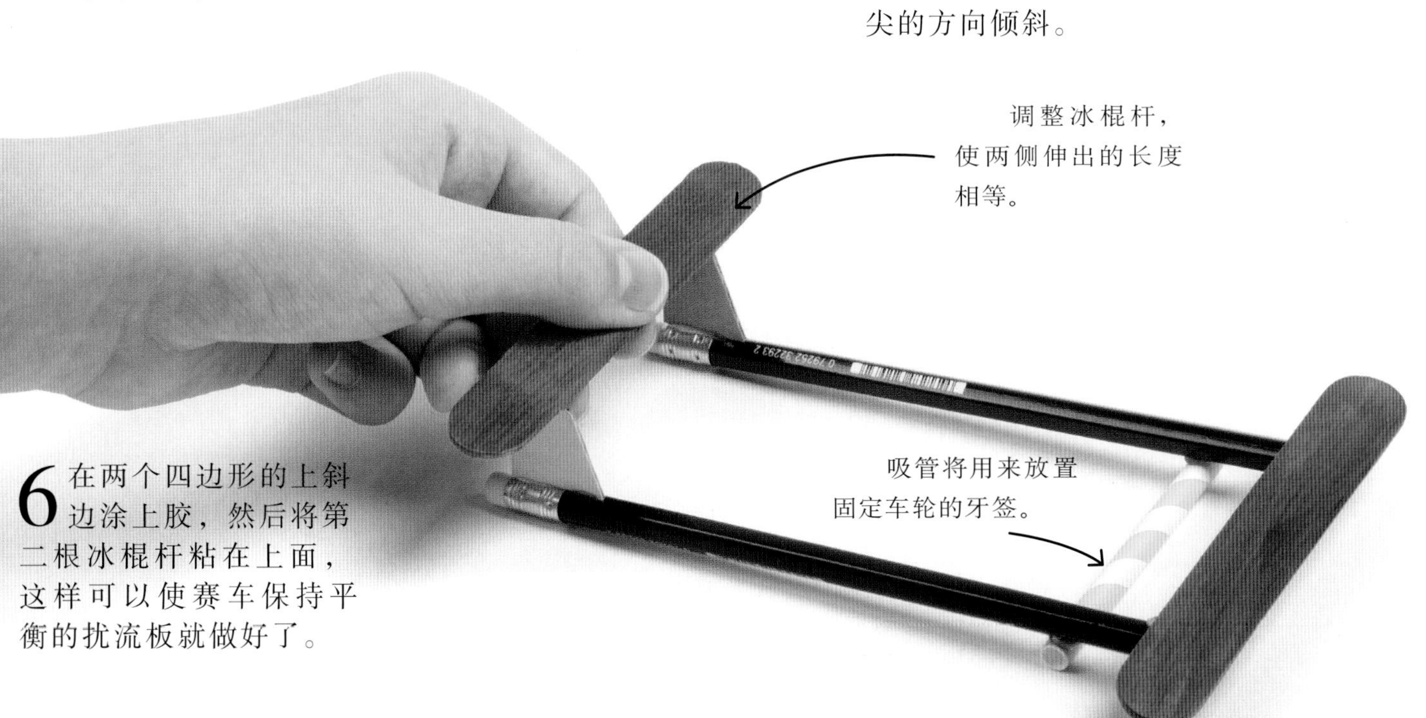

调整冰棍杆，使两侧伸出的长度相等。

吸管将用来放置固定车轮的牙签。

6 在两个四边形的上斜边涂上胶，然后将第二根冰棍杆粘在上面，这样可以使赛车保持平衡的扰流板就做好了。

找圆心

在圆上画一条直线。在它的中点处再画一条与之呈90°角的直线。圆心就在第二条直线的中点处。

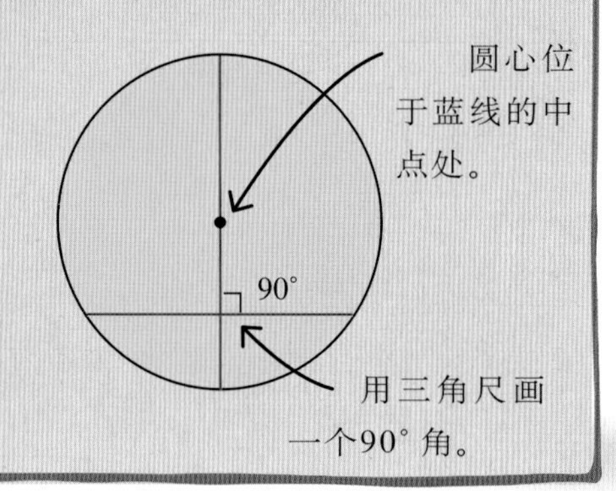

7 找到四个瓶盖的圆心，并扎入图钉，形成可以插入牙签的孔。

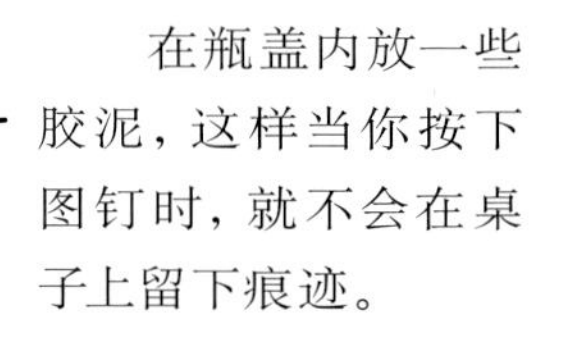

在瓶盖内放一些胶泥，这样当你按下图钉时，就不会在桌子上留下痕迹。

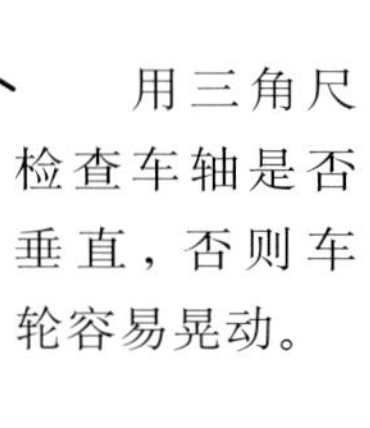

用三角尺检查车轴是否垂直，否则车轮容易晃动。

在瓶盖内部涂一些胶水，以增加强度。

8 将胶水涂在孔上，然后插入牙签，使它垂直于瓶盖顶部。重复第7步和第8步，将另一根牙签插入另一个瓶盖。

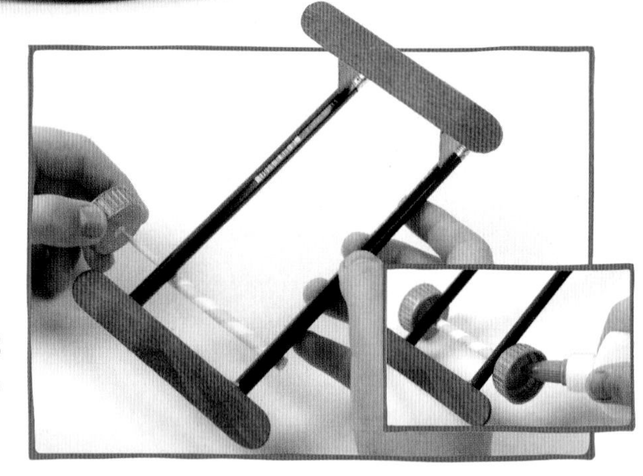

9 将带有一个瓶盖的牙签穿过吸管，然后用胶水将另一个瓶盖连接到吸管的另一端。

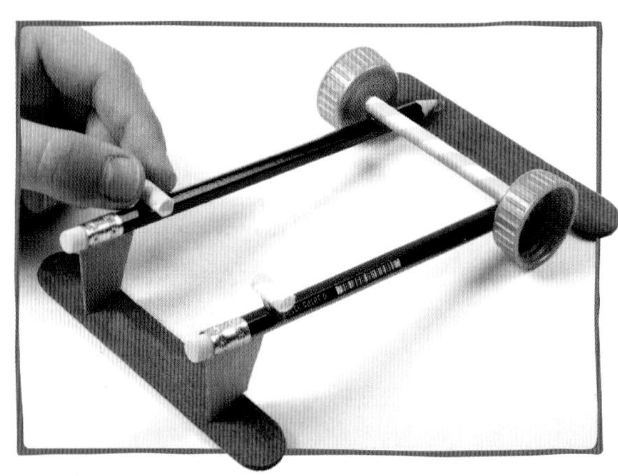

10 剪两段2厘米长的吸管，并将它们分别对齐粘到每支铅笔靠近橡皮的一端，与前轴平行。吸管的作用是用来固定后轴。

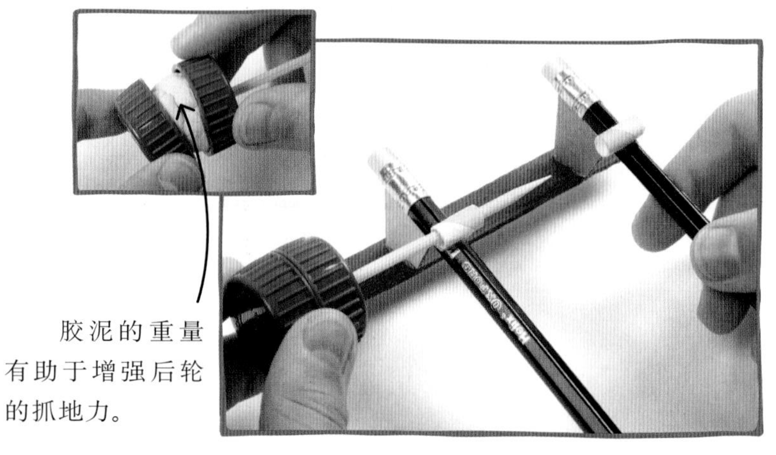

胶泥的重量有助于增强后轮的抓地力。

11 将胶泥放在插入牙签的瓶盖中，并将另一只瓶盖压在上面，使它们粘在一起。然后将牙签穿过两段吸管。

12 将一只瓶盖穿到牙签上，并用胶水固定。同样在瓶盖中填满胶泥，然后将另一只瓶盖压在上面。

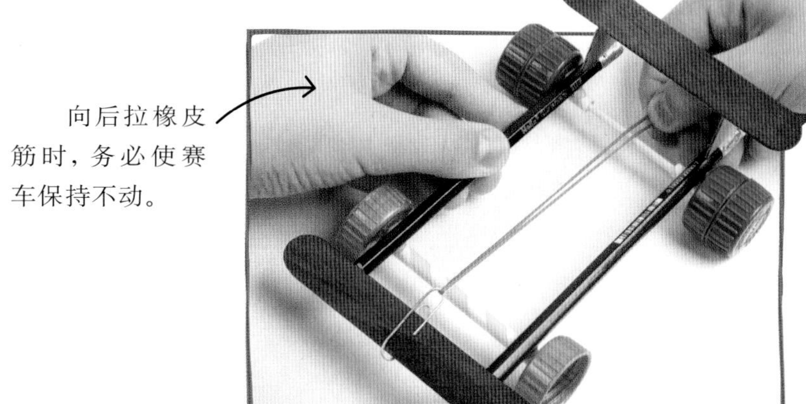

向后拉橡皮筋时，务必使赛车保持不动。

13 将回形针钩在前面的冰棍杆上，然后把一根细长的橡皮筋穿到回形针上，向后轴拉动橡皮筋。

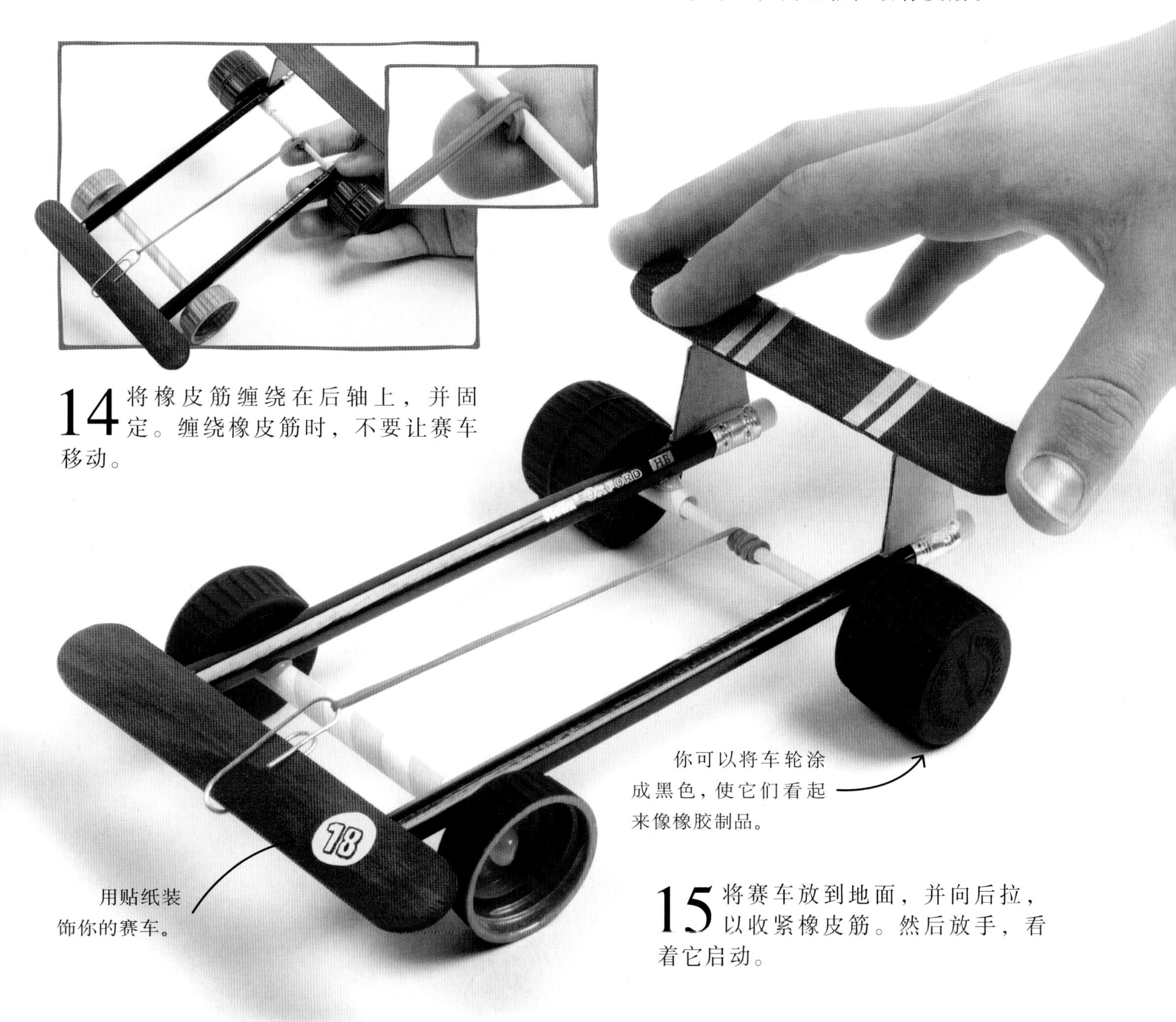

14 将橡皮筋缠绕在后轴上，并固定。缠绕橡皮筋时，不要让赛车移动。

你可以将车轮涂成黑色，使它们看起来像橡胶制品。

用贴纸装饰你的赛车。

15 将赛车放到地面，并向后拉，以收紧橡皮筋。然后放手，看着它启动。

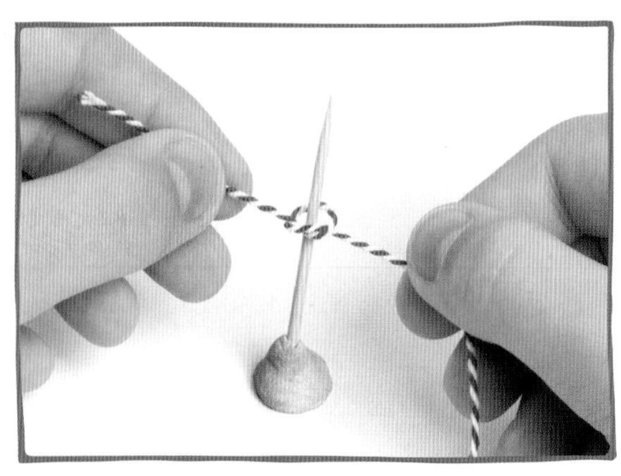

16 现在制作赛道标志，将牙签插入胶泥中，将绳子的一端系在牙签上。

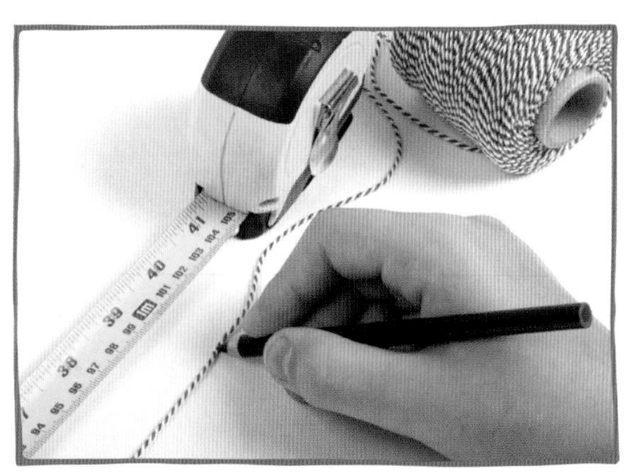

17 量出2米长的绳子，从牙签处开始，每隔50厘米做一个标记，并在1米处做记号。这是主赛道的长度。剩下的1米留着以后延长赛道时用。

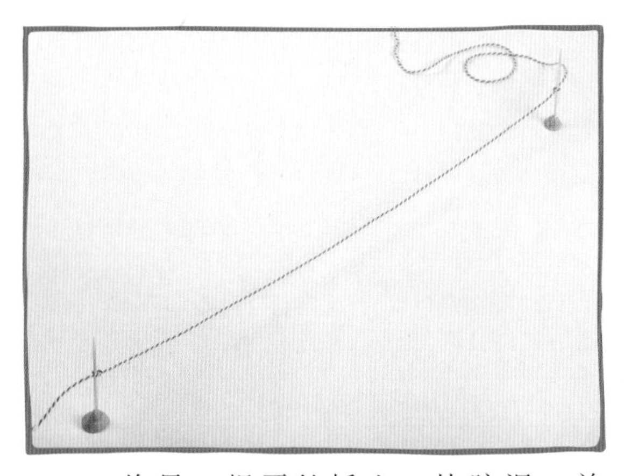

18 将另一根牙签插入一块胶泥，并且将绳子的1米记号处绑在上面。绳子的长度就是赛道的长度。

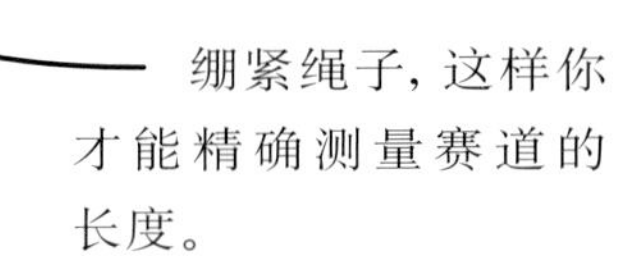

绷紧绳子，这样你才能精确测量赛道的长度。

19 将赛车放在赛道的起点，然后向后拉，收紧橡皮筋。设置好秒表。可以请一位朋友给你当计时员。

20 释放赛车的同时启动秒表。赛车经过终点时立即按停秒表。

距离=速度×时间

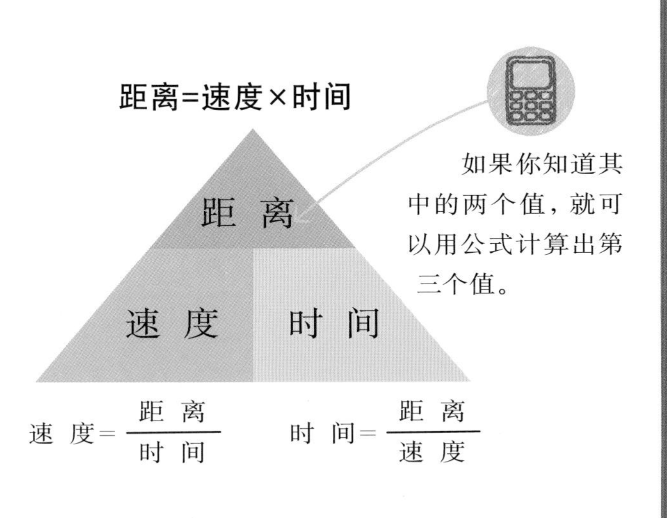

如果你知道其中的两个值，就可以用公式计算出第三个值。

$$速度 = \frac{距离}{时间} \qquad 时间 = \frac{距离}{速度}$$

21 用赛车行驶的距离除以所需的时间来计算赛车的速度。如果赛车在3秒钟内行驶了60厘米，则它的行驶速度是每秒20厘米。

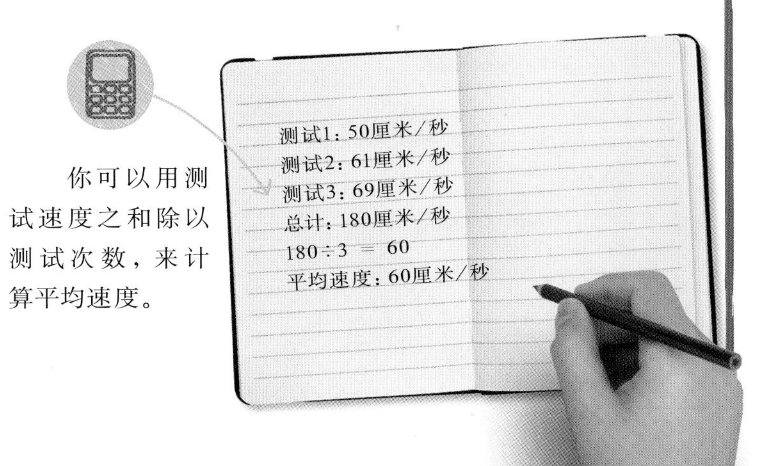

你可以用测试速度之和除以测试次数，来计算平均速度。

22 为了得到更可靠的赛车速度数据，你需要重复多次测试，然后进行计算。

调整变量

为了更好地了解赛车的性能，在保持其他条件不变的情况下，试着更改单个要素（变量）结果会如何呢？

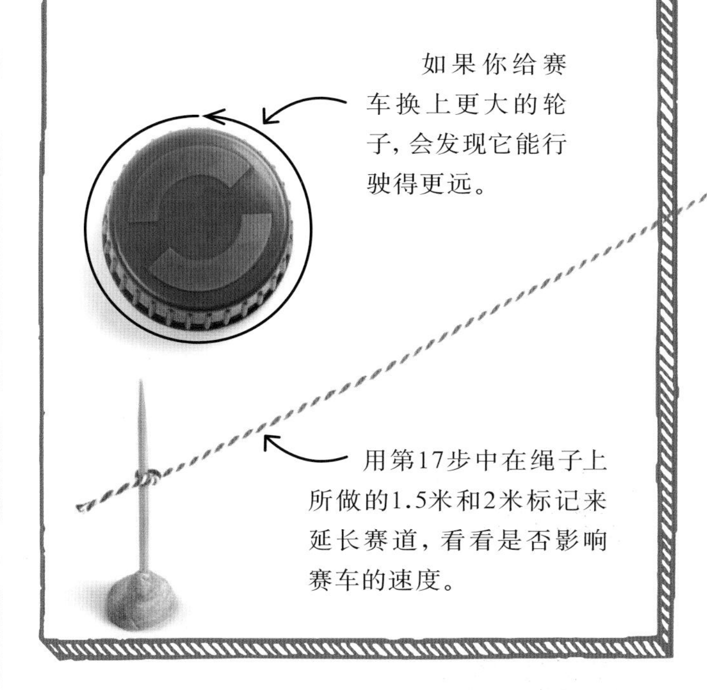

如果你给赛车换上更大的轮子，会发现它能行驶得更远。

用第17步中在绳子上所做的1.5米和2米标记来延长赛道，看看是否影响赛车的速度。

真实世界的数学——用平均数来提高成绩

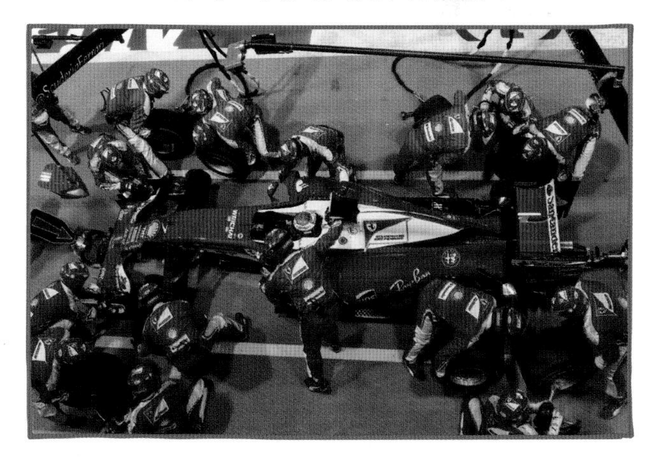

如果仅测量一次，结果可能不太可靠。计算平均数，使测量结果的一致性和准确性更为可靠。世界一级方程式锦标赛中，专业赛车团队的工程师就是用多次计时测试的平均数来确定调整和提高团队成绩的方案。

一直戴着友谊手绳，直到它散开为止。

漂亮的编织品——友谊手绳

为最好的朋友编织友谊手绳，以表达你对他们的情谊。你可以选择编织两种或多种颜色的手绳。编织的过程充分运用了数学知识，你可以将一个圆形硬纸板分成8等份，制成一个编织器；当然你也可以徒手编织图案。

为什么不将长度加倍，编织一条能绕手腕两圈的手绳呢？
用朋友最喜欢的颜色来为他们编织手绳。

如何编织

友谊手绳

试着用两种不同的方法来编织友谊手绳。第一种方法是使用硬纸板编织器，可以编织出不同的图案。第二种方法是徒手用左卷结法编织糖果条纹手绳。

所用的数学知识

- 圆周——用来计算手绳的长度。
- 角度——用来将圆周等分，以便制作硬纸板编织器。
- 垂直、水平和斜线——用来给编织器上缝隙所在的位置做标记。
- 图案和顺序——用来编织漂亮的手绳。

所需材料与工具

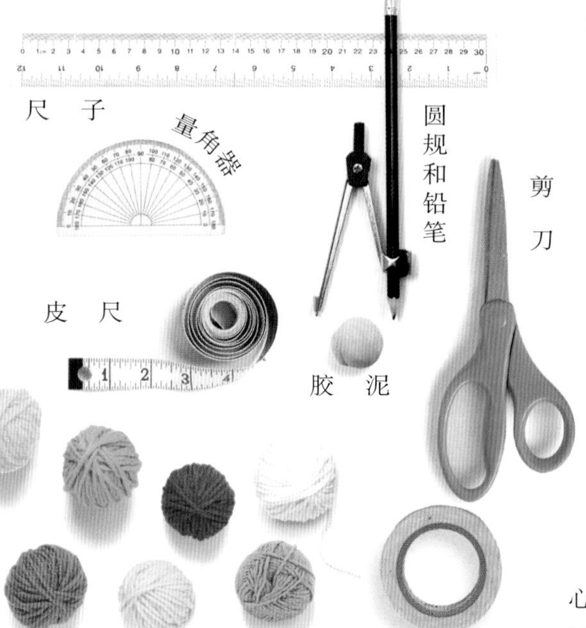

不同颜色的毛线或绣线

硬纸板

1.使用硬纸板编织器

圆周是点运动轨迹为一周的运动。

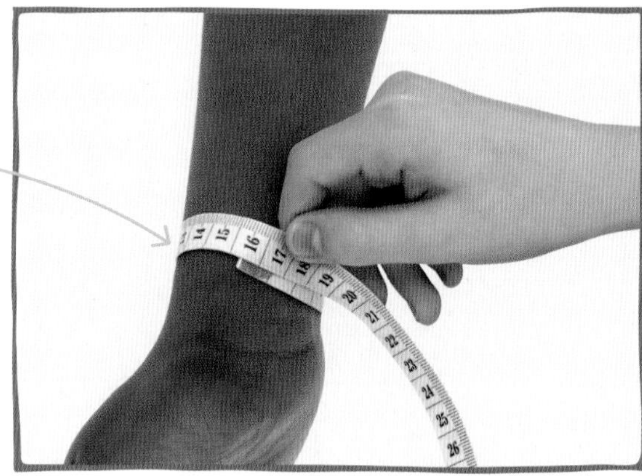

1 用皮尺测量朋友手腕的长度。友谊手绳的长度需要大于手腕的长度，以便手绳的两端能够系在一起。

直径是通过圆心并且两端都在圆周上的线段。

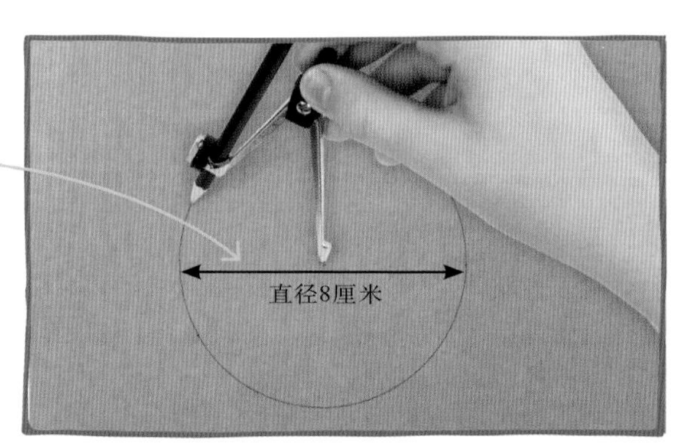

2 用圆规在一块硬纸板上画一个直径为8厘米的圆。

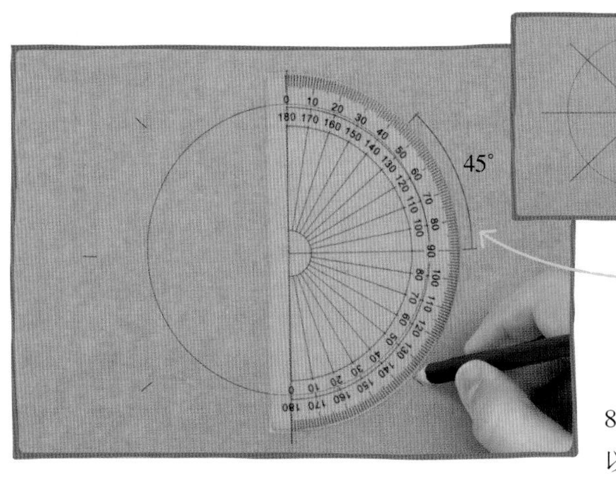

为了将圆分成8等份，用360°除以8，得到每份为45°的结果。

3 利用量角器，在圆周上每45°做一个标记，然后用尺子画出连接标记和圆心的直线，得到一个8等分的圆。

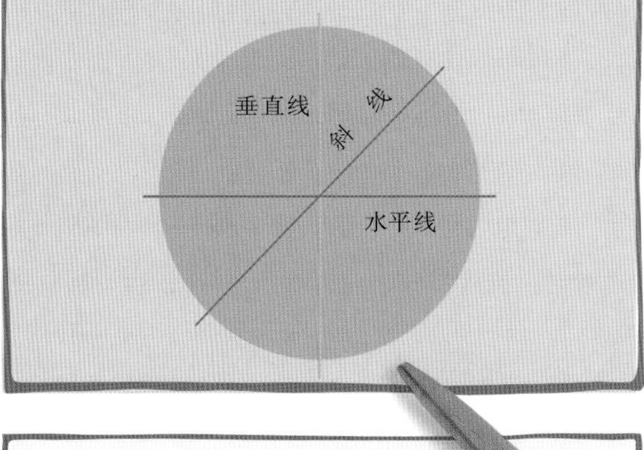

直线的类型

在数学中，直线有不同的种类。垂直线是竖向的直线，水平线是横向的直线，斜线是倾斜的直线。

4 用尺子沿着每条直线，从圆周向内测量2厘米，并且用铅笔做标记。

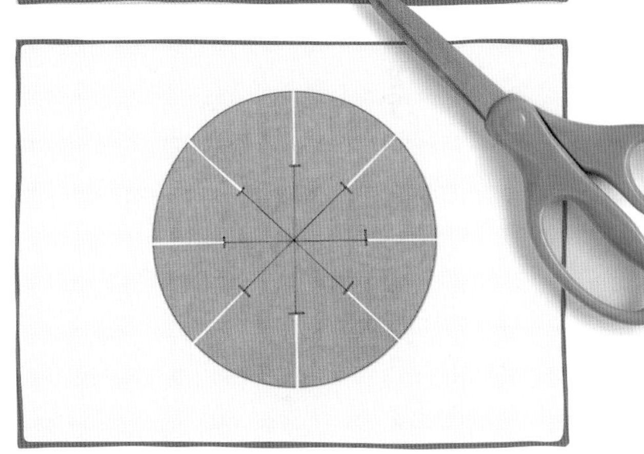

5 用剪刀剪下纸板圈，然后沿着每条线，直到2厘米处标记为止，小心地剪开一个缝隙，这个圆盘将是你的编织器。

6 用铅笔尖和胶泥在硬纸板编织器的中心轻轻扎一个可以使毛线穿过的孔。

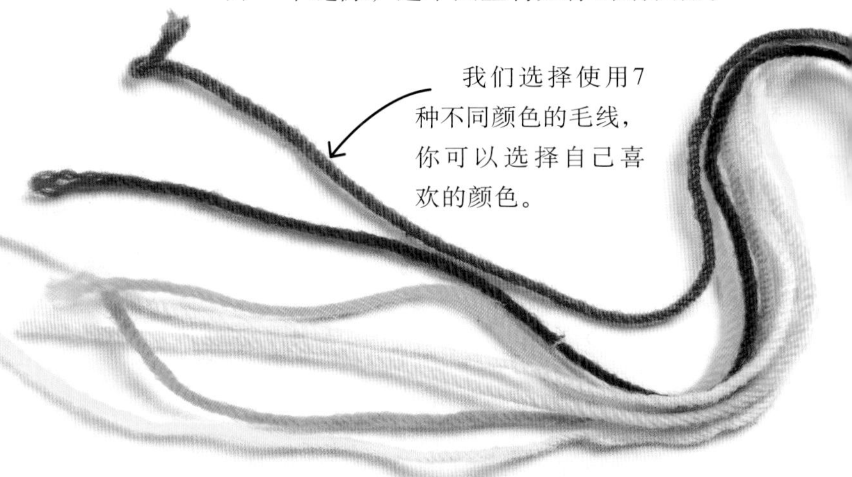

我们选择使用7种不同颜色的毛线，你可以选择自己喜欢的颜色。

7 用皮尺测量出7段长度约为90厘米的毛线，然后用剪刀剪断。

8 将7根毛线束在一起，在一端打一个结，然后将松散的一端穿过硬纸板编织器中间的孔。

不同颜色的毛线有助于你编织时记住要用哪根线。

这个结可以防止毛线束滑出编织器上的孔。

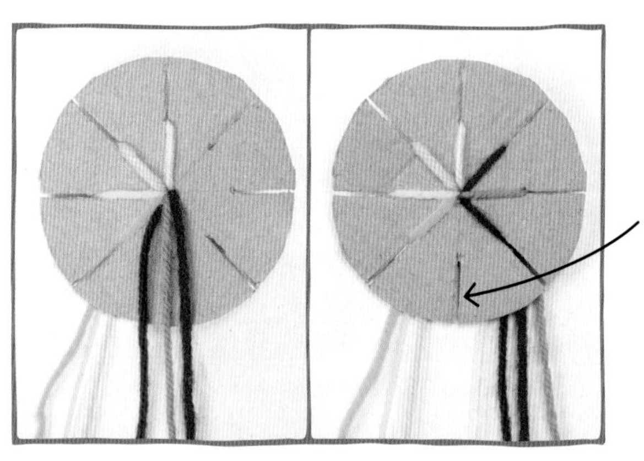

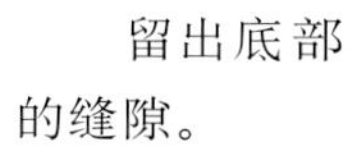

留出底部的缝隙。

9 将硬纸板编织器翻过来，然后将毛线分别嵌入除了底部以外的缝隙中（如图）。现在你可以开始编织手绳了。

将编织器逆时针旋转135°。

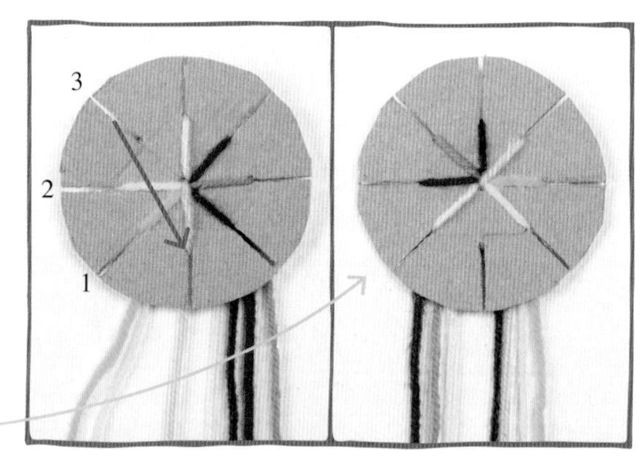

10 从空缝隙开始顺时针数，取第三根毛线，将它从缝隙中拉出来并嵌入空缝隙中。逆时针旋转编织器，使新的空缝隙位于底部。

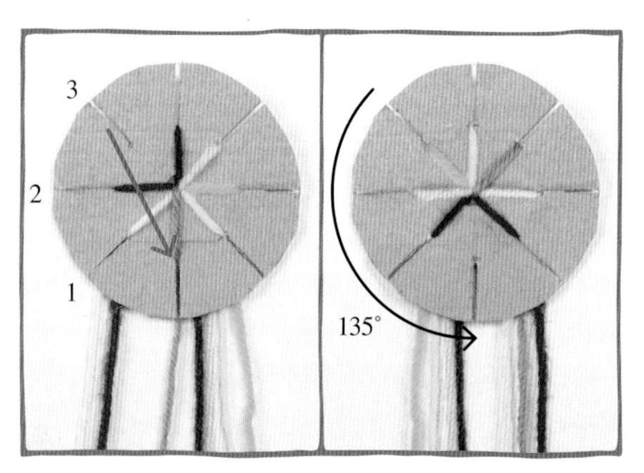

11 重复第10步：从底部缝隙开始数到3，拉过毛线并嵌入空缝隙。再次逆时针旋转编织器，将新的空缝隙转到底部。

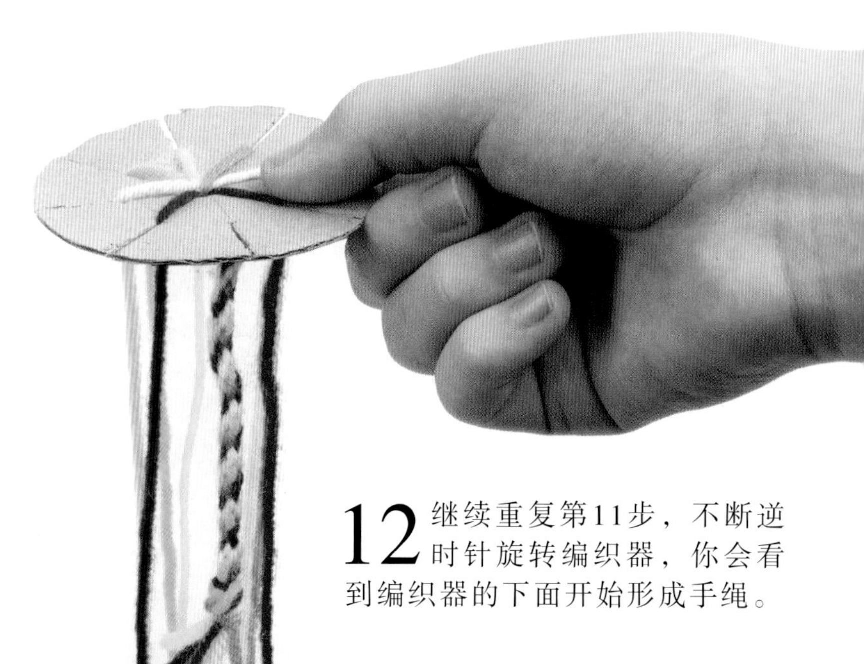

12 继续重复第11步，不断逆时针旋转编织器，你会看到编织器的下面开始形成手绳。

13 继续编织，直到手绳的长度足以缠绕朋友的手腕，在此基础上再留出大约2厘米的长度，用以将手绳系在一起。

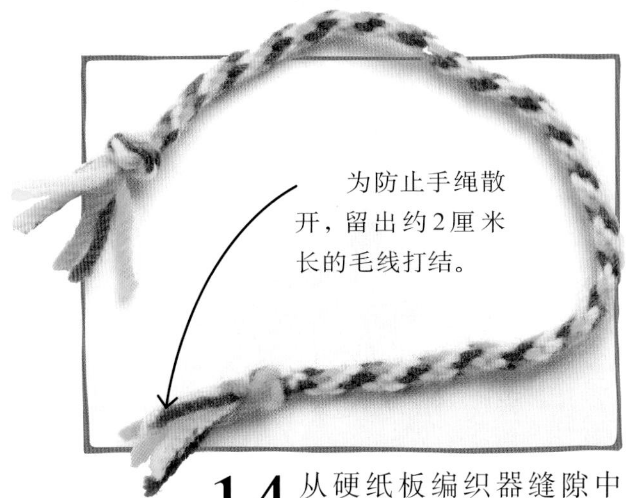

14 从硬纸板编织器缝隙中取下毛线，然后将手绳从孔中拉出，打一个结来防止手绳散开。留一点儿流苏，剪掉多余的毛线。

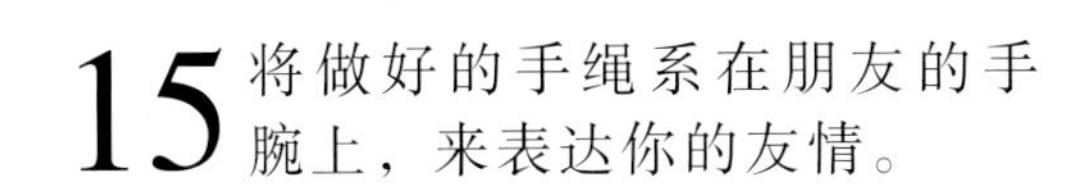

15 将做好的手绳系在朋友的手腕上，来表达你的友情。

尝试不同的图案

当你熟练地掌握了编织友谊手绳的基本方法以后，可以尝试用不同的图案和复杂的颜色来编织更精致的友谊手绳，并进一步提高你的手绳编织技能。你可以去图书馆查找，或者上网搜索有关手绳编织的相关资料。

为什么不试着用相同色系的毛线来编织手绳呢?

2. 糖果条纹友谊手绳

你用的毛线根数越多，手绳就越宽，编织的时间也越长。

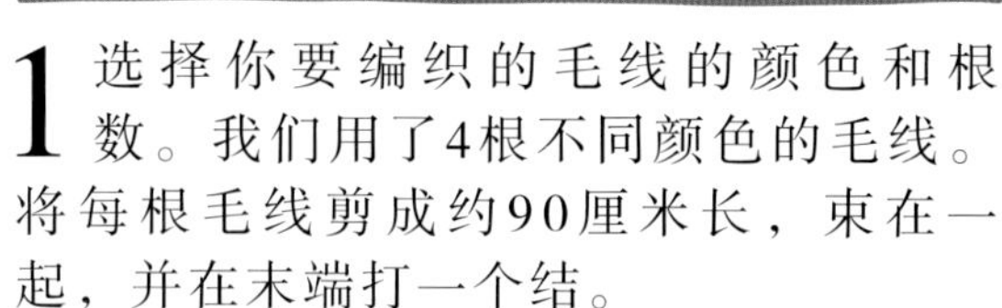

1 选择你要编织的毛线的颜色和根数。我们用了4根不同颜色的毛线。将每根毛线剪成约90厘米长，束在一起，并在末端打一个结。

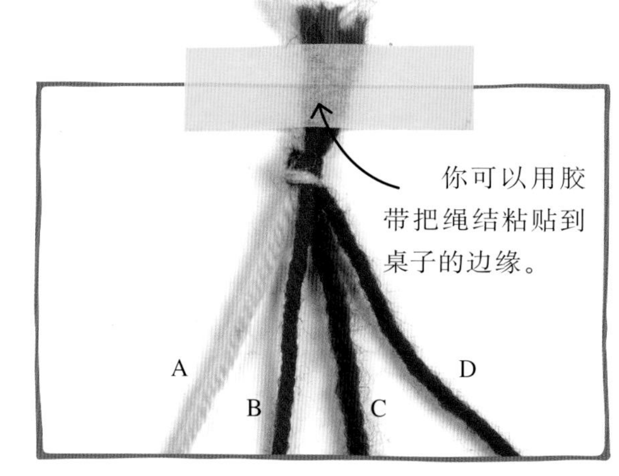

你可以用胶带把绳结粘贴到桌子的边缘。

2 用胶带固定上方的绳结。然后按照你希望它们在手绳中出现的顺序进行排列。

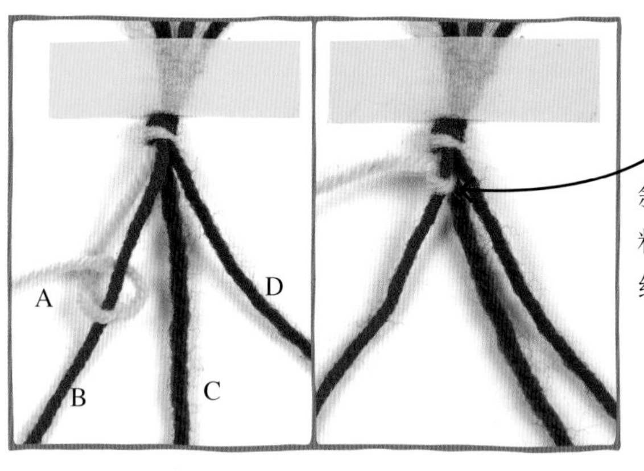

手绳中第一条斜条纹的颜色是粉红色，也就是毛线A的颜色。

3 用最左侧的毛线A从前往后环绕毛线B。握住毛线B，将结向上推至顶部，然后拉紧。

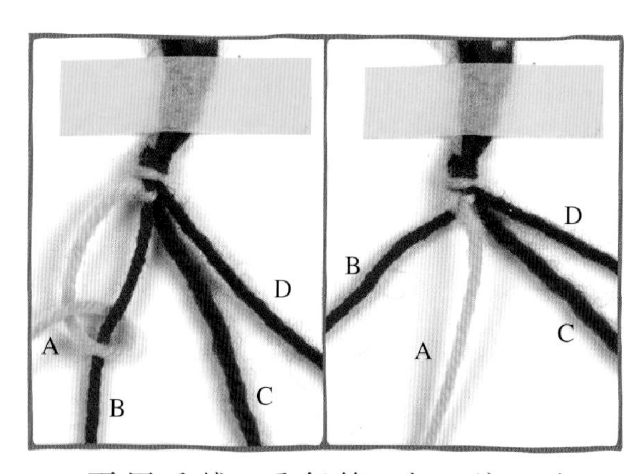

4 再用毛线A重复第3步，编一个双结。这种类型的结称为左卷结。这个操作会将毛线的顺序改变为B，A，C，D。

左卷结

先取毛线A，将它从前往后环绕毛线B，然后握住毛线B，拉紧这个结。重复以上步骤，形成双结。

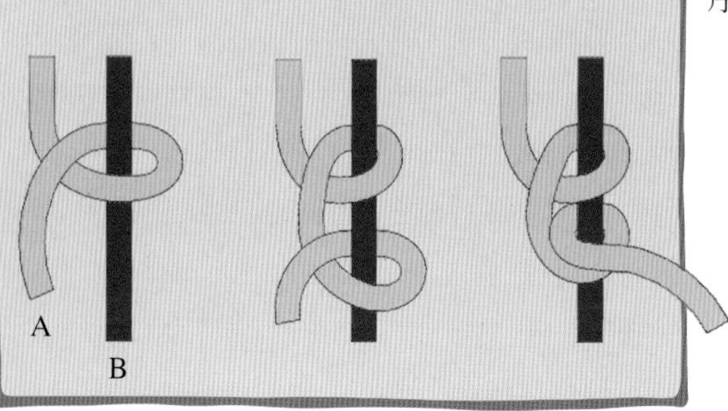

每打一次左卷结，毛线的顺序都会改变。

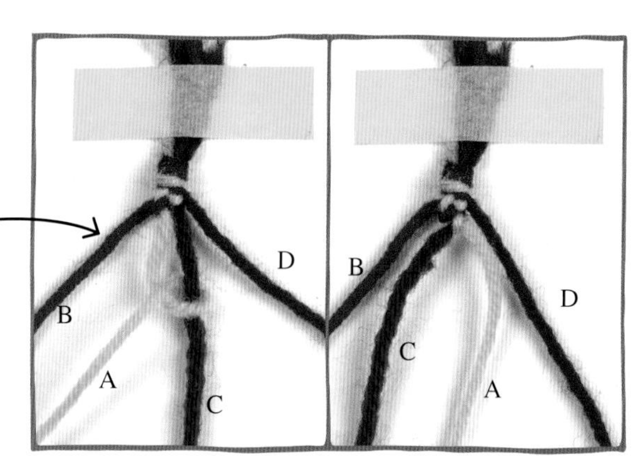

5 重复第3步和第4步，但是这次将毛线A环绕毛线C打双结。毛线的顺序将变为B，C，A，D。

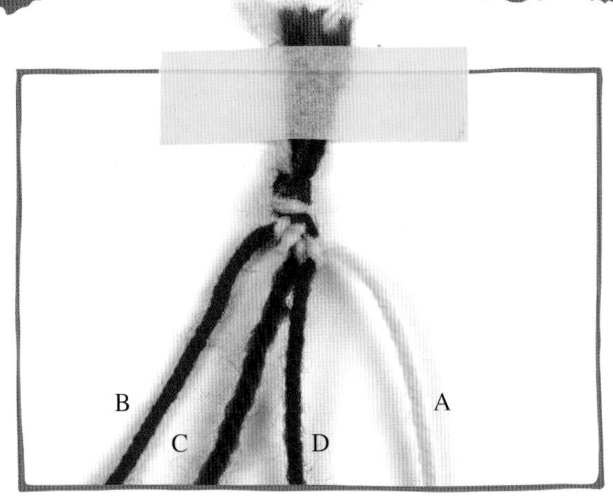

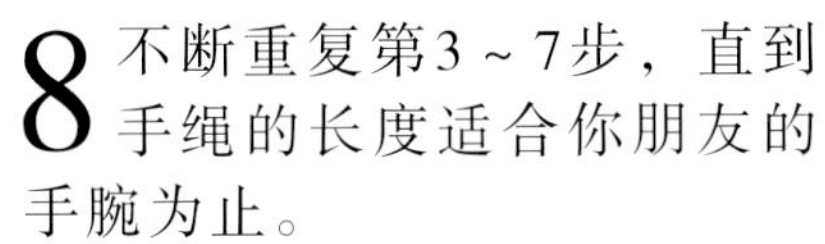

6 再次重复第3步和第4步，但是这次将毛线A环绕毛线D打双结。毛线的顺序变为B，C，D，A。现在你编好了一行。用毛线B开始重复第3～6步。

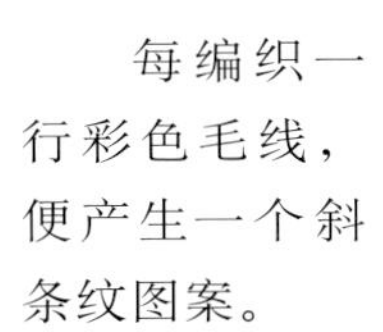

每编织一行彩色毛线，便产生一个斜条纹图案。

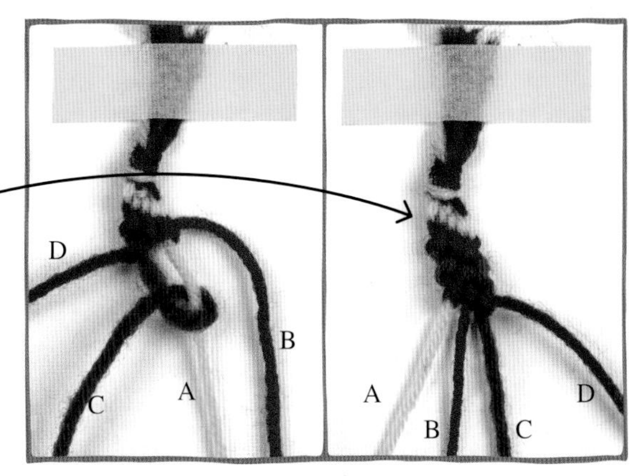

7 用毛线B编织完一行后，换用毛线C、毛线D重复上述步骤。继续编织，直到毛线返回到刚开始的颜色顺序A，B，C，D。

8 不断重复第3～7步，直到手绳的长度适合你朋友的手腕为止。

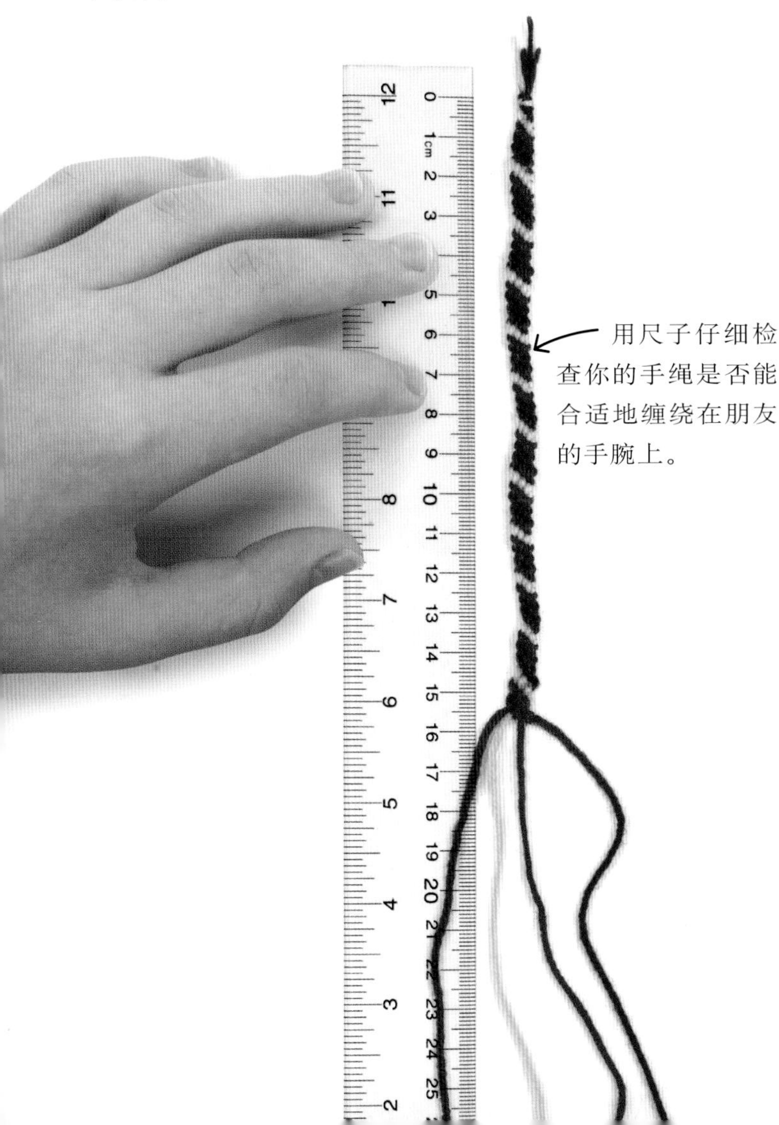

用尺子仔细检查你的手绳是否能合适地缠绕在朋友的手腕上。

9 末端打结，以防止松动。打结后留下2厘米长的毛线，剪掉多余的毛线。然后将手绳系在朋友的手腕上。

真实世界的数学——用织布机织布

织布是一种将两组线以直角交织的方式来编织布料的技术。如上图所示，织布机将数百根线固定在适当的位置，从而进行大面积地编织。

鲜明的比例——好玩的水果饮料

用自制的可口饮料招待来访的朋友，岂不美哉！这个项目将教你使用各种各样的食材，调制出具有独特分层外观的饮料！这个配方的关键在于食材的比例。

用一片水果作为点缀。

你可以将水果饮料倒入果酱罐中，使它看起来更可口。

使用一个漂亮的玻璃杯。

所用的数学知识

- 比例——用来获得完美的颜色和口味。
- 测量——用来测量食材。
- 计算——用来计算需要的量。
- 密度——用来制作分层饮料。

如何制作

好玩的水果饮料

这个项目将使用两种不同类型的饮料配方，第一种是用覆盆子和桃子榨的果汁，第二种是分层冰沙，用草莓、桃子和猕猴桃使饮料形成色彩分明的层次。你可以用其他水果代替这些食材。

1毫升水的重量是1克。

1 将250克糖与250毫升水混合。

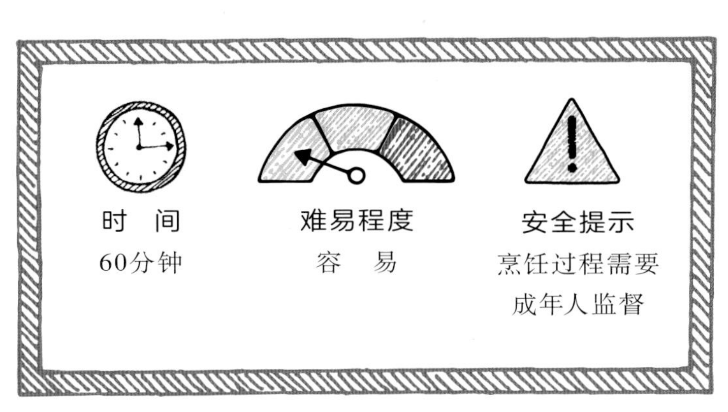

2 在成年人的帮助下，将水和糖倒入平底锅中慢慢加热。当糖溶解成糖浆后，将锅放在一旁冷却。

所需材料与工具

3 称取500克覆盆子，用叉子压成泥。将桃子也压成泥。

4 将柠檬汁挤入装着水和冰块的水罐中，然后加入桃子泥、覆盆子泥和糖浆，搅拌。倒入玻璃杯中，用水果点缀，端上桌。

改变食材的比例会对味道有影响吗？如果添加更多的糖或柠檬汁会怎么样呢？

5 接下来制作第二种水果饮料，分别称500克草莓、500克猕猴桃和500克桃子。

打草莓之前，先去掉草莓蒂。

6 请成年人帮你把水果打成果泥。打草莓和桃子时，分别加入50克冰块。

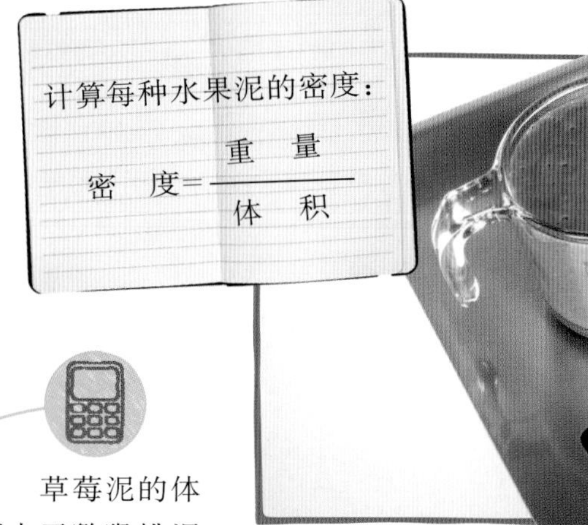

草莓泥的体积大于猕猴桃泥的体积。

7 将每种水果泥倒入量杯中，查看水果泥的体积。你会发现这些水果泥的体积各不相同。

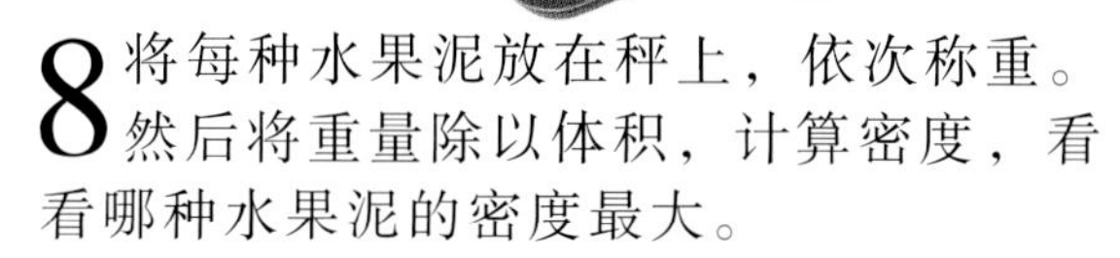

8 将每种水果泥放在秤上，依次称重。然后将重量除以体积，计算密度，看看哪种水果泥的密度最大。

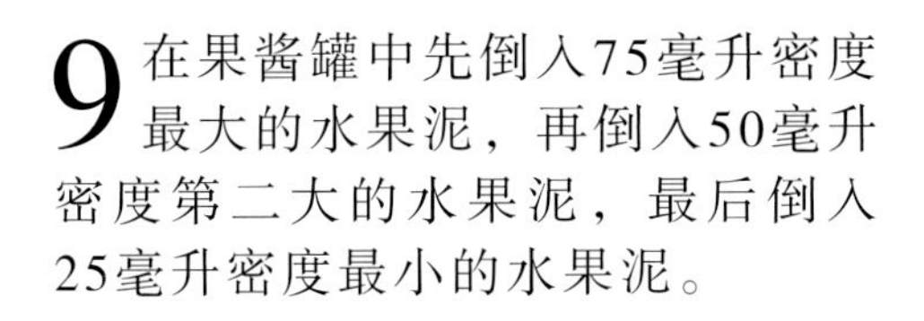

9 在果酱罐中先倒入75毫升密度最大的水果泥，再倒入50毫升密度第二大的水果泥，最后倒入25毫升密度最小的水果泥。

从量杯的总体积中减去需要倒出的体积，直到等于计算结果为止。

桃子泥的密度小于猕猴桃泥的密度，因此桃子泥会浮在上面。

猕猴桃泥的密度最大，因此应该先倒入果酱罐。

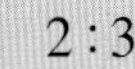

草莓泥、桃子泥和猕猴桃泥的比例为1:2:3。猕猴桃泥的量是草莓泥的3倍。

比 例

我们可以用比例来比较两个或多个不同物体的大小或数量。表示比例的数字之间用“:”号分隔。

猕猴桃　　覆盆子

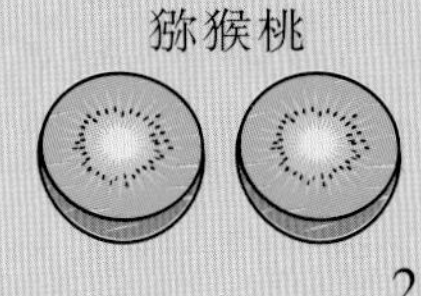

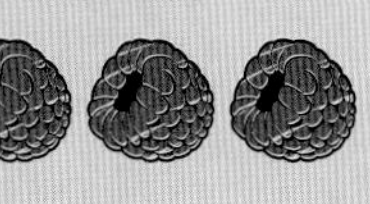

2:3

覆盆子　　桃　子

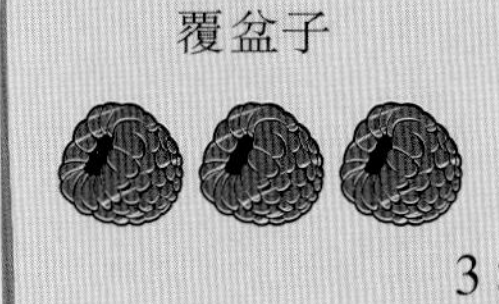

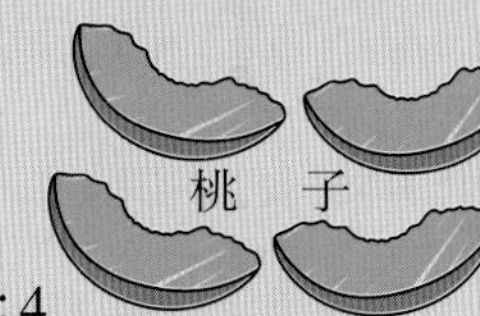

3:4

10 你可以直观地从玻璃杯或果酱罐中看到各种水果泥的比例。祝你愉快地享用！

给聚会准备饮料

聚会时，应该招待好每一位客人，因此，聚会的组织者必须提供足够的饮料。计算一共需要多少食材的方法，是将每份饮料所需的食材数量乘以预计参加聚会的客人人数。

有效的百分比——松露巧克力

这个项目不仅考验你的数学运算能力，还考验你的动手能力！这些美味的松露巧克力肯定很受欢迎，如果你觉得它们不适合你的口味，可以调整牛奶巧克力和黑巧克力的比例。

不要把松露巧克力放在无人看管的地方。

用削皮器制作巧克力碎。

如何制作

松露巧克力

这种美味的零食很容易制作，但是在制作过程中，你的手会粘满巧克力！你需要在炉子上慢慢加热奶油和黄油，因此务必要有成年人的帮助。可以尝试制作不同口味的松露巧克力，祝你玩得开心。

所用的数学知识

- 测量——用来称食材的重量。
- 百分比——用来找到甜味和苦味的最佳搭配。

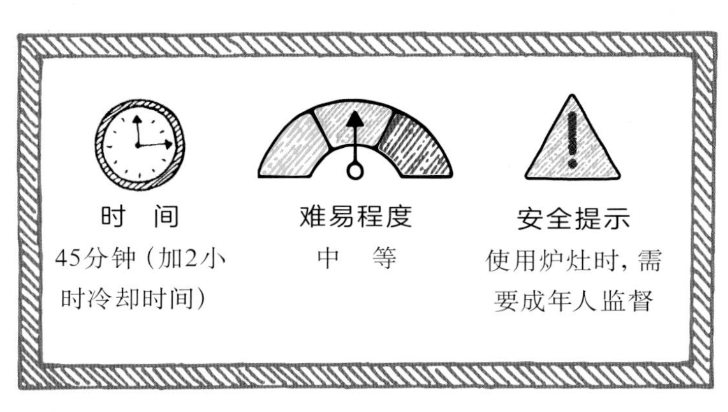

制作25颗松露巧克力所需材料与工具

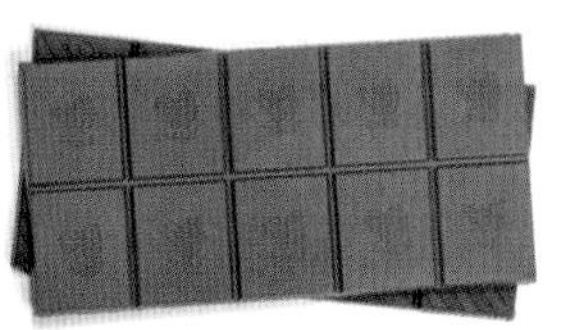

200克黑巧克力或牛奶巧克力；外加用来制作巧克力碎的巧克力

25克无盐黄油

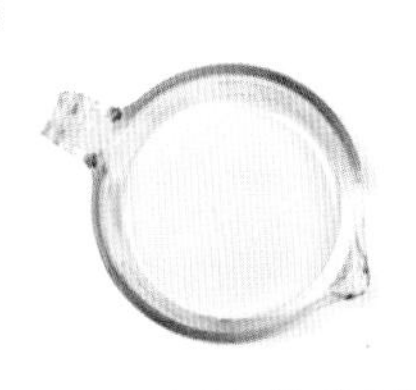

150毫升奶油和量杯

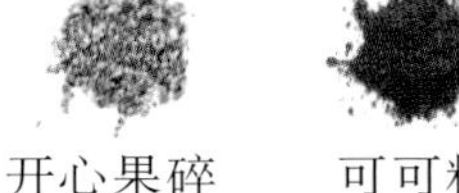

开心果碎　可可粉　椰蓉

（或你喜欢的其他裹料）

香草精或其他味道的食用香精（例如薄荷或橙子）

秤

平底锅

耐高温碗

削皮器

茶匙

刮刀

取决于你想要的松露巧克力的甜度，你可以只用黑巧克力或牛奶巧克力，也可以每种各用一半。

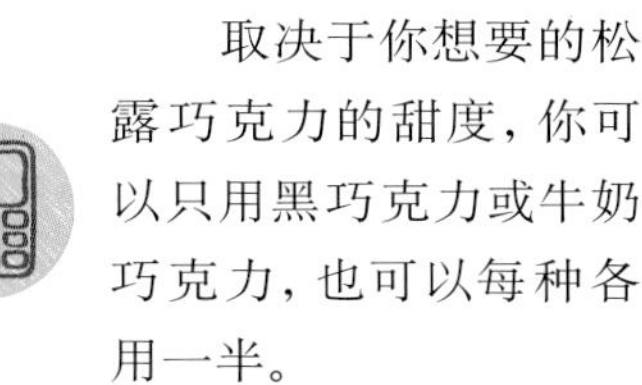

1 用秤称出所需巧克力和黄油的重量，然后将150毫升的奶油小心地倒入量杯中。

2 将巧克力切成碎块，放入耐高温碗中。为了使它们能够快速融化，碎块必须很小。

请成年人帮助你完成这个步骤。

3 将奶油和黄油倒入平底锅中，慢慢加热至黄油融化，混合物沸腾。

4 将混合物倒入装有巧克力碎块的碗中，用锅铲搅拌，直至巧克力全部融化。

双手沾一些可可粉，可以更容易使松露巧克力成型。

5 如果你想给松露巧克力增添风味，就加几滴食用香精。然后将混合物放入冰箱冷却。

5颗裹着开心果碎的松露巧克力意味着这批松露巧克力中有20%是绿色的。

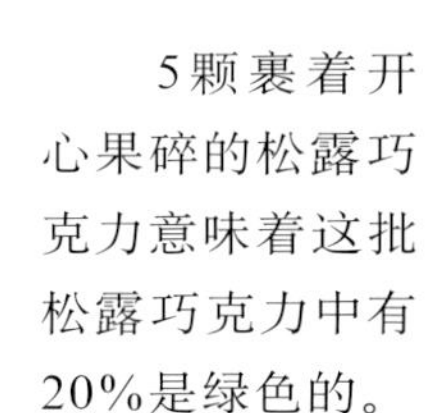

6 大约两个小时后，将混合物从冰箱中取出，用茶匙将混合物分成25份，然后将每份都搓成球。如果你想要做得更精确，可以称量每个球的重量。

7 将椰蓉、可可粉、开心果碎分别铺在平面上，然后将巧克力球在相应的粉粒上面滚动，让粉粒均匀地裹在其表面。保留一些松露巧克力，给它们裹上巧克力碎。

可以先把巧克力块放在冰箱中冷却，这样更容易刨碎。

8 用削皮器制作一些巧克力碎。

9 在巧克力碎上滚动剩余的松露巧克力。完成后，把所有的松露巧克力放在冰箱中，吃时取出。如果你想将松露巧克力当作礼物，请参照第114～117页，学习制作巧克力盒。

甜苦的比例

制作时增加牛奶巧克力的百分比就会使松露巧克力变得比较甜，而减少牛奶巧克力的百分比则会使松露巧克力变得比较苦。百分比是比较和测量数量的一个有用的方法，它的意思是100份中的几份。如果计算一个数字是另一个数字的百分之几，则将前一个数字除以后一个数字，然后将结果乘以100%。

食谱中所需巧克力总数=20块

100%=20块

全　部　　总数是20块

黑巧克力=8块

黑巧克力块数

$\frac{8}{20}=0.4\times100\%=40\%$

巧克力总数　　黑巧克力的百分比

牛奶巧克力=12块

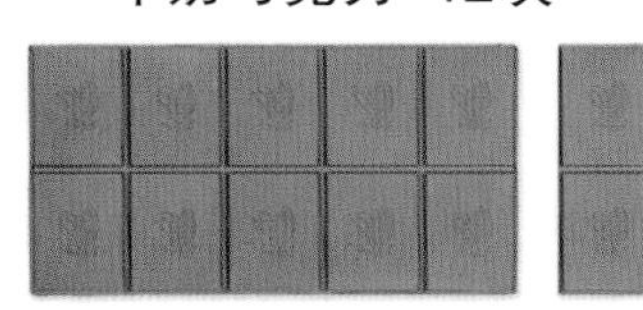

$\frac{12}{20}=0.6\times100\%=60\%$

牛奶巧克力的百分比

三维的乐趣——巧克力盒

你可以制作一个个性化礼盒将没吃完的松露巧克力包装起来，作为礼物送给长辈或朋友。你需要知道什么是展开图，即三维形状的各个表面在二维平面上摊平后得到的图形，才能制成礼盒。

可以将两张卡纸粘在一起，使包装盒内部有不同的颜色。

所用的数学知识

- 展开图——用来将二维形状转换为三维形状。
- 直径——用来测量圆的最大宽度。
- 面积——用来计算形状的大小。

如何制作

巧克力盒

制作巧克力礼盒的第一步是测量巧克力的尺寸，然后计划如何展示这些巧克力。下面我们将制作一个两层格子的巧克力盒，用来存放松露巧克力。

三维形状和展开图

想象将三维形状的表面展开为平面形状，这个平面形状称为展开图，它展示了如何用二维形状制作三维物体。

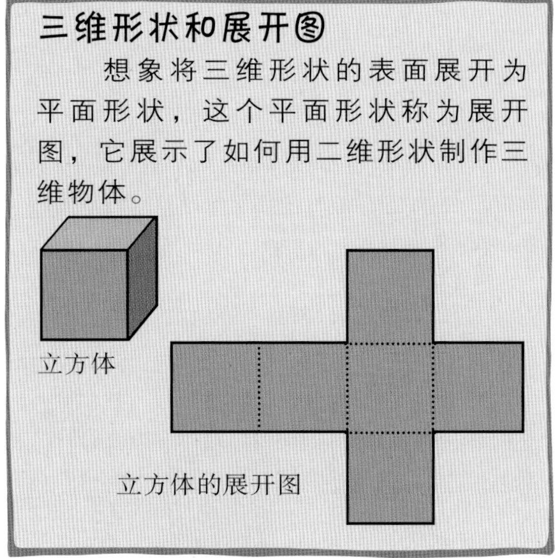

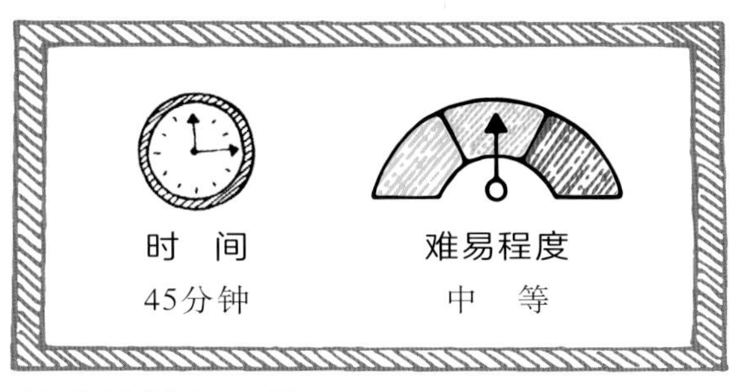

所需材料与工具

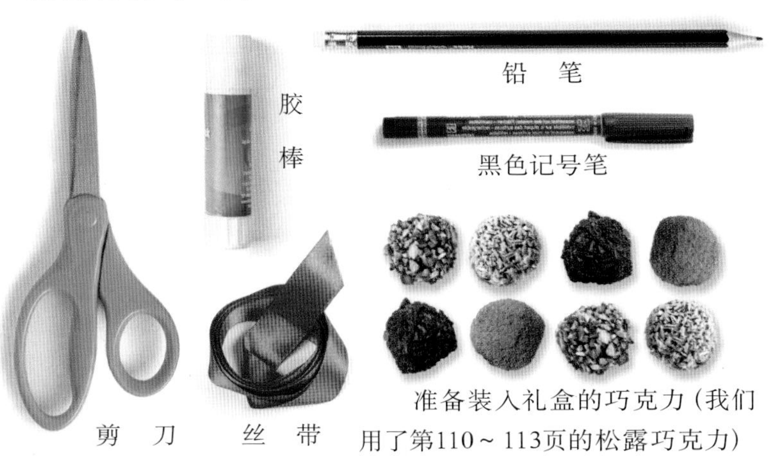

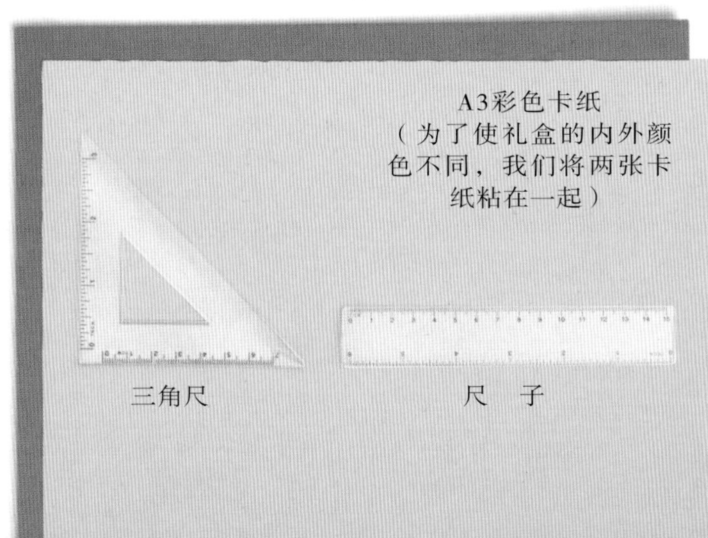

1 想要计算礼盒和里面分隔板的尺寸。需要先测量最大的巧克力的宽度。我们使用的是第110～113页的松露巧克力，最大宽度为3厘米。

2 在这里，我们选择制作两层格子的盒子，每层有2×4的格子。盒子里面一共可以放置16颗松露巧克力。

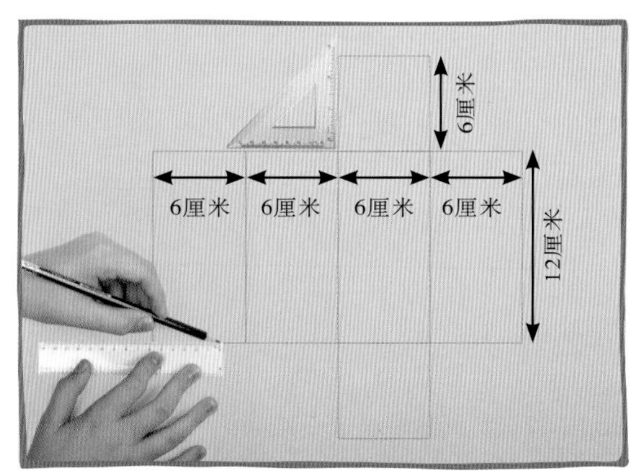

3 我们要制作的是长方体，它的长边边长是短边边长的两倍，高度与短边的长度相等。用尺子测量，在一张卡纸上画出礼盒的展开图。

你可以在这里放一枚硬币，然后沿硬币的轮廓修剪，使这里成为圆边。

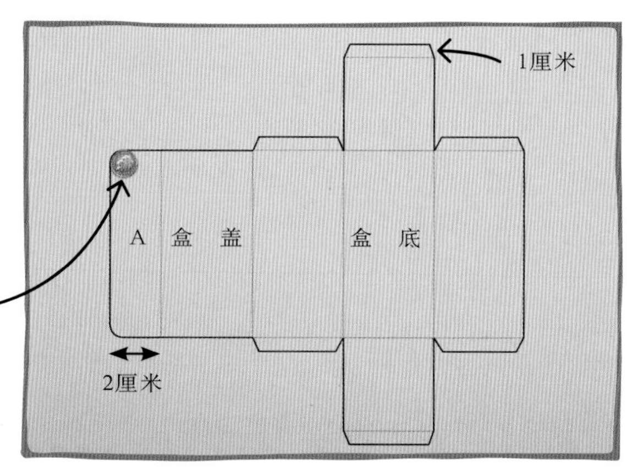

4 在展开图上添加粘条，以便将各个面粘在一起。在盒盖的边缘画一个大粘条A。用记号笔描画图形的周边，作为剪切线。铅笔线则是折线。

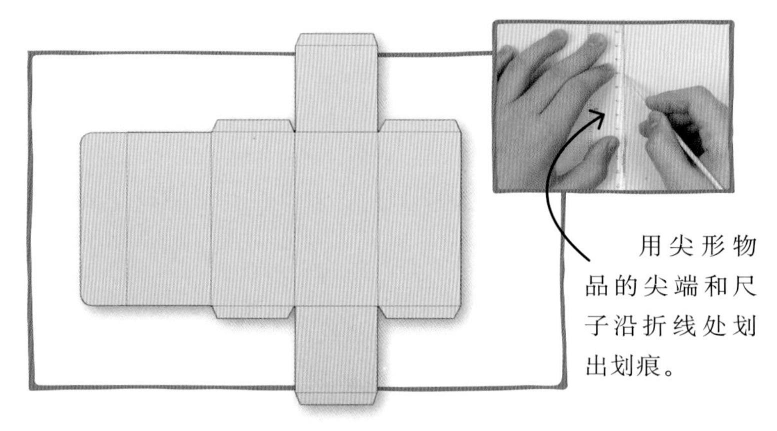

用尖形物品的尖端和尺子沿折线处划出划痕。

5 用剪刀沿轮廓将图形剪下，这样你就得到了盒子展开图。用尖的但不锋利的物品和尺子沿铅笔线划出划痕，以便折叠。

6 沿划痕折叠，然后将胶水涂到形成礼盒主体的4个面的粘条上。折叠礼盒的侧面，然后按压粘条。

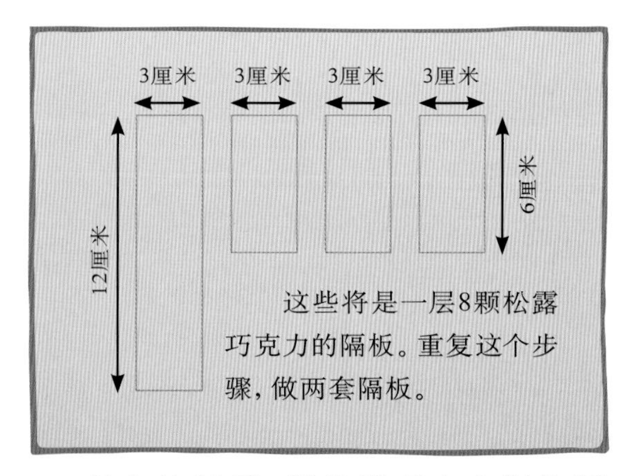

这些将是一层8颗松露巧克力的隔板。重复这个步骤，做两套隔板。

7 现在给每层8颗松露巧克力制作隔板。按礼盒的长度和一半高度绘制一片长隔板。再按礼盒的宽度和一半高度绘制三片短隔板。

为了使缝隙等距，用长隔板的长度除以4，然后用尺子测量缝隙应该在的位置。

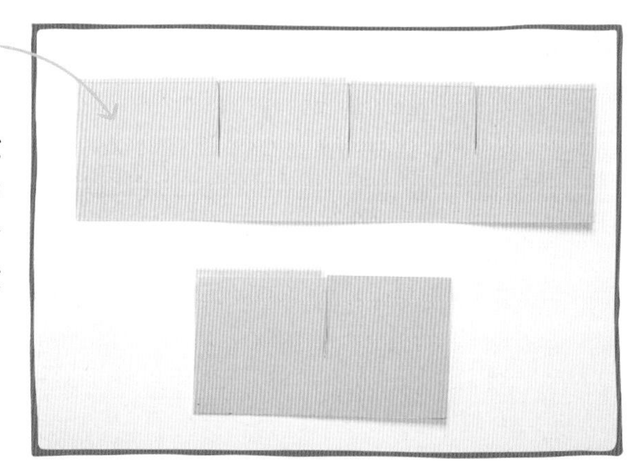

8 用剪刀剪下隔板。在每片短隔板的中间从上到下剪一条缝隙。在长隔板上剪3条等距缝隙。缝隙的深度是隔板长度的一半。

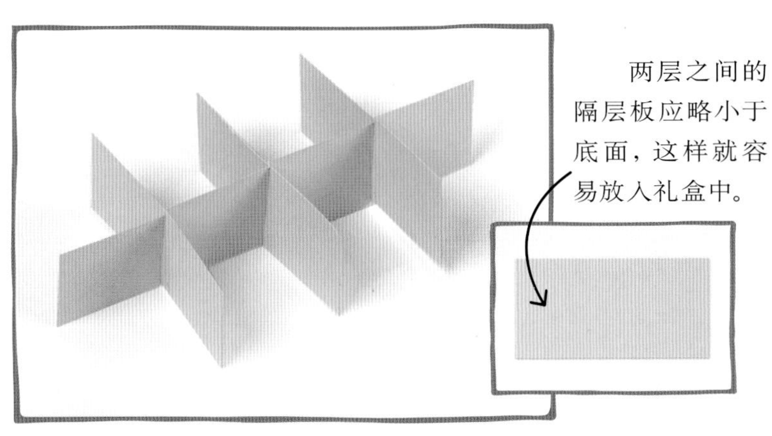

9 将3张小隔板垂直插入大隔板中。再剪一张与礼盒底部形状相同的卡纸，作为隔层板。

10 如图所示，这是两组隔板和隔层板装在礼盒里面的相对位置，它们将紧紧地卡在礼盒中。

11 将一组隔板放在礼盒里，装入松露巧克力，然后放一片隔层板，再放一组隔板。

12 在礼盒上系一条彩色丝带，用以固定盒盖。如果你愿意的话，可以用贴纸装饰礼盒外部。

完美定价——爆米花销售托盘

当你参加游乐园或学校组织的义卖活动时，可以制作一个装着美味锥形纸杯爆米花的销售托盘来帮助你筹集资金。当你和朋友们一起在家看电影时，也可以拿出一托盘锥形纸杯爆米花。在这个项目中，你可以学习如何设计托盘，制作锥形纸杯，并且学习如何为爆米花定价，以赚取较高的利润。

所用的数学知识

- 半径和直径——用来在托盘上画尺寸正确的锥形纸杯座孔。
- 计算——用来算出制作每份锥形纸杯爆米花的成本和能够盈利的价格。

每个锥形纸杯里装满了咸味或甜味的黄油爆米花。你喜欢哪种口味？

挂在脖子上的缎带使你能够腾出双手为顾客服务。

每份
6.5元
花

如何制作

爆米花销售托盘

这个项目的关键是先制作锥形纸杯，然后再制作托盘，这样就不会因为锥形纸杯太大而不能放入托盘。你要制作的销售托盘可以放12个锥形纸杯。

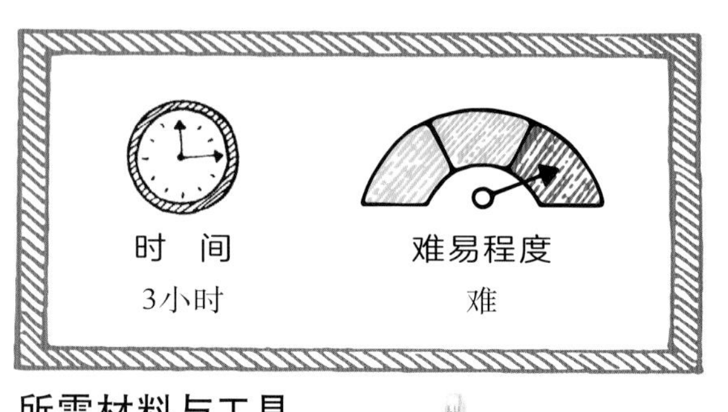

所需材料与工具

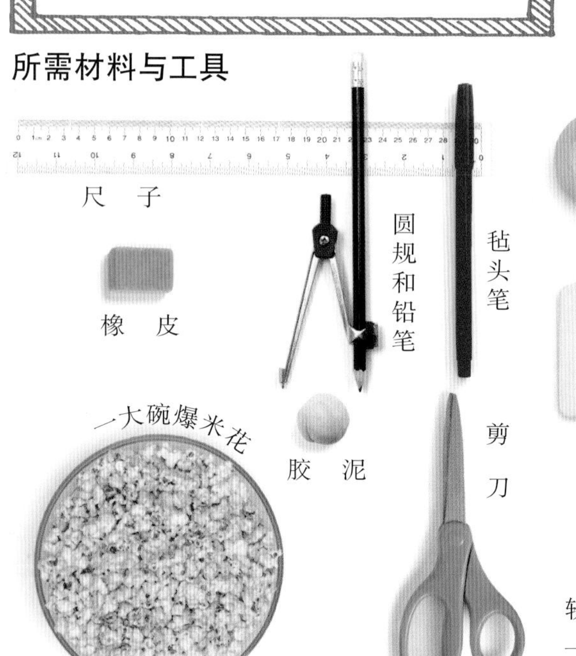

毡头笔

胶带

白乳胶

剪刀

A2厚卡纸（420毫米×594毫米）

A4彩纸或白纸

200厘米红丝带

我们用8个红色的和4个白色的正方形。

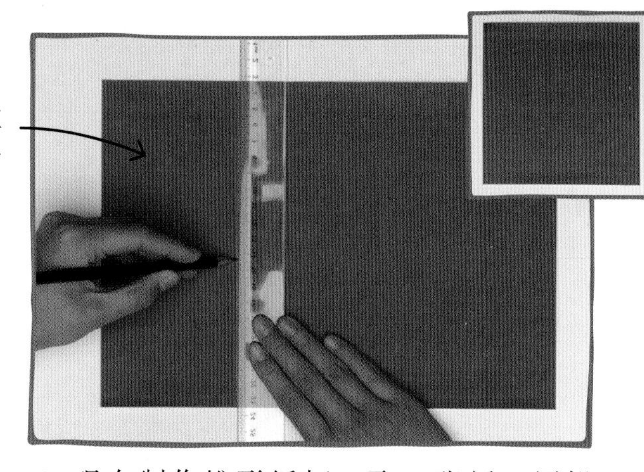

1 现在制作锥形纸杯。取一张纸，用铅笔和尺子画出边长为21厘米的正方形，并剪下。重复11次，总共得到12个正方形。

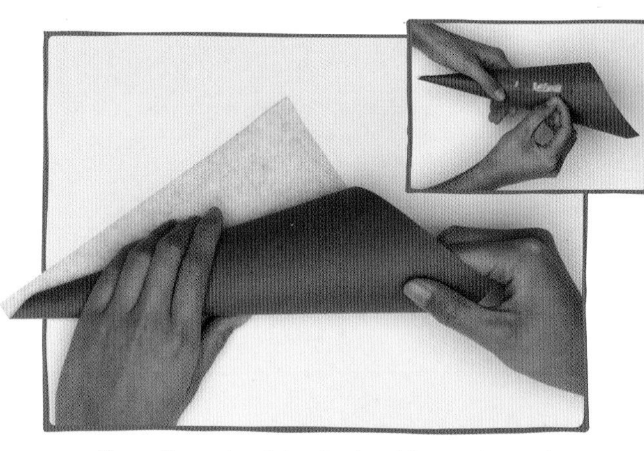

2 将一张正方形纸卷成圆锥。在边缘处粘贴胶带，以免散开。重复这个步骤，直到做完12个圆锥。

圆锥体的一端较宽，另一端缩成一个尖。

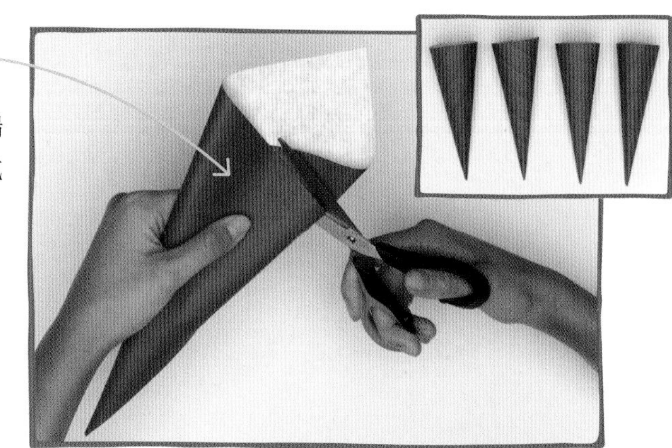

3 用剪刀小心地剪去12个圆锥上部多余的部分，使开口端的圆周平齐。

圆锥体的性质

圆锥体是一个三维形状，它具有一个圆形表面和弯曲的侧面，侧面逐渐缩为一个点，称为顶点。

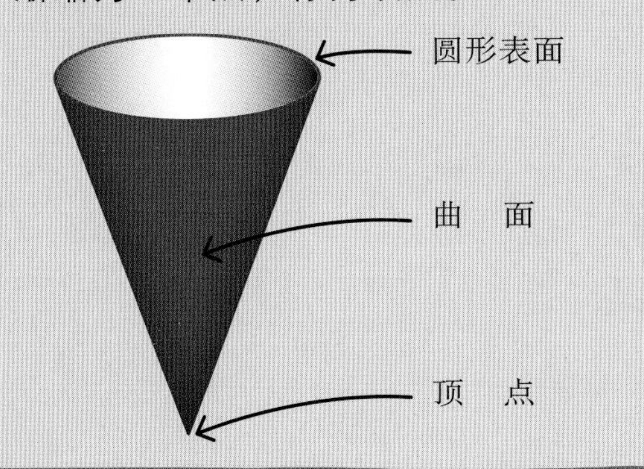

圆锥体的直径在开口处最大，越靠近顶点，直径就越小。

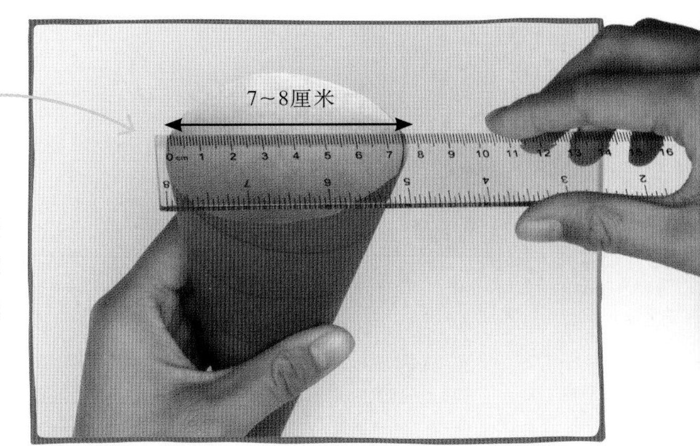

4 检查12个锥形纸杯开口处的直径是否都为7～8厘米，这样可以保证每个杯子的容量都差不多大。将做好的锥形纸杯放在一边。

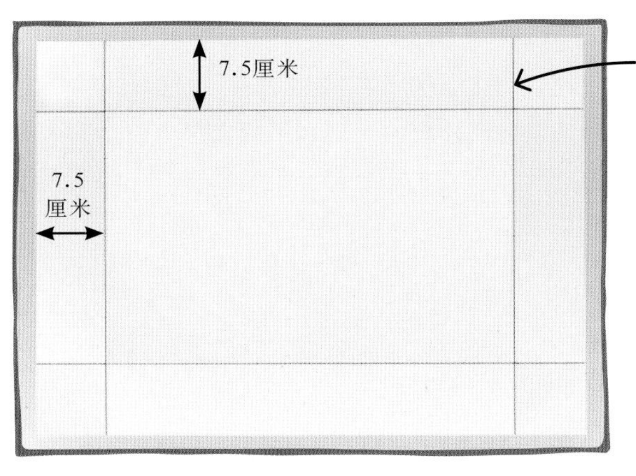

这些线将成为制作托盘时的折叠线。

5 为了制作托盘，横向放置A2厚卡纸，在卡纸的4条边向内7.5厘米处各画一条与边缘平行的直线。

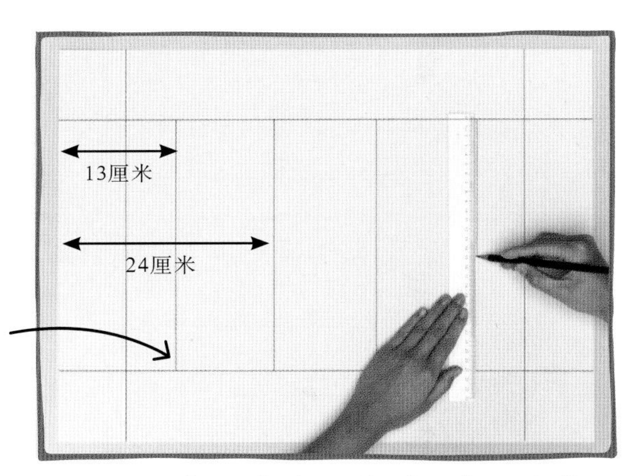

在上下水平线之间画垂直线。

6 再画2条垂直线，分别距离左边缘13厘米和24厘米。在右侧重复这个步骤，得到4条新的直线。

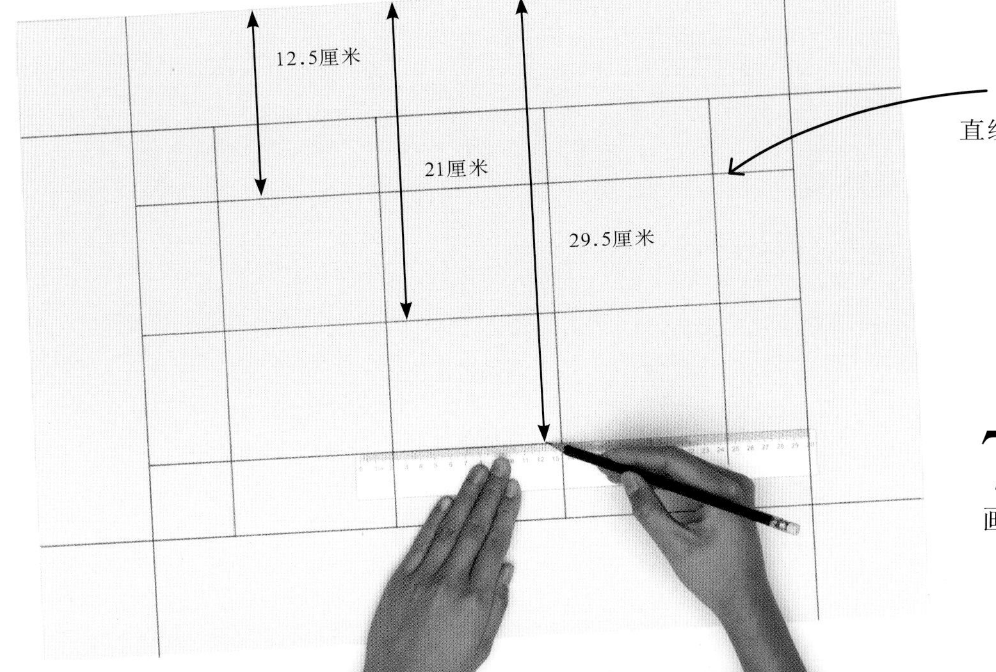

在第5步画的垂直线之间画水平线。

7 接下来，在距离上边12.5厘米、21厘米和29.5厘米处各画一条水平线，形成网格。

8 在每个上角侧边缘的水平线上方1厘米处分别做一个铅笔标记，然后画一条斜线，将标记与水平线和垂直线的交点连接。每个下角重复这个步骤，但是使标记位于水平线的下方。这些将成为用来粘贴的粘片。

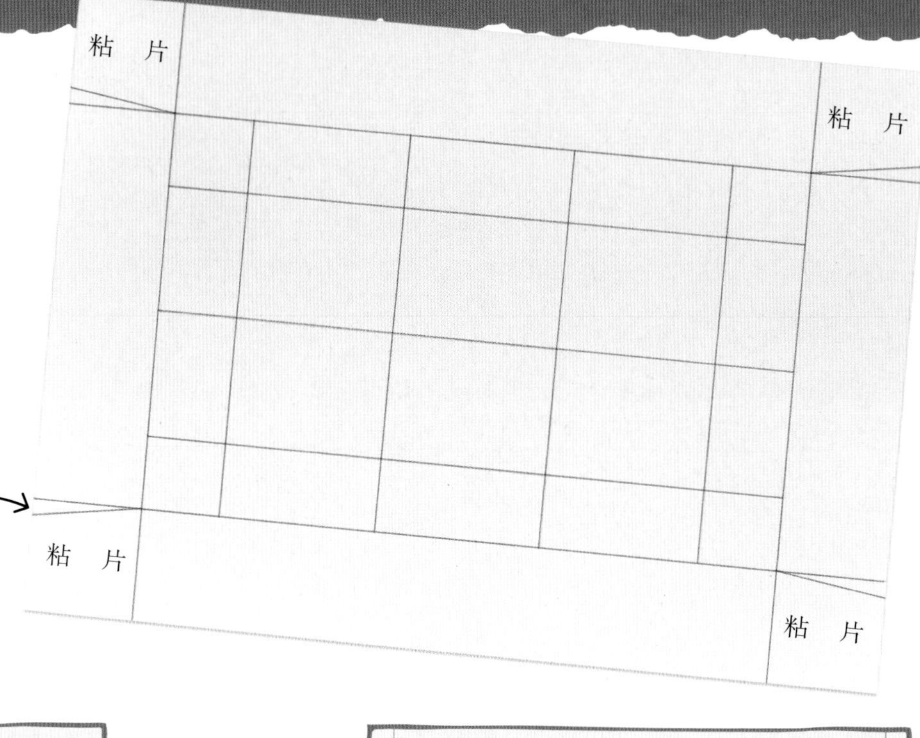

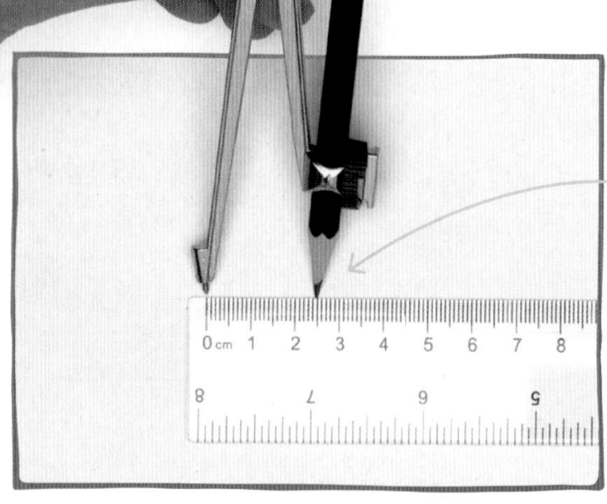

如果一个圆的半径为2.5厘米，直径则为5厘米。

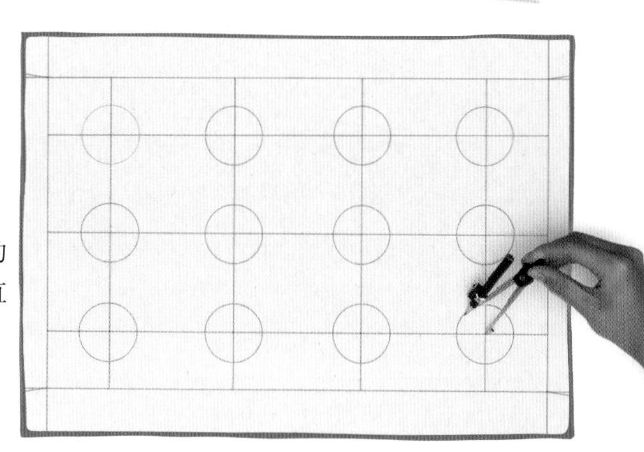

9 为了给锥形杯做孔，将圆规设置为2.5厘米。锥形杯最宽部分的直径为8厘米，所以孔不要太大，否则锥形杯会掉下去。

10 将圆规的针尖放在水平线和垂直线的一个交点上，然后画一个圆。每个交点重复这个步骤，直到完成12个大小相等的圆。

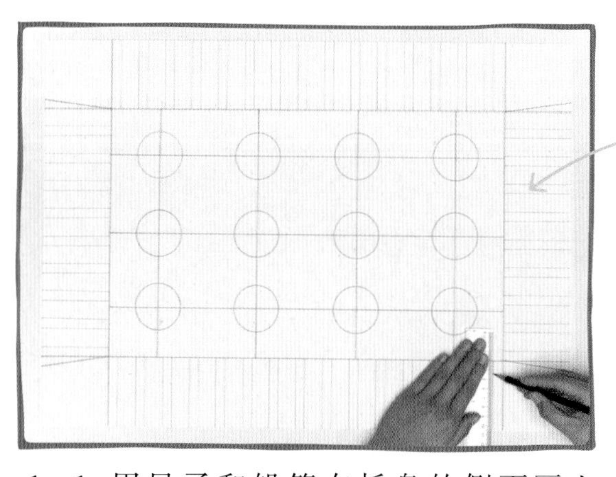

当托盘的展开图被折叠成三维形状时，条纹将在外侧。

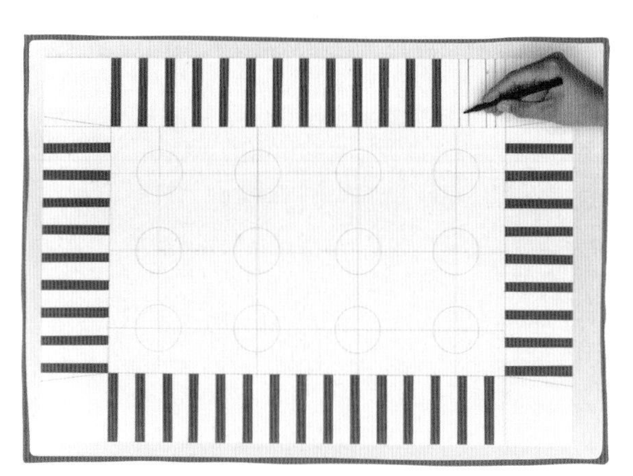

11 用尺子和铅笔在托盘的侧面画上间距2厘米、宽1厘米的垂直条纹，使它更漂亮。

12 用毡头笔给条纹涂上你喜欢的颜色。

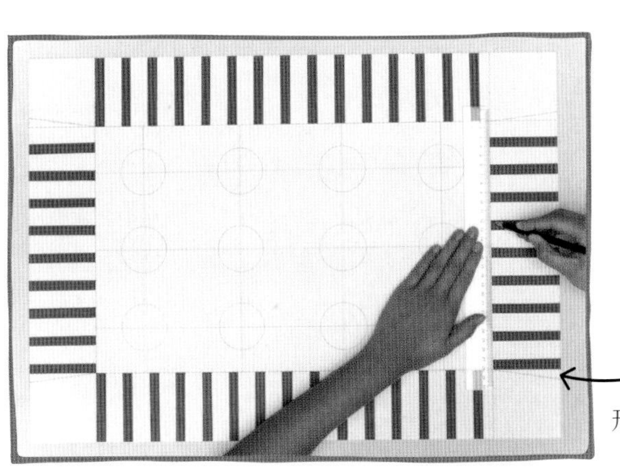

剪掉4个三角形，制作粘片。

13 用尺子和铅笔沿着4条折线划痕，然后用剪刀剪掉每个角粘片处的小三角形。

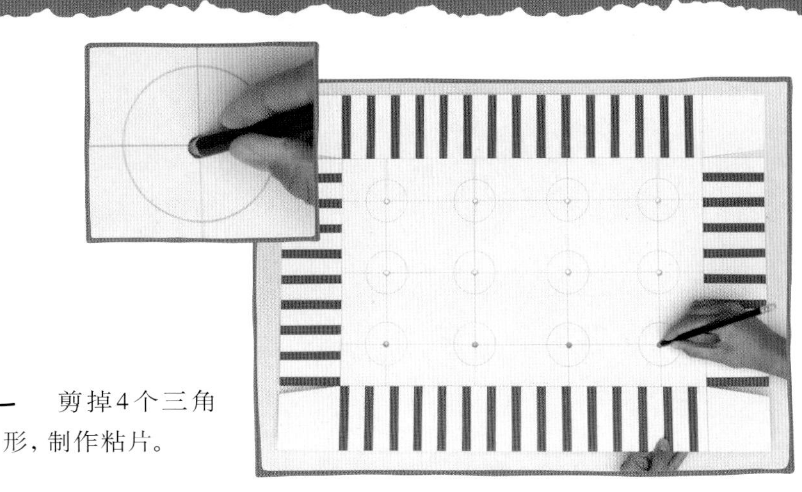

14 在每个圆心下面垫胶泥，然后用铅笔扎一个孔。

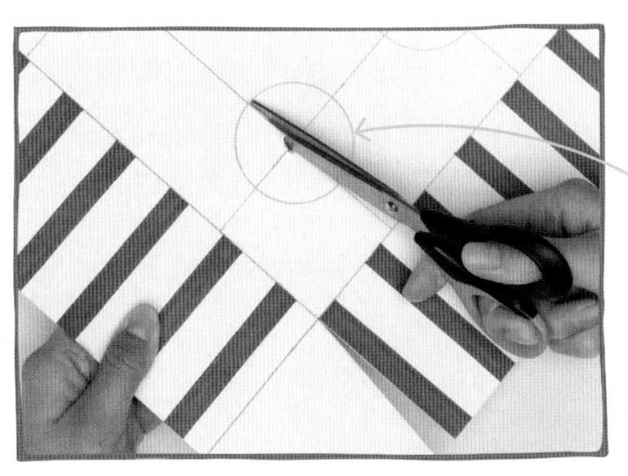

圆的边缘线称为圆周。

15 将剪刀插入孔中，先沿半径剪，然后绕圆周剪掉这个圆。重复这个步骤，直到所有的圆都被剪掉。擦掉铅笔线。

务必使粘片粘贴在里面。

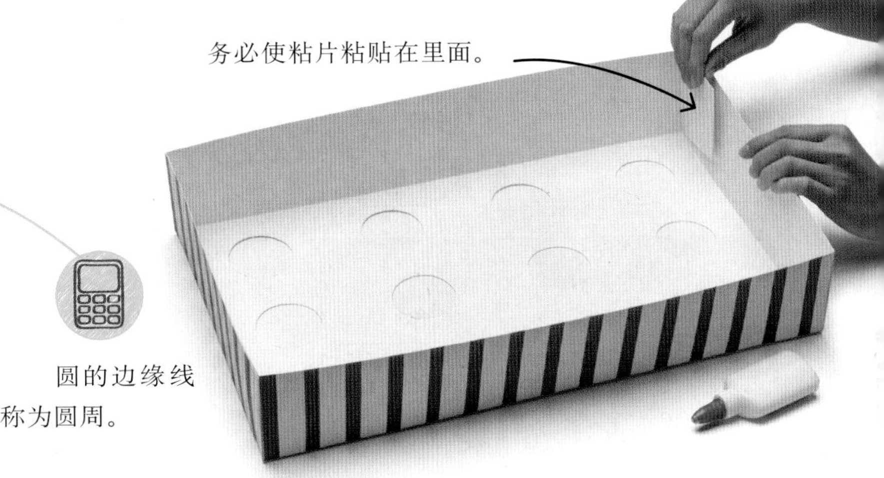

16 将托盘翻过来，然后向上折叠4个侧面。折叠拐角处的粘片，使它们位于托盘的内部。在每个粘片上涂胶水，然后将它们与盒子的侧边牢固地粘在一起。

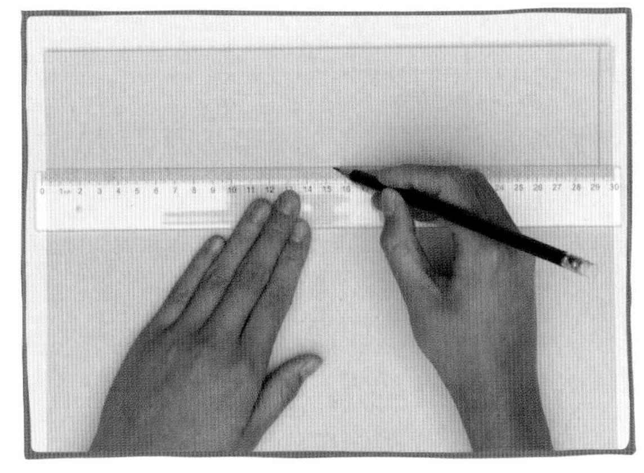

17 现在为托盘做一个标牌。在一张卡纸上画一个6厘米 × 29厘米的长方形，在上面写“爆米花”三个字，然后剪下这个标牌。

18 将托盘翻过来，使有孔面朝上，然后在标牌的背面涂胶水，将它粘贴到一个长边侧面的中央，按压，晾干。

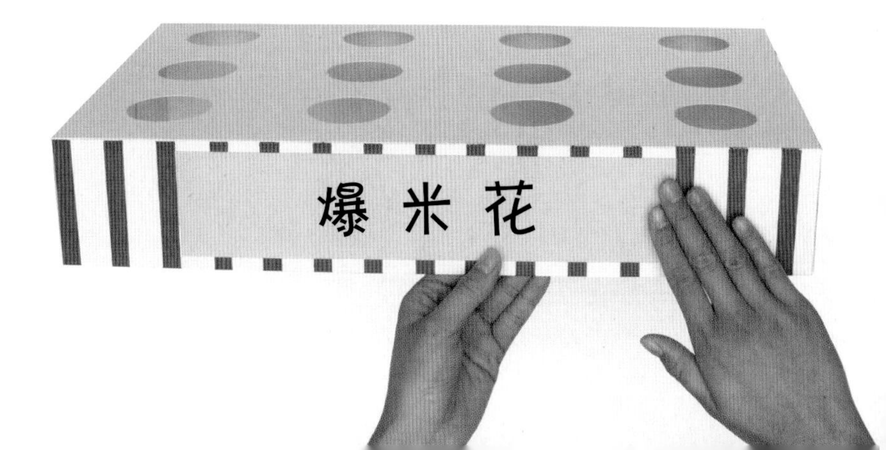

19 剪两条长100厘米的丝带，将托盘翻过来，在两内侧面距离前边13.5厘米处分别做标记，将两条丝带的端点分别粘贴在标记处。

20 再次将托盘翻过来，并请人将两条丝带绑在你的脖子上。现在，将12个空锥形杯放入托盘的孔中。将爆米花小心地倒入每个锥形杯中，直到所有锥形杯都装满——现在你可以出售爆米花了！

你可以在这个地方加一个价格标签。

真实世界的数学——商品价格

商店里的商品价格不仅包括商品及其包装的成本，而且还包括运输费用、员工的工资和商店的租金。如果商品的价格太高，就没有人购买，因此必须严谨地确定价格。

如何为你的爆米花定价

如果你想出售爆米花，则应该根据制作爆米花、锥形杯和托盘的成本，计算每杯爆米花的价格。你需要收回成本，但是又不能让价格太贵使顾客望而却步。在总成本的基础上加一点儿，你就可从销售中获利。当你确定好价格后，做一个价格标签，粘贴到托盘上。

品　目	成　本	数　量	总成本
爆米花	13元	1	13元
锥形杯	1.2元	12	14.4元
托　盘	35元	1	35元
		总成本	62.4元
		每杯成本（总成本除以12）	5.2元

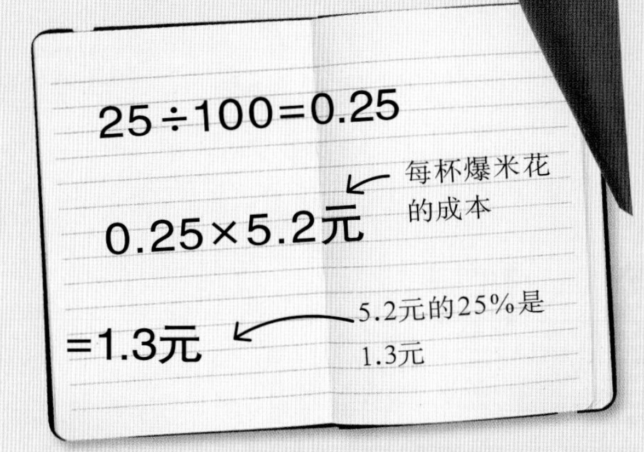

1 列出爆米花、锥形杯和托盘的成本。将锥形杯的成本乘以12，然后将各项成本相加，得出总成本。用总成本除以锥形杯的杯数，得出每杯爆米花的成本。现在，你知道了每杯要收取的最低价格。

2 为了赚取25%的利润，每杯销售价必须在成本上再加多少？将25除以100，然后乘以每杯的成本。为了实现25%的利润，每杯售价需加1.3元。如果想增加利润，你需要用更大的百分比进行计算。

每杯25%的利润	1.3元	总收入	78元
每杯成本	5.2元	总支出	62.4元
每杯价格（成本加利润）	6.5元	利润总额（总支出减收入）	15.6元

3 如果每杯成本为5.2元，而你加了1.3元的利润，则每杯应该收取6.5元。如果你以6.5元的价格卖出12杯，总收入将为78元。从这个数字中减去总支出62.4元，得出的总利润是15.6元。

4 确定了爆米花的价格后，制作直径为8厘米的圆形标签，用毡头笔醒目地写上每杯的价格（6.5元），然后将价格标签粘贴在销售托盘的正面。

距离与清晰度——皮影

你想在皮影戏剧院里上演什么故事呢？你只需要用卡纸、双脚书钉、竹签和光源，就可以将墙面变成一个戏剧舞台。通过调整皮影与灯光之间的距离，你可以使皮影的阴影变大或变小。

如何制作

皮 影

皮影戏的最大优点是可以在任何地方演出，所需要的只是一面裸墙和一个光源。如果你觉得绘制皮影比较棘手，请不要担心，网上有许多模板可以让你复制。

所用的数学知识

- 测量——用来制作完美的模板。
- 加倍和减半——用来放大或缩小皮影的阴影。

时 间：60分钟

难易程度：中 等

所需材料与工具

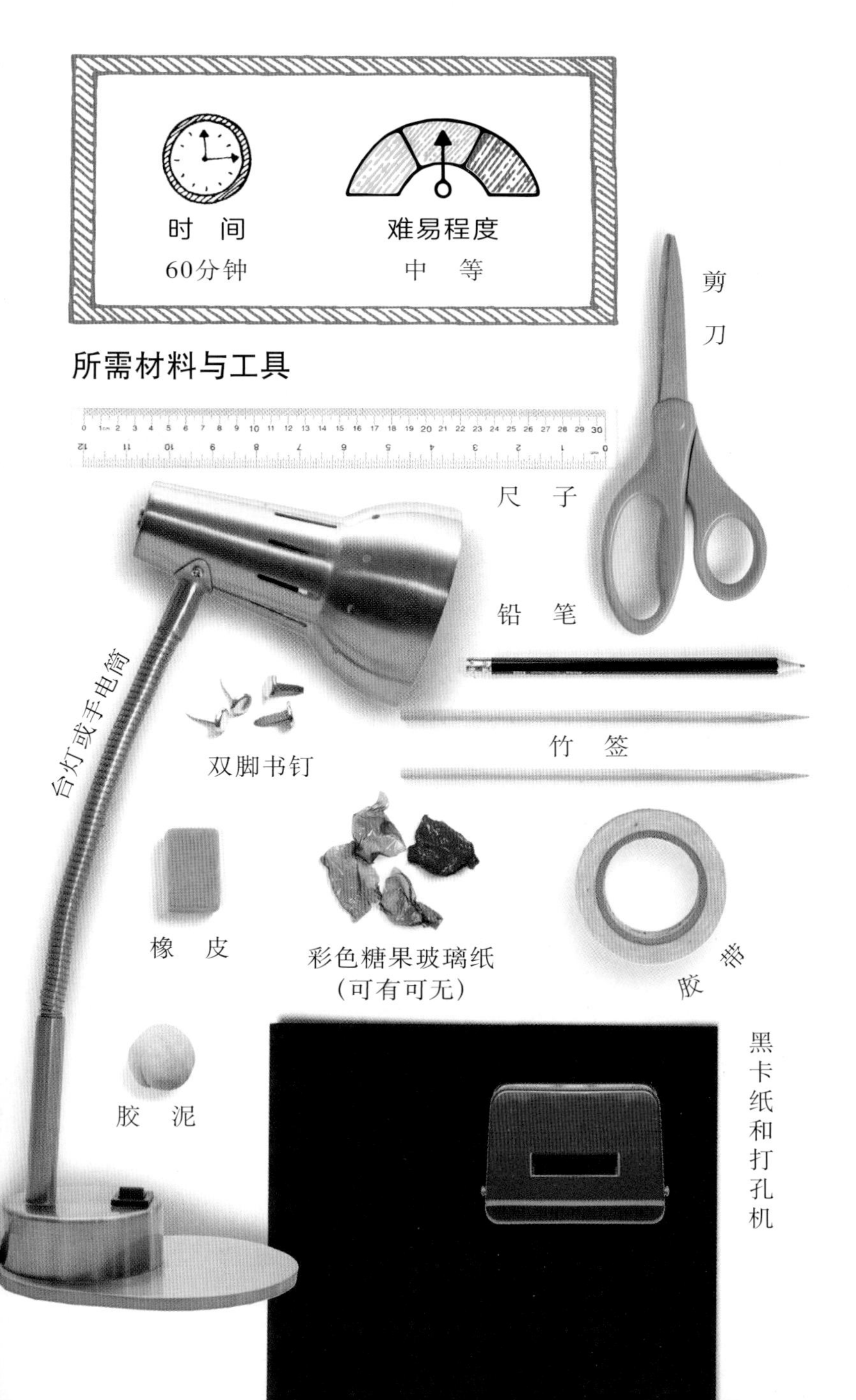

如果你觉得绘制的图形不够好，可以将它擦掉，重新绘制。你也可以拍摄自己想要的图形，用作模板。

1 用铅笔将设计的皮影绘制到一张黑卡纸上。如果你设计的是龙，请务必将翅膀与身体分开绘制。

2 绘制好轮廓后，用剪刀小心地剪下身体模板和其他单独绘制的部件模板，例如翅膀。

用打孔器打一个圆孔作为眼睛。

3 决定好活动关节的位置后，用铅笔在身体和翅膀上做标记。在卡纸下放一块胶泥，然后用铅笔在标记上扎孔。

4 将皮影翅膀上的孔与身体上的孔对齐，然后穿入一个双脚书钉，将它们钉在一起。

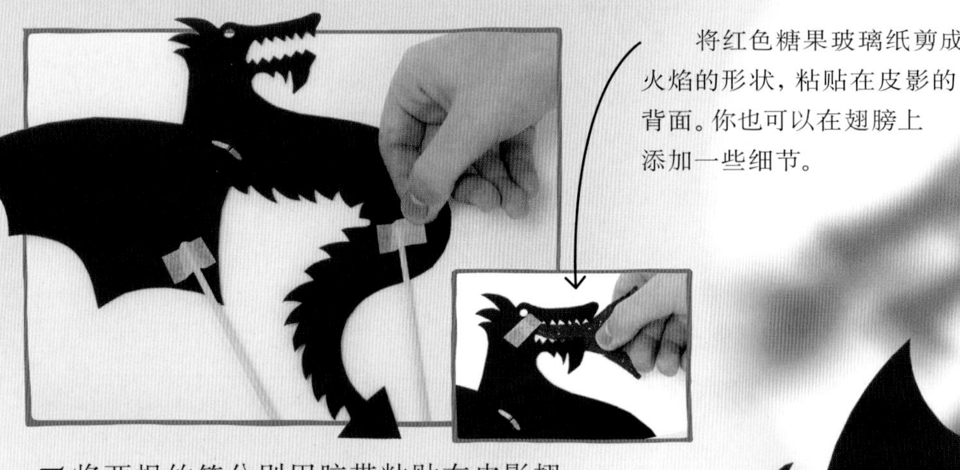

将红色糖果玻璃纸剪成火焰的形状，粘贴在皮影的背面。你也可以在翅膀上添加一些细节。

5 将两根竹签分别用胶带粘贴在皮影翅膀和身体的背面，并且留出足够长的竹签，用作手柄。现在可以演出了。

6 将灯对准白墙或白色床单。开灯，将皮影放在光源和墙之间。

台灯可以投射较大的阴影。如果你想要光束聚焦得好一些，可以使用手电筒。

上下移动竹签时，皮影的翅膀会动。

1 增加台灯和皮影之间的距离（A），对阴影的高度（B）和清晰度有什么影响？

2 缩短台灯与皮影之间的距离（A），对阴影的高度（B）和清晰度有什么影响？

放大投影

测试皮影产生的阴影尺寸很有趣。改变皮影与光源之间的距离，从灯附近开始，逐渐增大距离。记录你的发现，看一看是否可以算出阴影比皮影大多少。你能制造的最大阴影有多大？当阴影变得越来越小时，聚焦如何变化？试着用更复杂的皮影进行试验，观察有什么变化。

台灯与皮影之间的距离（A）：	阴影的高度（B）：
20厘米	40厘米
30厘米	30厘米
40厘米	20厘米

3 用图表记录你的发现。你能看出阴影的尺寸与皮影到台灯距离之间的关系吗？它们是否按比例增大或缩小？

真实世界的数学——印度尼西亚哇扬皮影戏

哇扬皮影这种艺术形式在印度尼西亚已经有1000多年的历史了。皮影戏通常在特殊庆祝场合演出，例如生日或婚礼。皮影艺人通过改变皮影杆的长度来制造巨大的阴影，并以高超的技巧控制自己的作品，达到戏剧性效果。

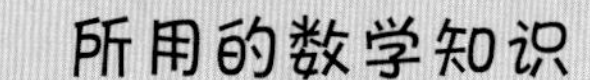

- 概率——用来计算你赢得一颗彩豆糖的可能性。
- 估算——用来估计罐中有多少颗彩豆糖。
- 分数、小数和百分比——用来表示概率。

感到幸运——摸彩豆糖游戏

你觉得自己的运气好吗？只有运气好，才能赢得这场游戏！从罐子中随机抓一颗彩豆糖，然后旋转你新制作的陀螺。如果陀螺选择的颜色与你抓的彩豆糖颜色相同，你就可以吃掉这颗彩豆糖。你将学到如何运用“概率”来计算某件事发生的可能性。

如果陀螺选择的颜色与你抓的彩豆糖颜色相同，那么你就可以吃掉这颗彩豆糖。发生这种情况的可能性是多少呢？

如何玩

摸彩豆糖游戏

这个项目一旦完成，你和朋友们就拥有了一个百玩不厌的游戏。切勿用太多种颜色的彩豆糖，因为你需要制作具有同样多颜色的陀螺来与它们匹配。我们用了6种颜色。

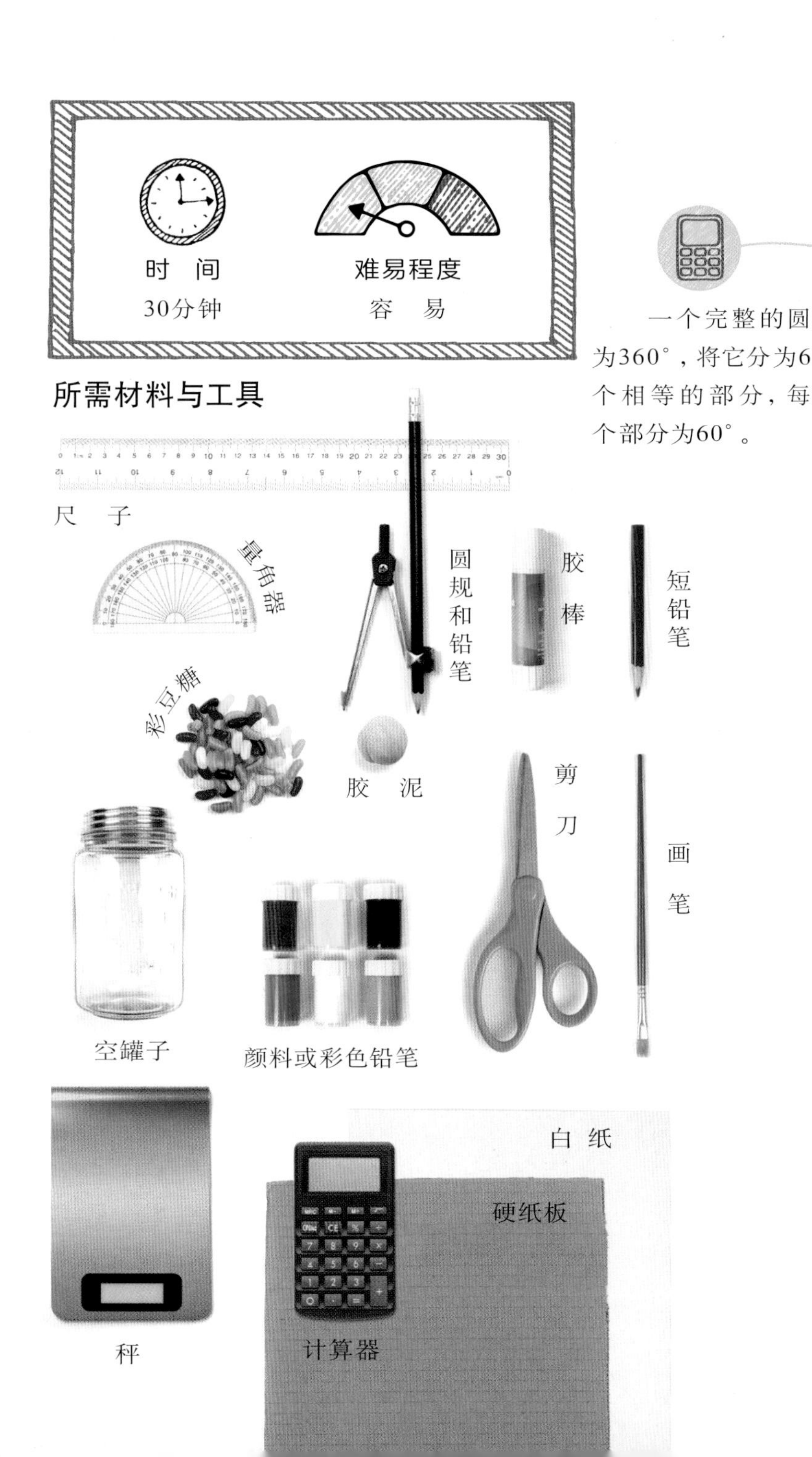

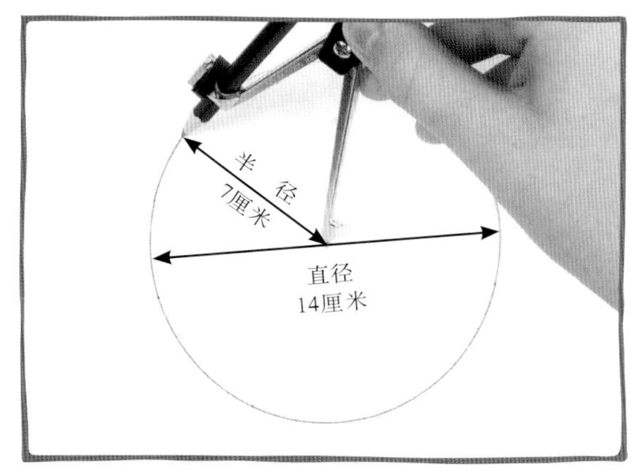

1 将圆规设置为7厘米，在白纸上绘制一个直径为14厘米的圆。

一个完整的圆为360°，将它分为6个相等的部分，每个部分为60°。

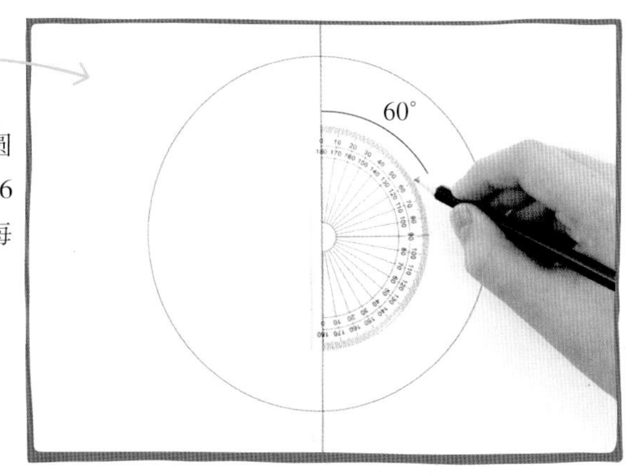

2 现在，你要将圆分成6等份，以便使每种颜色的彩豆糖都能对应一个部分。在圆上画一条通过圆心的直线，然后将量角器放在圆心上，每隔60°做一个标记。

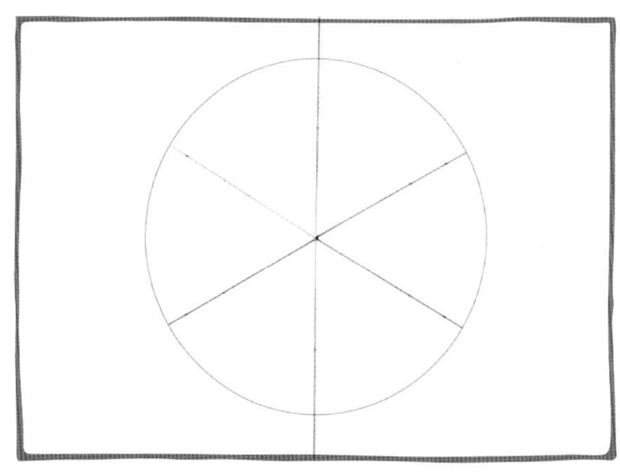

3 用尺子画出从每个标记到圆心的直线，得到有6等分的圆。

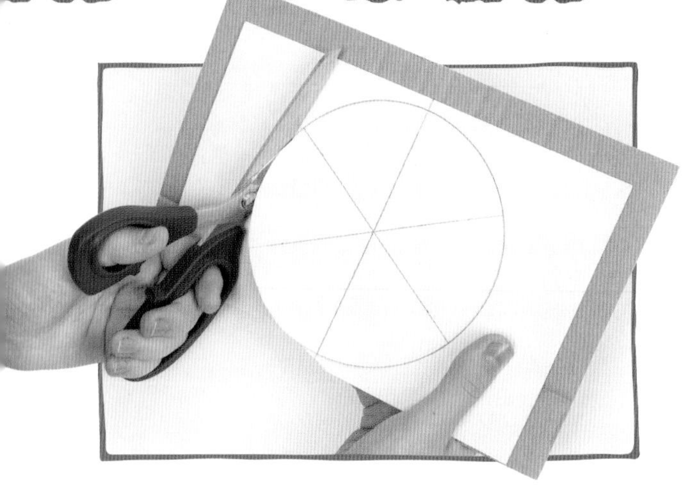

4 将画着圆的纸粘贴到一张硬纸板上，然后小心地沿着圆周剪下这个圆。

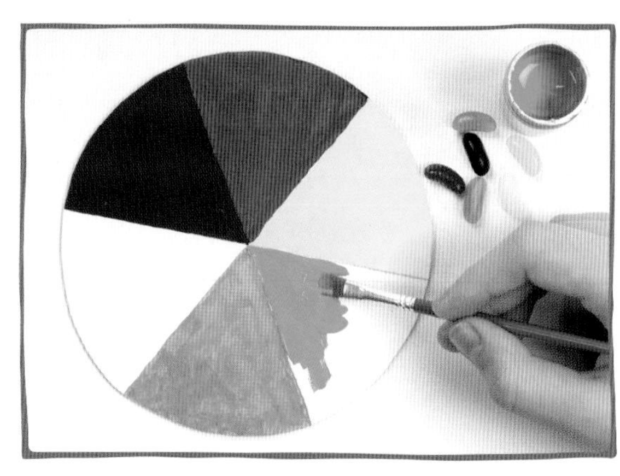

5 你可以用颜料、彩色铅笔或毡头笔给圆的6个部分涂上与彩豆糖对应的颜色。

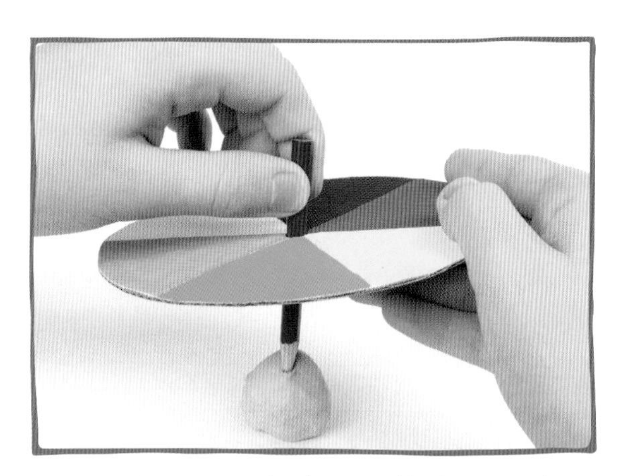

6 在圆心的下方放置一块胶泥，然后用一根短铅笔在圆心扎一个孔。

尽量控制自己，不要在倒入罐子之前就把彩豆糖都吃光了。

概 率

你可以用概率来衡量某件事情发生的可能性。概率通常用分数表示。

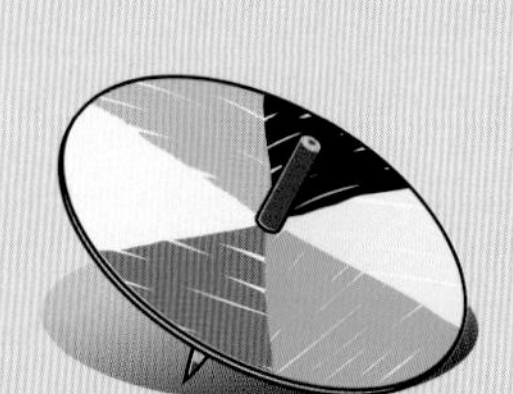

这个陀螺得到绿色的概率是六分之一，即$\frac{1}{6}$。

这个陀螺得到绿色的概率是二分之一，即$\frac{1}{2}$。

7 从罐子中拿出一颗彩豆糖，然后旋转陀螺。如果彩豆糖的颜色与陀螺停止时接触桌子处的颜色相同，那么你就可以吃掉彩豆糖。如果不同，那么就将彩豆糖放回罐子。

陀螺接触桌子处的颜色为橙色的概率是$\frac{1}{6}$。

概 率

如果罐子中没有绿色的彩豆糖，则抓到一颗绿色彩豆糖的概率为0。如果罐子中只有绿色的彩豆糖，则抓到一颗绿色彩豆糖的概率为100%。如果罐子中的彩豆糖有一些是绿色的，则抓到一颗绿色彩豆糖的概率在0到100%之间。你可以用分数、小数和百分比来表示概率。

小 数

$\frac{1}{5}=1 \div 5=0.2$

如果你随机抓取上面这5颗色彩豆糖中的一颗，则有五分之一的机会获得红色的，即$\frac{1}{5}$的概率。如果要将这个分数转换为小数，则需要用它的分子除以分母。

百分比

$\frac{2}{5}=2 \div 5=0.4 \times 100\%=40\%$

在这个示例中，你有五分之二的机会抓到红色的。要将这个分数换算为百分比，那就先将它换算为小数，然后乘以100%。

罐子里有多少颗彩豆糖？

让你的朋友猜猜这个罐子能装多少颗彩豆糖？用一些巧妙的数学运算，你就能够揭示他们的猜测是否接近正确答案。你可以计算一颗彩豆糖的重量，然后用罐子中所有彩豆糖的总重量除以它，得出彩豆糖的数量。

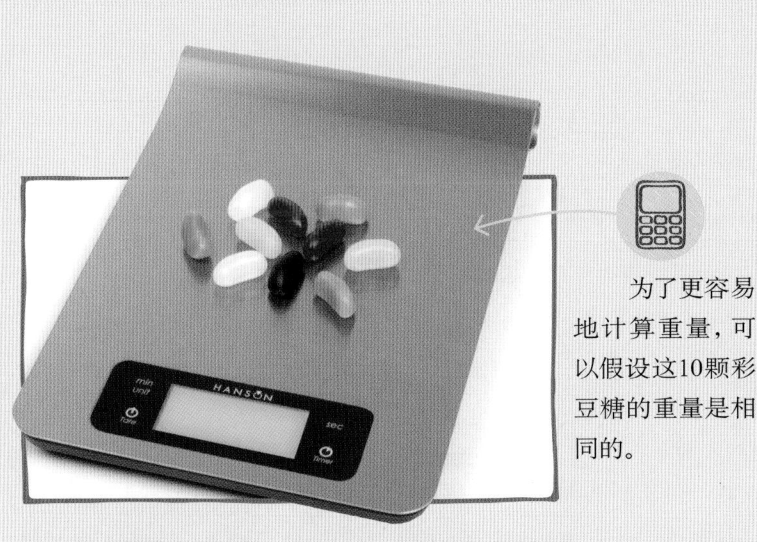

为了更容易地计算重量，可以假设这10颗彩豆糖的重量是相同的。

1 取10颗彩豆糖，放在秤上称重。再用总重量除以10，就可以准确地估算一颗彩豆糖的重量。

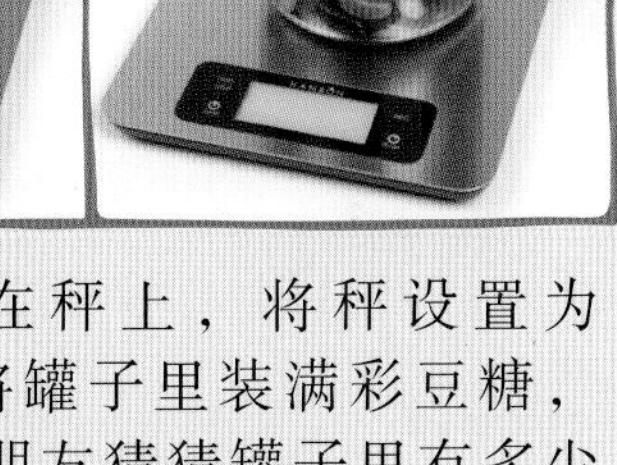

2 将罐子放在秤上，将秤设置为零。然后将罐子里装满彩豆糖，记录重量。请朋友猜猜罐子里有多少颗彩豆糖。

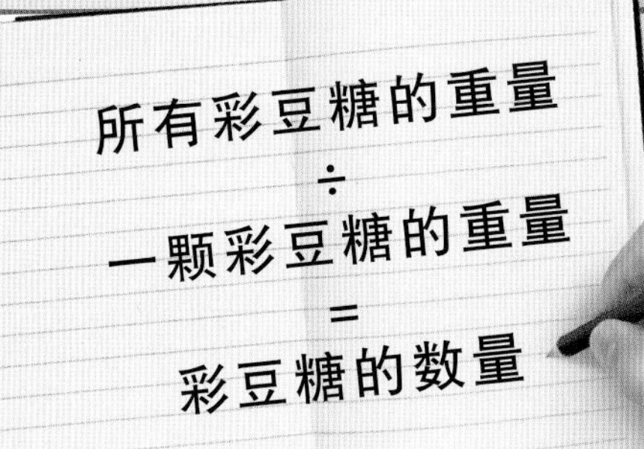

3 将所有彩豆糖的重量除以一颗彩豆糖的重量，可以算出罐子里有多少颗彩豆糖。你朋友刚才的猜测很接近计算结果吗？

银色颜料使溜槽看起来像闪亮的钢制品。
锈色颜料使塔身看起来像生锈的旧管道。

超级溜槽——弹珠溜槽系统

仅用几根纸板管、一管白乳胶和一点儿耐心，你就可以制作自己的弹珠溜槽系统。你可以随意改变角度，增加弯道，然后看着弹珠呼啸着从高处飞驰而下。

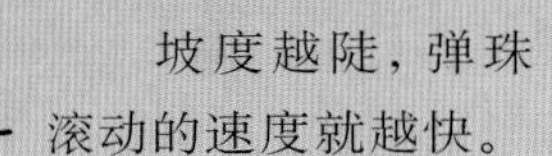

坡度越陡，弹珠滚动的速度就越快。

所用的数学知识

- 角度——使弹珠能够自行沿溜槽滚下来。
- 三维形状——用来制作溜槽。
- 测量——用来计算塔的高度、溜槽的长度，以及弹珠跑一次所需要的时间。

如何制作

弹珠溜槽系统

我们制作的弹珠溜槽系统有5座塔，如果你愿意的话，也可以用更多的塔。

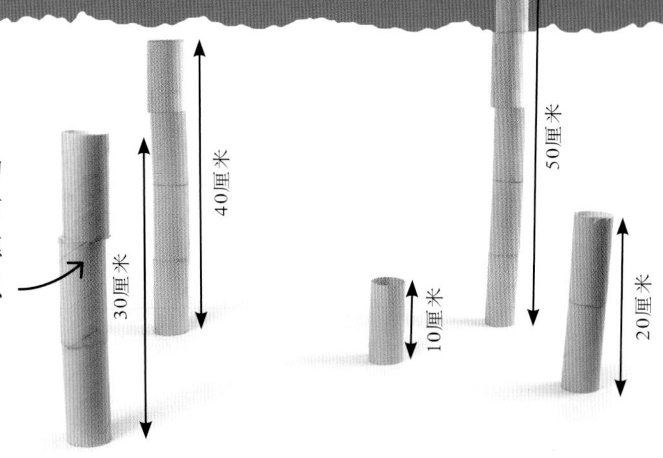

制作这个弹珠溜槽系统的秘诀是像工程师一样：先设计，再施工。将纸板管溜槽和塔身安装在一起，安装得越牢固，整个运行系统就越结实，最终结果就越完美。

1 将纸板管摆成不同高度的塔，并将它们按从高到低的顺序放置。调节塔之间的距离，想象塔之间应如何用斜溜槽连接。

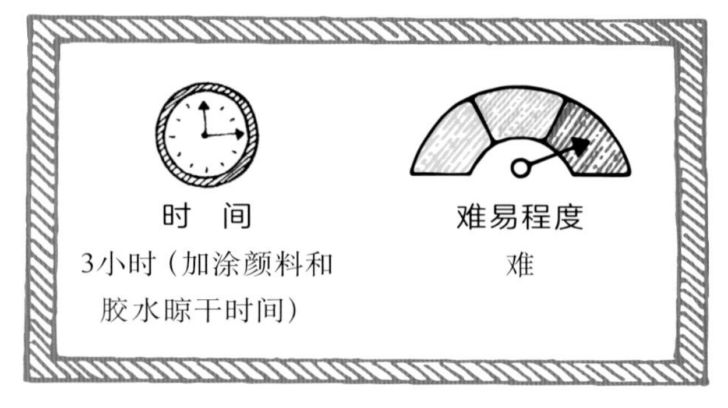

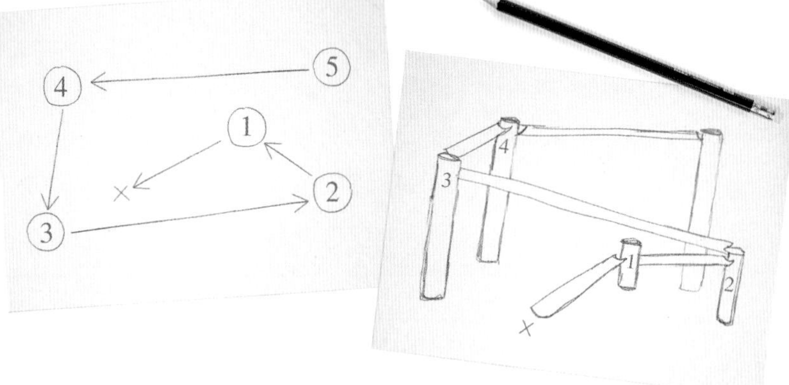

2 用俯视图和侧视图勾勒设计草图，在弹珠溜槽系统的终点用“X”做标记。从5到1给每座塔编号，其中5号是最高的塔。

所需材料与工具

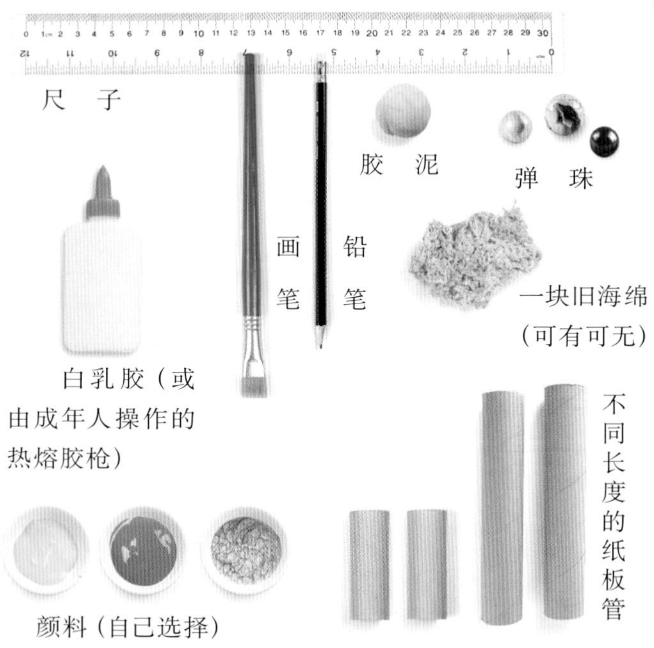

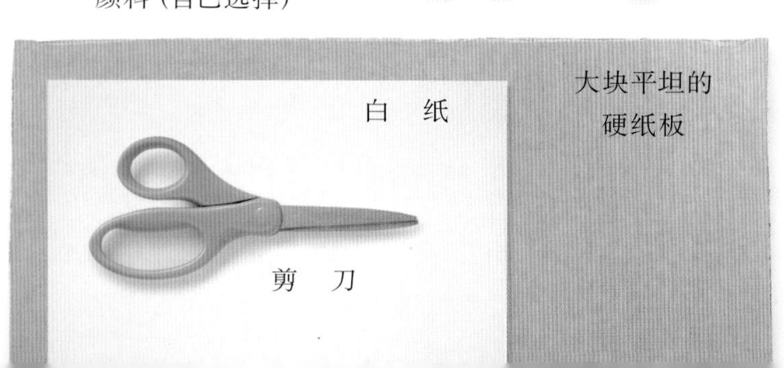

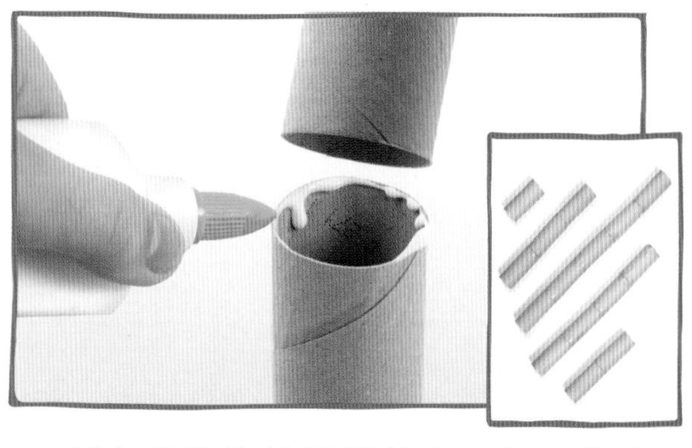

3 用白乳胶将纸板管粘在一起，并晾一夜。上述步骤完成后，你将得到5座不同高度的塔。

4 先将塔身涂成黄色，然后用海绵蘸着颜料继续给塔身上色，使它们看起来像生锈的柱子。你也可以添加条纹或其他细节。

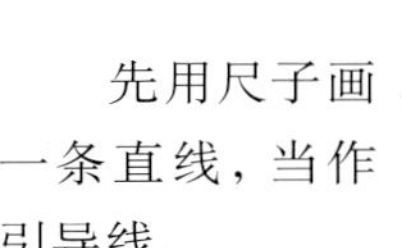

先用尺子画一条直线，当作引导线。

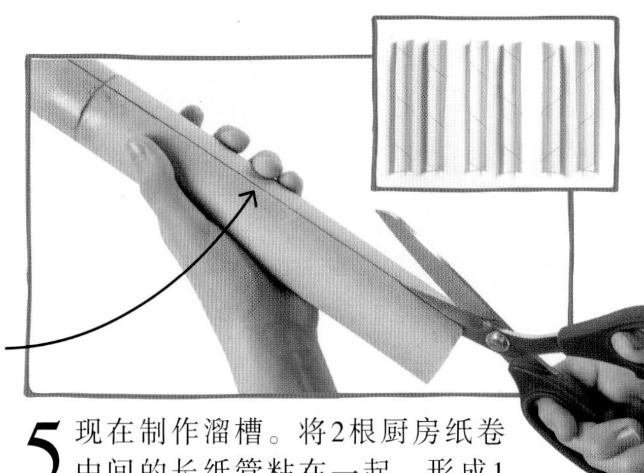

5 现在制作溜槽。将2根厨房纸卷中间的长纸管粘在一起，形成1根加长的纸管。重复两次，得到3根加长纸管。晾至胶干，然后纵向剪开，得到6段长溜槽。

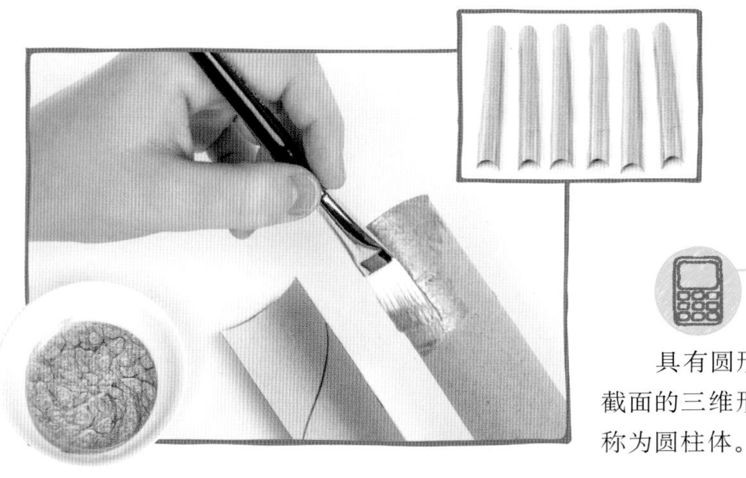

6 修剪每段溜槽的宽度，使它们变得稍窄一些。给它们涂上颜料，然后晾干。我们用银色颜料，使它们看起来像钢材。也可以使用你喜欢的颜色。

具有圆形横截面的三维形状称为圆柱体。

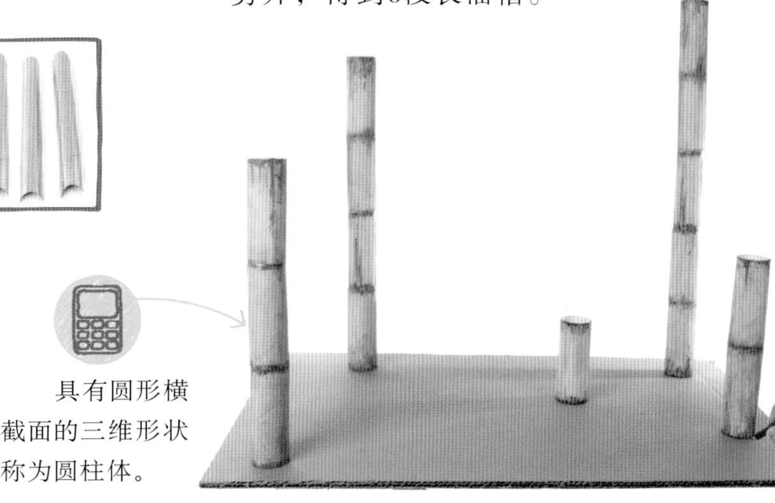

7 按照设计草图，将染过色的塔垂直放置在大块硬纸板上，描画每座塔底部圆周的轮廓。

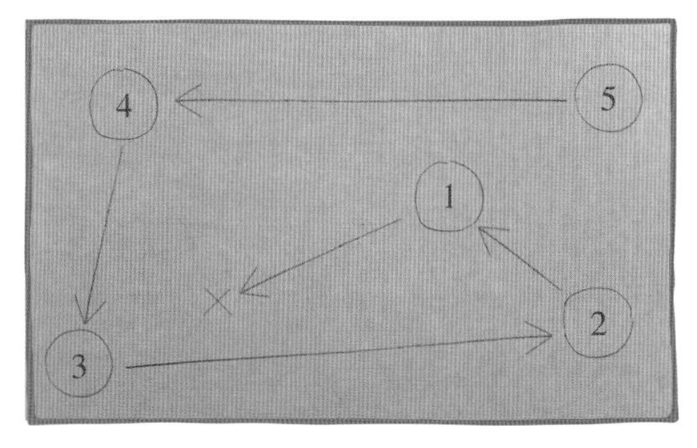

8 按设计草图的规划为这些圆编号，在弹珠溜槽系统的终点做“X”标记。用铅笔标出溜槽从高到低走向的箭头。

塔之间的距离可能超过一把尺子的长度。你需要将这两个测量值相加。

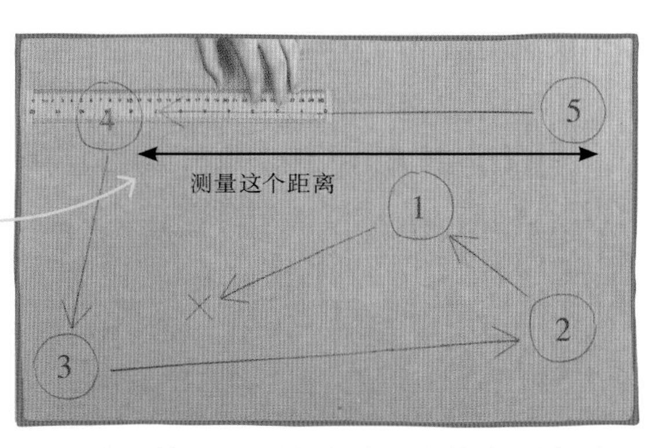

9 测量并记下5号圆最远边缘与4号圆最近边缘之间的距离。这是这两座塔之间溜槽的长度。对4～3、3～2和2～1号圆重复这个步骤，得到每段溜槽的长度。

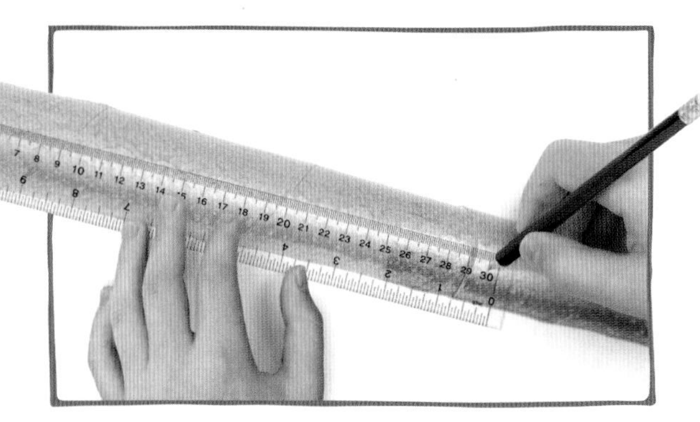

10 用尺子和铅笔在溜槽上量出第9步测量的长度，并且将溜槽剪切成这个长度。为每段溜槽编号，以方便你的连接工作。

用胶泥将塔暂时固定在基座上。

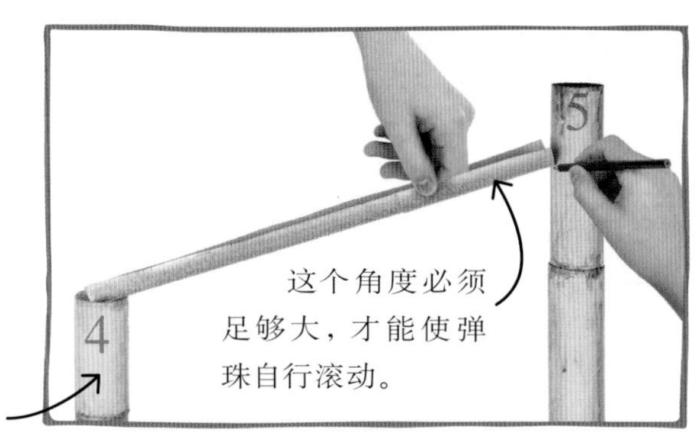

11 将5号塔和4号塔放在纸板基座上，将第一段溜槽的一端放在4号塔的顶部，调整溜槽的角度，使另一端能够连接5号塔的顶部，用铅笔在与5号塔的相交点做标记。

12 以溜槽为模板，在5号塔侧面上的标记上方画曲线，在曲线的两端画两条垂直线，用水平线连接它们，形成盾牌形状。

13 为了更容易地剪切“盾牌”，用铅笔的尖端在纸板上扎孔，然后用剪刀将“盾牌”剪下。可以用剪下来的部分当作模板。

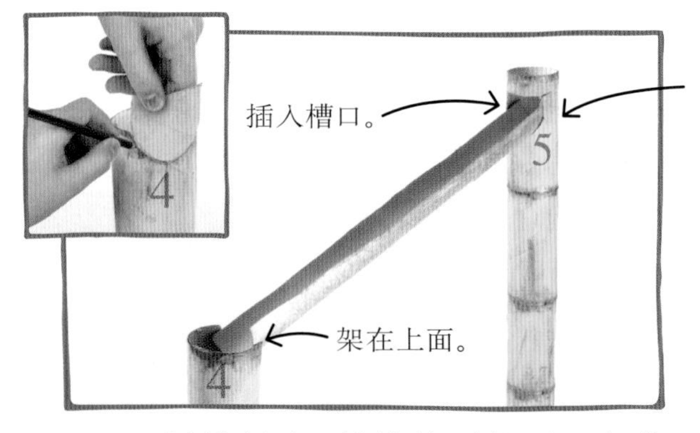

务必使溜槽在5号塔内顶到头，弹珠才不会在塔内掉下去。

14 用模板在4号塔的顶部画一条曲线，然后用剪刀剪掉。将第一段溜槽插入5号塔和4号塔之间，暂时不要将它固定。

垂直塔被斜溜槽连接。

15 重复第11～14步，直到所有塔都连接在一起。务必使每座塔上的槽口和溜槽切口都在适当的侧面，使它们能够引导弹珠按设计路径行进。

16 当你对这个结构感到满意后，用弹珠测试溜槽，按照需要调整溜槽的长度，然后固定溜槽。首先将每座塔的底部粘到基座上，然后将溜槽放到适当的位置，并且用胶固定。

弹珠是三维实心圆形，也称为球形。

17 待胶干后，将弹珠投入溜槽中，观察它的速度。祝你玩得开心！

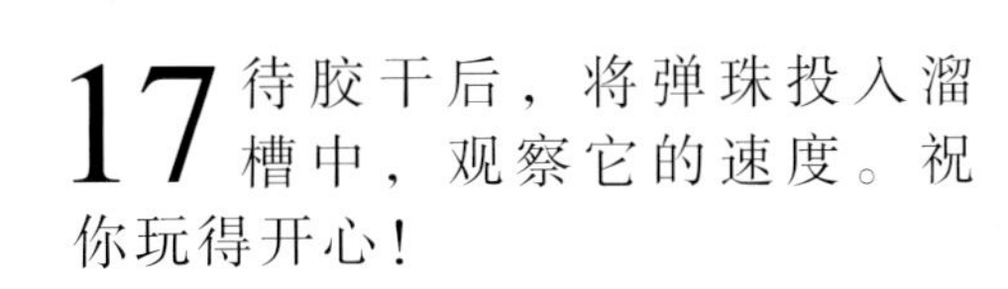

弹珠能滚多远？

你能猜出弹珠离开溜槽后还能滚多远吗？用尺子测量距离，记录结果。你猜对了吗？你也可以预测不同尺寸的弹珠沿着溜槽滚动直到停下来需要多长时间。用秒表计时，然后测量弹珠的行进距离。溜槽的长度和角度将影响弹珠的速度。塔之间的距离越短，角度越陡，弹珠就滚动得越快。另外，弹珠的大小会影响结果吗？

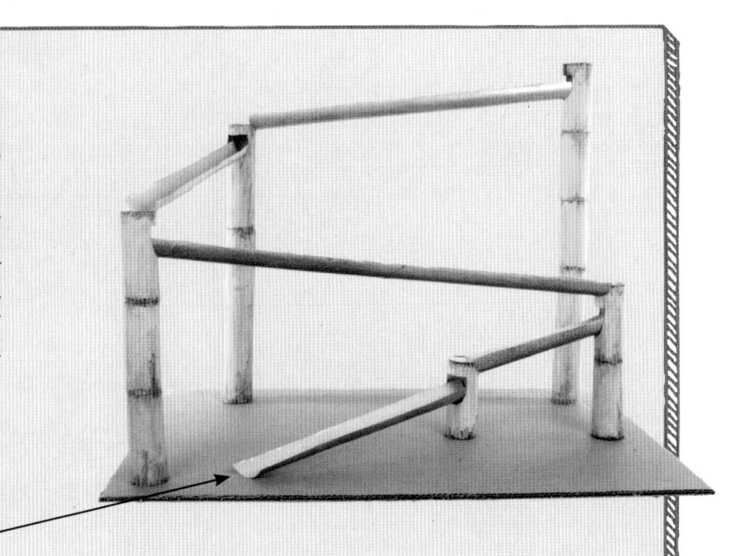

弹珠要滚多远才能停下来？

神奇的杰作——视错觉

在这个项目中，我们准备创作几幅光学艺术作品。这些巧妙的图画利用颜色、光线和图案来欺骗我们的大脑，使大脑认为我们看见了实际上并不存在的东西。尽管你画的是平面画，但是数学魔术让这些形状看起来像是三维的。

如果你画的线条不完美，也不要担心，它看起来仍然像是三维的。

要大胆地画阴影，这能使你的艺术作品具有三维感。

如何制作

视错觉作品

你将绘制两幅光学艺术作品。第一幅使用对比色和曲线，使形状在纸面中凸出；第二幅使用阴影和剪切的结合，使长方体飘浮起来。这两种情况证明，阴影有助于产生深度的错觉。

所用的数学知识

- 角度——用来绘制图画的结构。
- 同心圆——用来绘制光学错觉的轮廓。
- 凸凹线——用来使图画看起来像是凸出的。

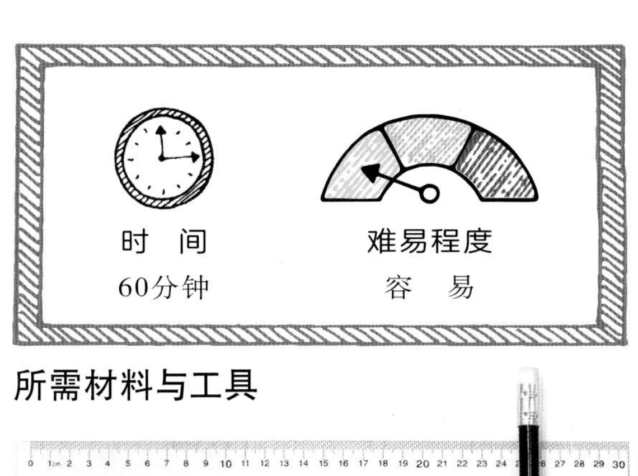

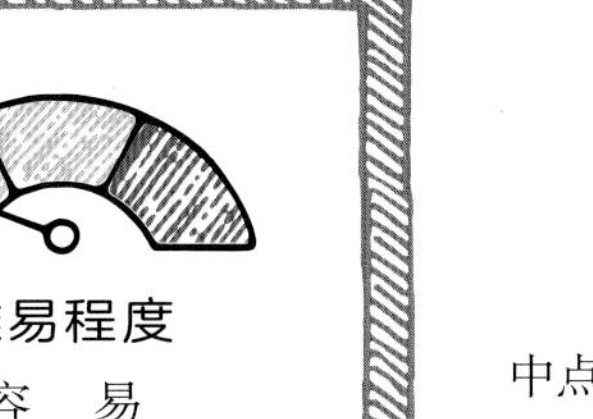

所需材料与工具

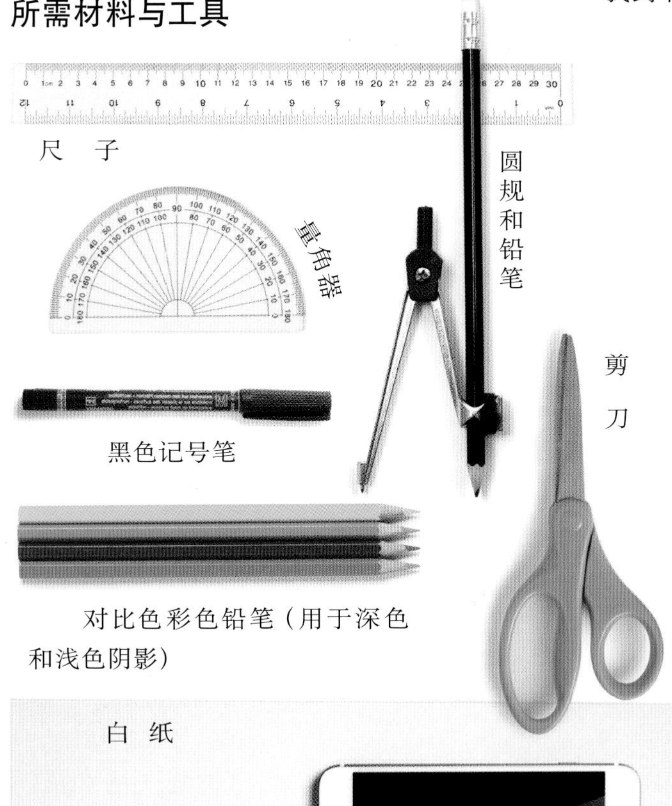

项目1 圆的错觉

在4条边的中点做标记，这能让你准确地找到中心。

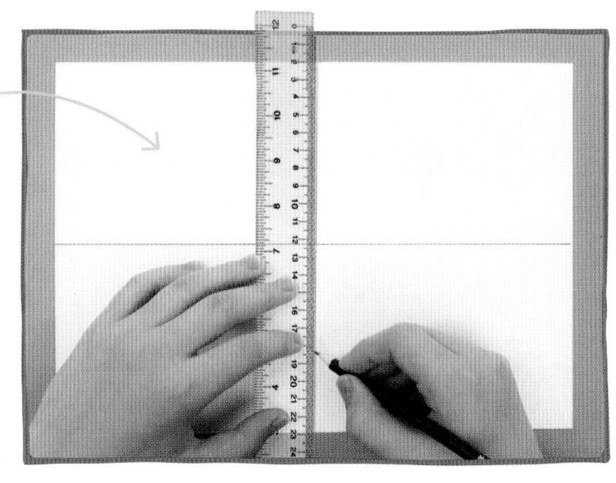

1 测量白纸的长度和宽度，然后将每个测量值除以2得到中点，在纸上每条边的中点做标记。连接每对中点的标记，画出水平线和垂直线。这两条线的交点就是白纸的中心。

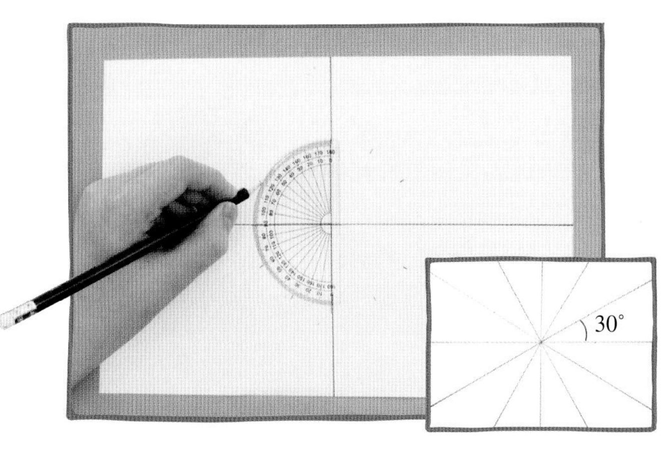

2 将量角器的原点放在纸的中心，从白纸的中心到纸的边缘每30°画一条放射线，最后得到12个角度相等的“尖角形”。

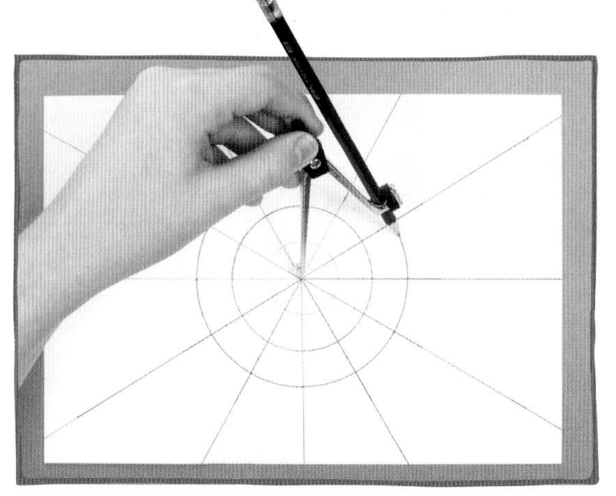

3 将圆规的针尖放在中心，绘制一个半径为2厘米的圆。将圆规加宽2厘米，然后再画一个圆，重复这个步骤，直至纸的边缘。

像这样向外弯曲的线为凸线，向内弯曲的线为凹线。

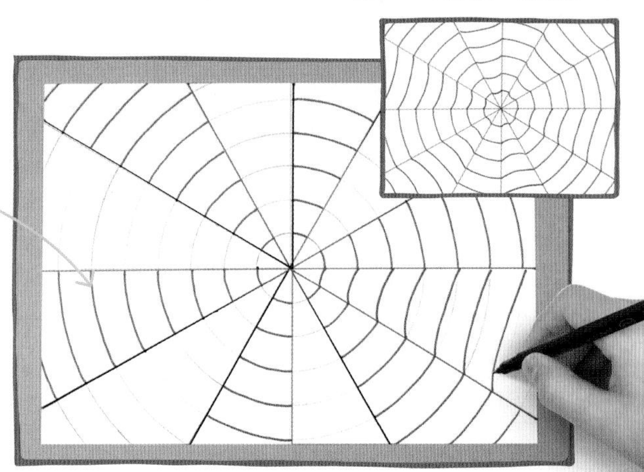

4 先用黑笔描放射线，然后每隔一个扇形描扇形内的圆弧线，最后在剩下的扇形内画与圆弧线凹凸相反的弧线。

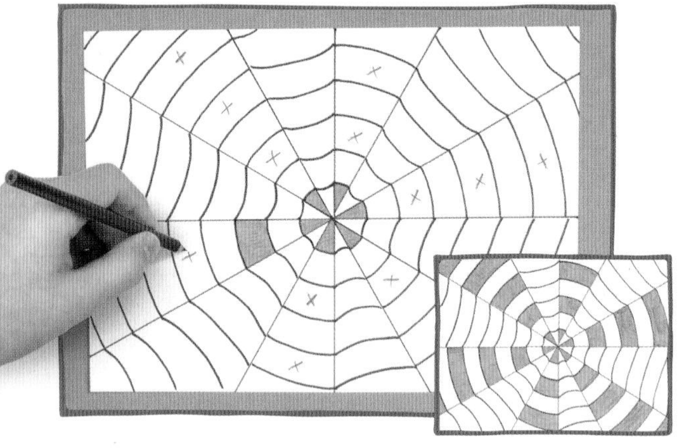

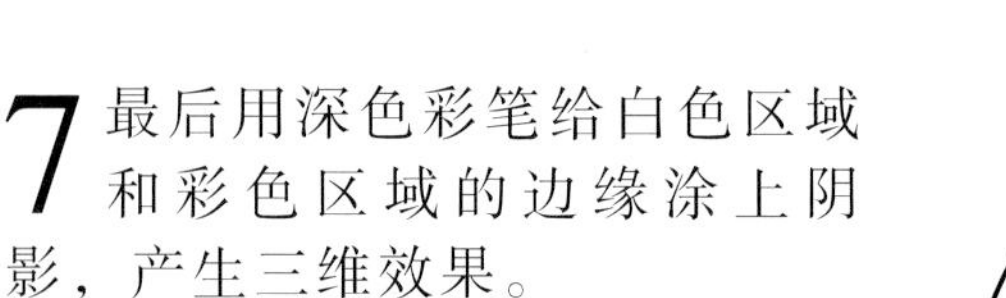

5 选择一种颜色，每隔一个扇形，并且在扇形内每隔一小片区域做一个彩色标记。然后按标记上色。

交替上色使线条看起来更弯曲。

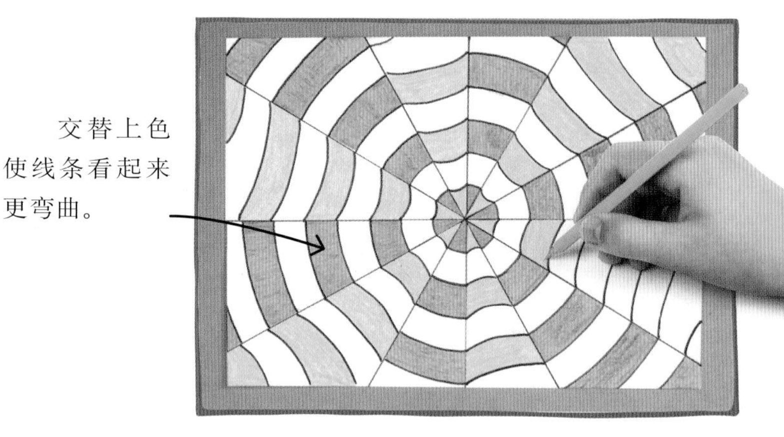

6 重复第5步，但这次是用第二种颜色，也就是对比色。

7 最后用深色彩笔给白色区域和彩色区域的边缘涂上阴影，产生三维效果。

边缘的颜色深，中间的颜色浅，产生了三维图案的错觉。

真实世界的数学——同心圆

不同尺寸的圆彼此重叠，有相同圆心，则称它们为同心圆。你可以在箭靶上看到它们。你还能举出其他例子吗?

项目2 飘浮的立方体

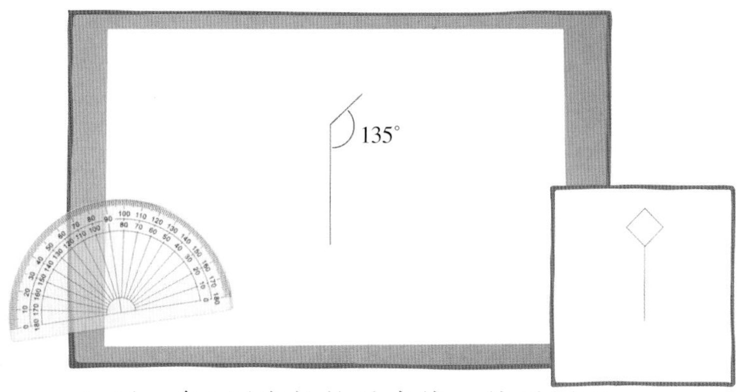

1 画一条9厘米长的垂直线，然后用三角尺和量角器在它的上端以135° 的角度画一条4厘米长的斜线，再添加3条4厘米长的线，形成一个倾斜的正方形。

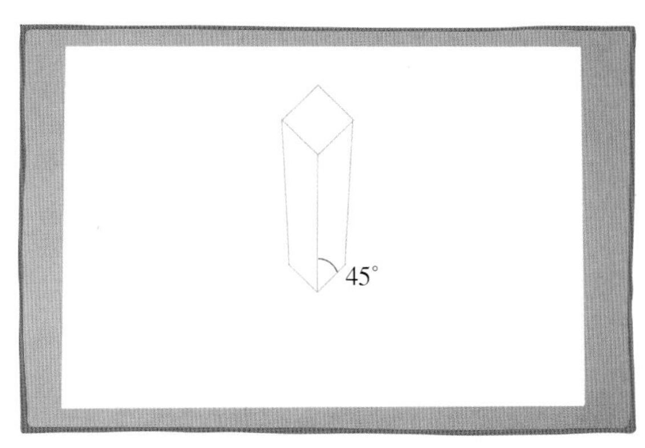

2 在垂直线的下端以45° 角画一条3厘米长的线，然后在另一侧也重复这个步骤。将这些线连接到上面的斜正方形，形成一个长方体。

长方体的一个侧面比另一个侧面有更深的阴影，容易产生深度的错觉。

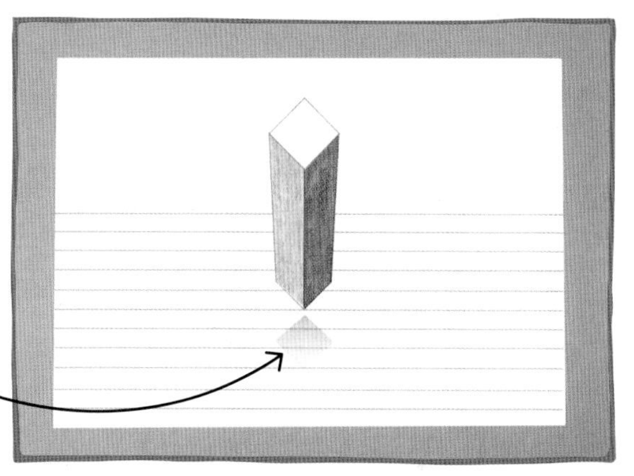

使菱形的下部变浅。

3 在下半张纸上，以1厘米的间隔在长方体的两侧和下面画水平线，然后在长方体的两个侧面画阴影。

4 在长方体正下方画一个菱形的阴影，产生飘浮效果。

试着用手机为你的朋友拍摄一段变形视频。

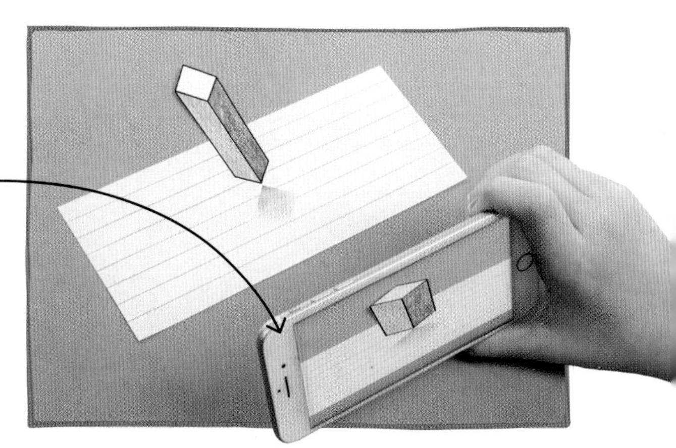

5 用黑色记号笔描长方体的轮廓，并将轮廓的上半部分剪出来，一直剪到最高的水平线为止。沿此水平线剪去上部的纸，使长方体看起来像是跳出了纸面。

6 通过智能手机的摄像头看你的画，不断改变手机的角度，观察画的变化情况。这幅二维画似乎会改变尺寸和形状。

精准定时——制作时钟

自己动手制作一个时钟是一件非常有意义的事。为此，你需要一套有效的挂钟套件（可以在手工店和网上商店找到），以及一些风干黏土和彩色颜料，按照你喜欢的方式画钟盘。画钟盘也是练习分数的绝好机会，因为钟盘被分成12等份。你准备好了吗?

所用的数学知识

- 除法——用来将钟盘分成12等份。
- 角度——用来测量、绘制每小时的标记线。
- 看时钟——使你可以将日程安排贴到做好的时钟上。

每当短针通过这个标记时，就意味着崭新的1小时即将开始。

我们用彩色扇形装饰时钟，你也可以用你喜欢的图案。

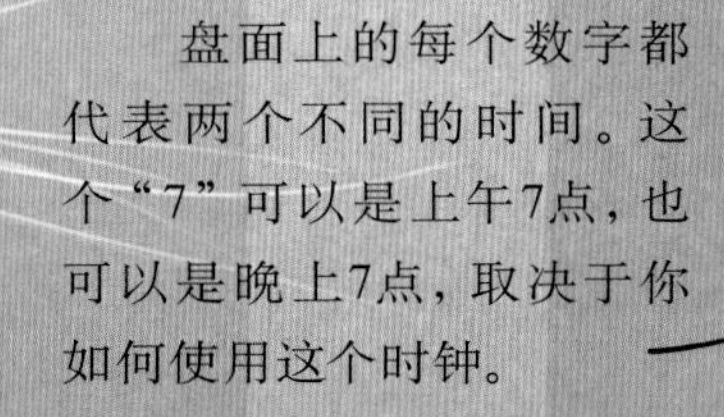

盘面上的每个数字都代表两个不同的时间。这个“7”可以是上午7点，也可以是晚上7点，取决于你如何使用这个时钟。

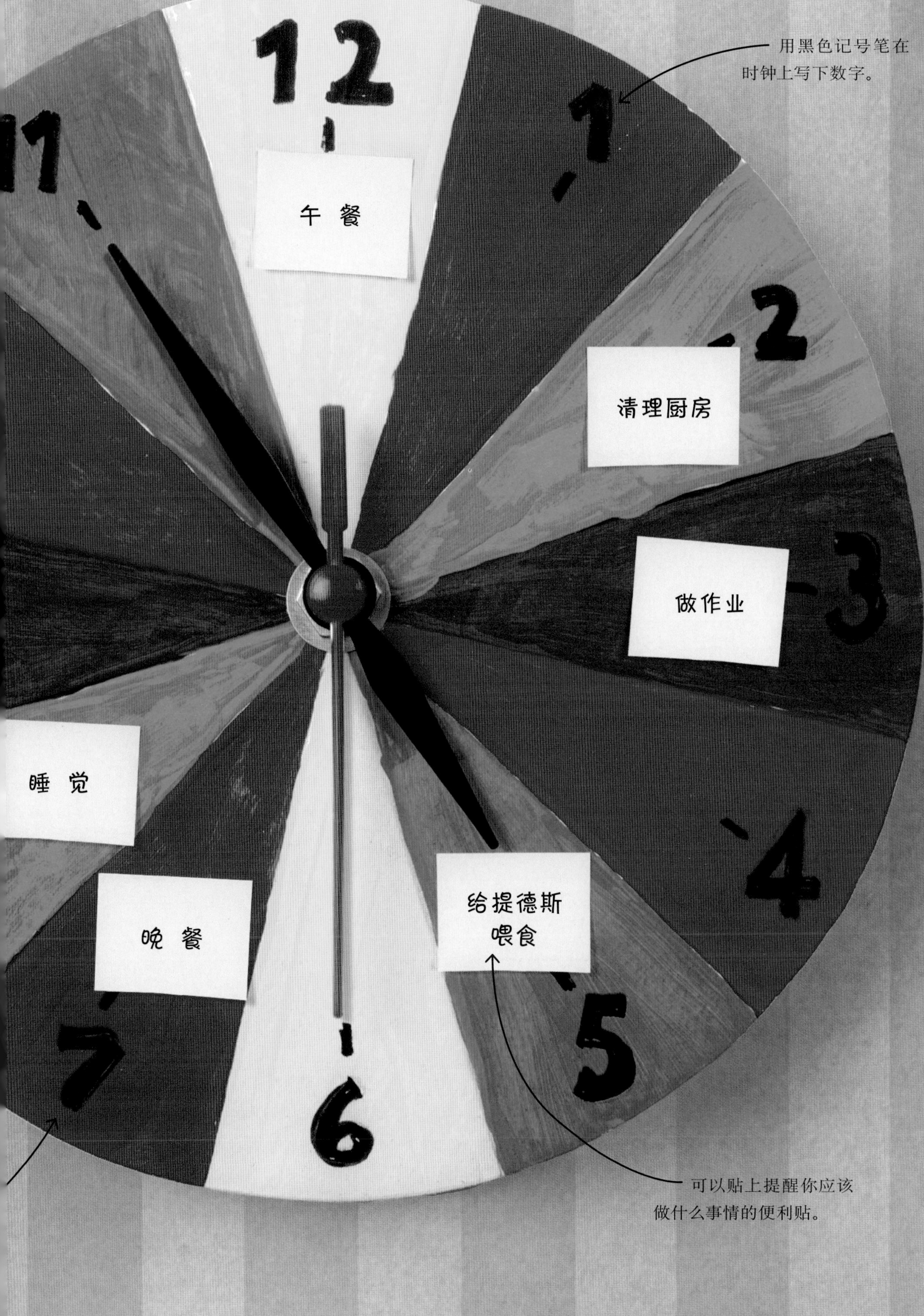

用黑色记号笔在
时钟上写下数字。

午餐

清理厨房

做作业

睡觉

晚餐

给提德斯
喂食

可以贴上提醒你应该
做什么事情的便利贴。

如何

制作时钟

请务必仔细测量钟面的各个部分，将数字写在正确的位置上，黏土干燥后，你可以在上面复制画的钟盘图案，也可以画你自己设计的图案。

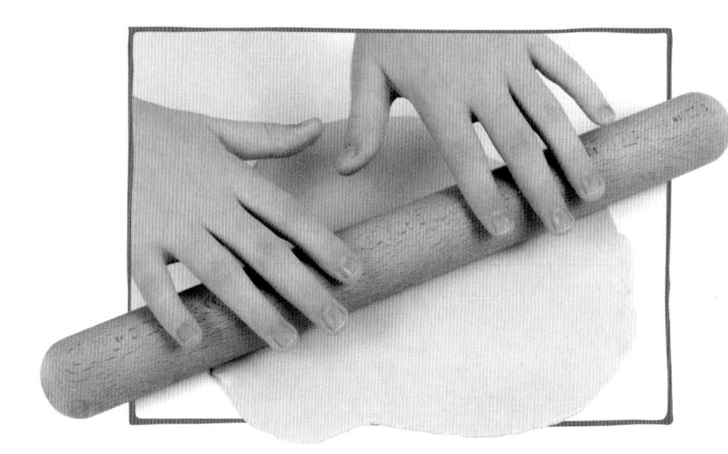

1 将黏土擀成一个约0.5厘米厚的类似圆的形状，使它尽量平整。

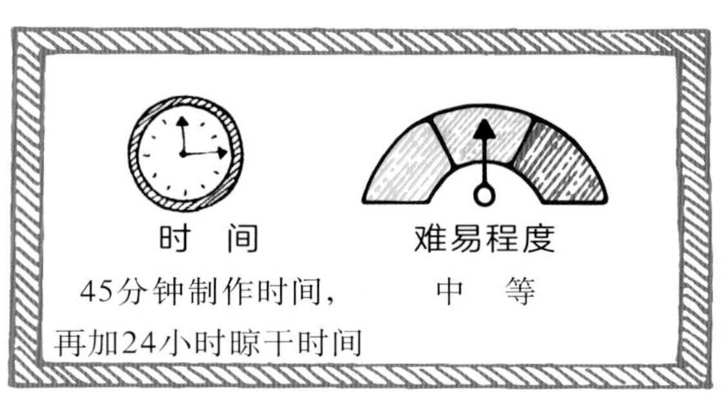

盘子的大小将决定时钟钟盘的尺寸。

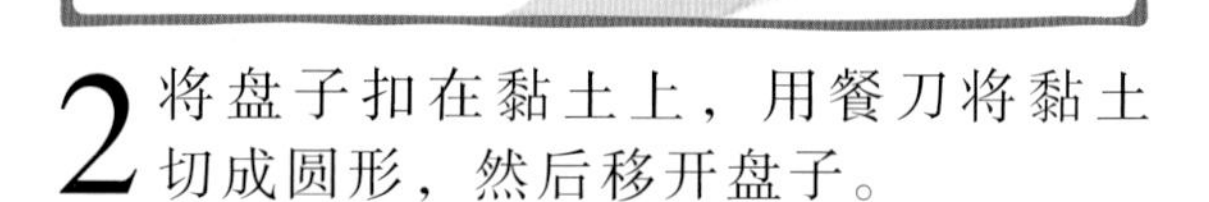

2 将盘子扣在黏土上，用餐刀将黏土切成圆形，然后移开盘子。

所需材料与工具

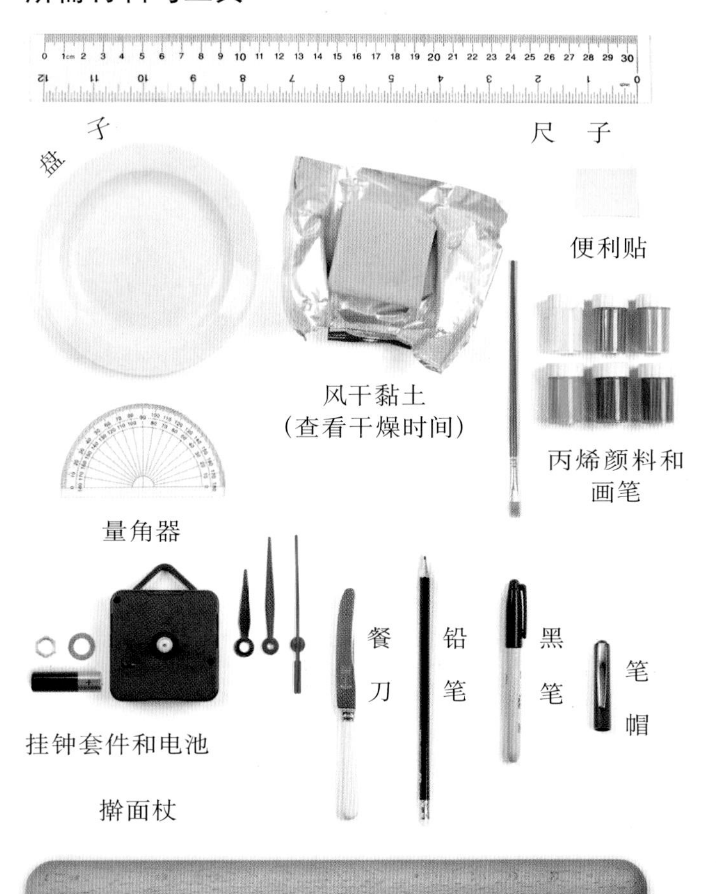

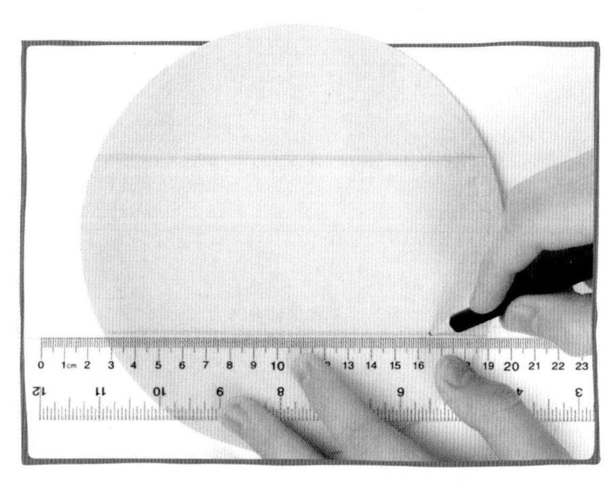

3 为了找到圆心，用铅笔在黏土上面轻轻地画两条平行线，务必使两条线的长度相等。

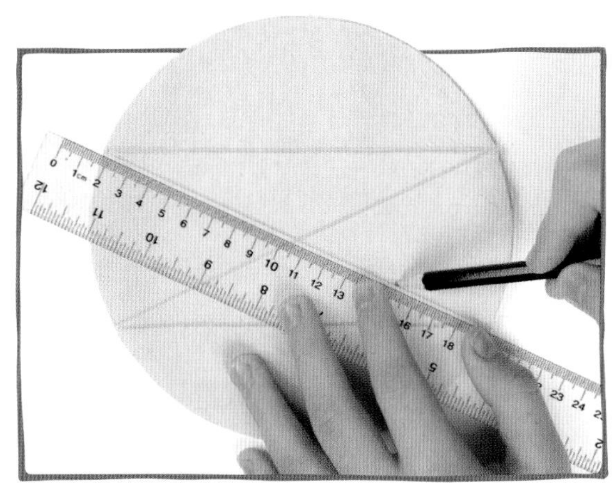

4 将平行线两个相对的点连接起来，它们的交点就是圆心。

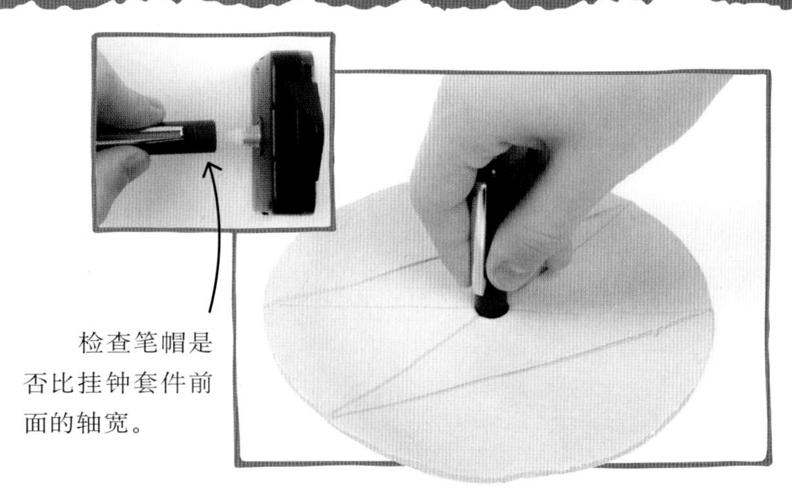

检查笔帽是否比挂钟套件前面的轴宽。

5 用笔帽在圆心压一个孔。将黏土放在平坦的表面上晾干，这可能需要花几天的时间。

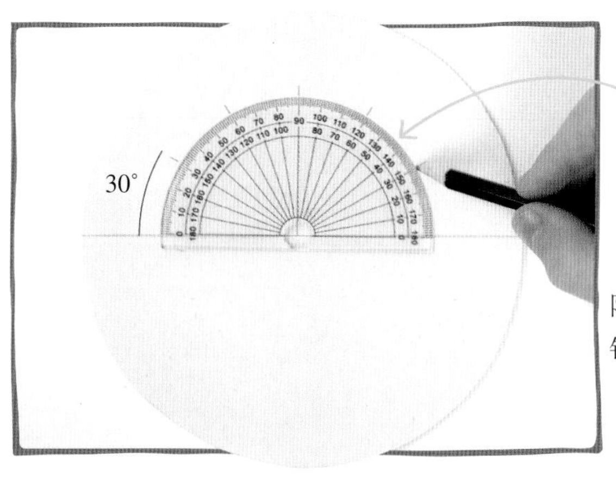

圆为360°，360°除以12为30°，代表时钟上的1小时。

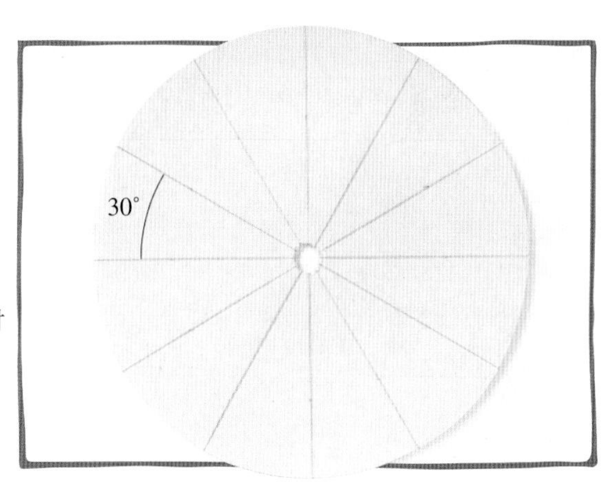

6 待完全晾干后，将黏土翻过来。画一条穿过圆心的直线。然后将量角器放在孔上，每隔30°用铅笔做一个标记。

7 按标记用尺子从圆心画直线，形成12个扇形，每个扇形代表1小时。

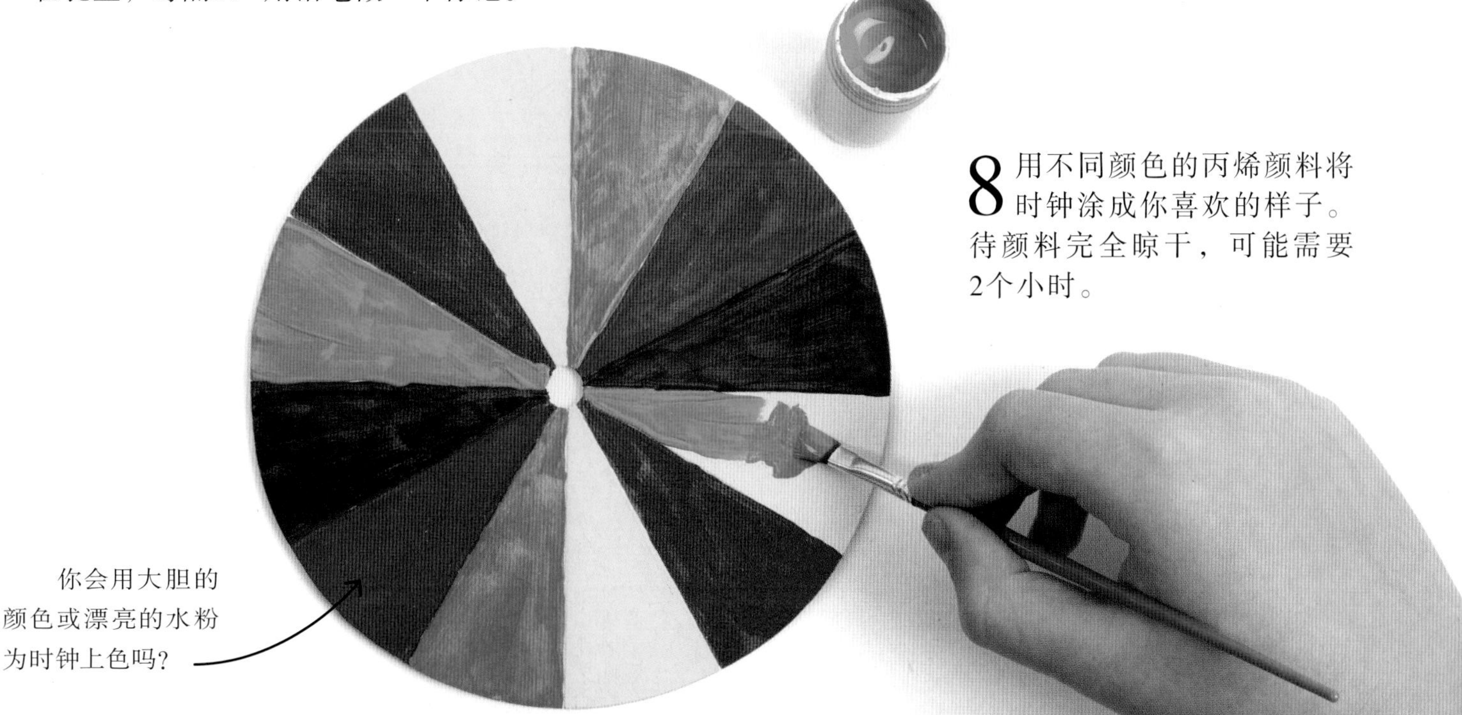

8 用不同颜色的丙烯颜料将时钟涂成你喜欢的样子。待颜料完全晾干，可能需要2个小时。

你会用大胆的颜色或漂亮的水粉为时钟上色吗？

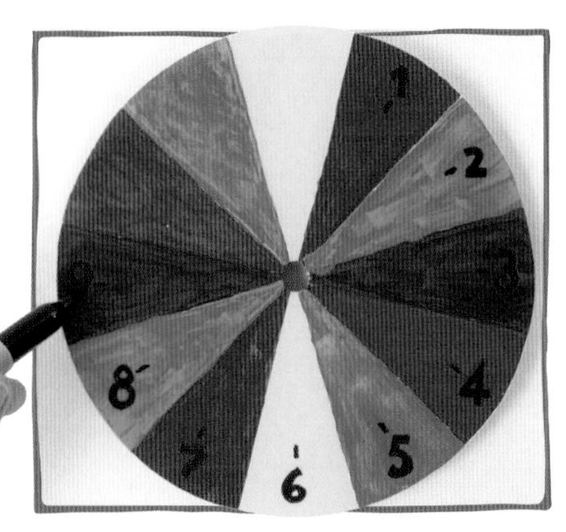

9 先用铅笔在钟盘上写下数字1～12，然后用黑笔描粗这些数字。

10 将挂钟套件的底座穿过圆盘中心的孔，务必使挂钟套件的挂钩与数字12对齐。

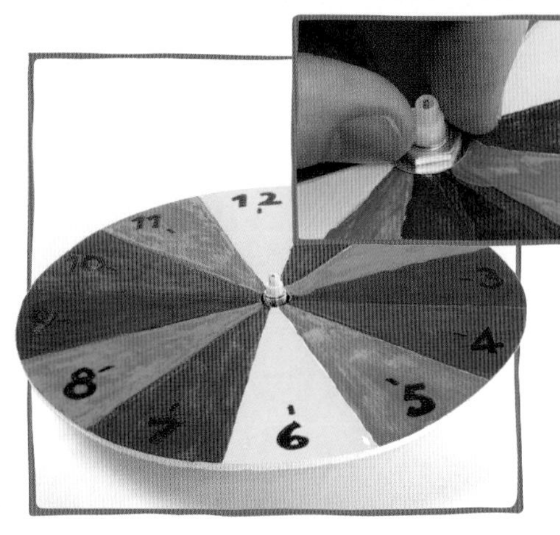

11 将圆形黄铜垫圈套在挂钟轴上，然后拧紧顶部的六角螺母。不要将螺母拧得太紧，以防止黏土破裂。

12 小心地将指针穿到挂钟套件轴上，从时针开始，然后是较长的分针，最后是细长的秒针。

为了能够正确地设置时间，开始时将三根指针全部都指向12点钟。

13 将三根指针在12点处对齐，放入电池，拨动分针来设置时间。

最后将秒针穿到轴上。注意不要太用力，否则它可能会弯曲。

在每个数字中央处画一个标记，这样你就可以清楚地看到时针到达这个钟点，标志着前一个小时结束，新的一个小时开始了。

14 你可以将需要做的事情写在便利贴上，然后贴在钟盘上以提醒自己。你可以根据自己每天的计划来调整这些便利贴。如果便利贴太大，就将它们修剪到合适的尺寸。

看时钟

时钟有两种类型，第一种是指针式时钟，类似于你刚才制作的时钟；第二种是数字时钟，在数字屏幕上用24小时制显示时间。图中所有的时钟都显示相同的时间：差5分钟到午夜，但是以不同的方式显示。如果要将24小时制转换为12小时制，只需从小时中减去12。因此23：00转换后为11：00，因为23－12 ＝ 11。

这只指针式时钟用的是罗马数字。

在24小时制数字时钟上，午夜为00：00，前两个数字代表小时，中间两个数字代表分钟，最后的数字代表秒钟。

这只指针式时钟上的数字代表小时，而细短线代表分钟。

用绳子将喂鸟器悬挂在花园中。
你可以用彩色冰棍杆，也可以用原色冰棍杆，然后涂上环保颜料。
不同的食物会吸引不同种类的鸟儿。例如知更鸟喜欢吃黄粉虫。

令人愉快的数据——冰棍杆喂鸟器

你想要一个有鸟儿频繁来访的花园吗？这种色彩鲜艳的喂鸟器将会成为鸟儿的新集中点。要制作喂鸟器，你首先需要掌握关于角度的知识，这样才能使喂鸟器有一个坚固的结构，可以承受鸟食的重量。做好喂鸟器后，你可以记录相关数据，并绘制一张图表，由此发现鸟类最喜欢的食物。

鸟儿可能需要几天时间才能发现你的喂鸟器。在此期间，请耐心等待。

有些鸟儿喜欢栖木，有些鸟儿不喜欢。

如何制作

冰棍杆喂鸟器

这个项目看起来有点儿复杂，但其实非常简单，你发现制作一个全新的喂鸟器并没有想象中那么难。你需要耐心等待鸟儿找到喂鸟器，你可以记录它们的访问动态，研究它们最喜欢的食物是什么。

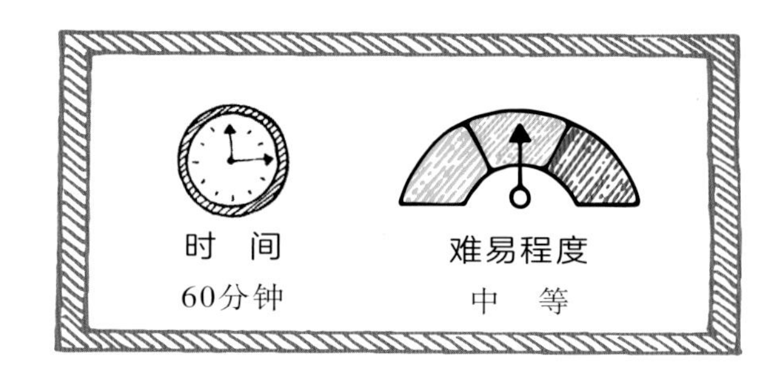

所用的数学知识

- 角度——用来获得屋顶的最佳倾斜度。
- 减半——用来制作栖木。
- 平行线——用来制作牢固的底座。
- 图表——用来研究鸟类最喜欢的食物。

所需材料与工具

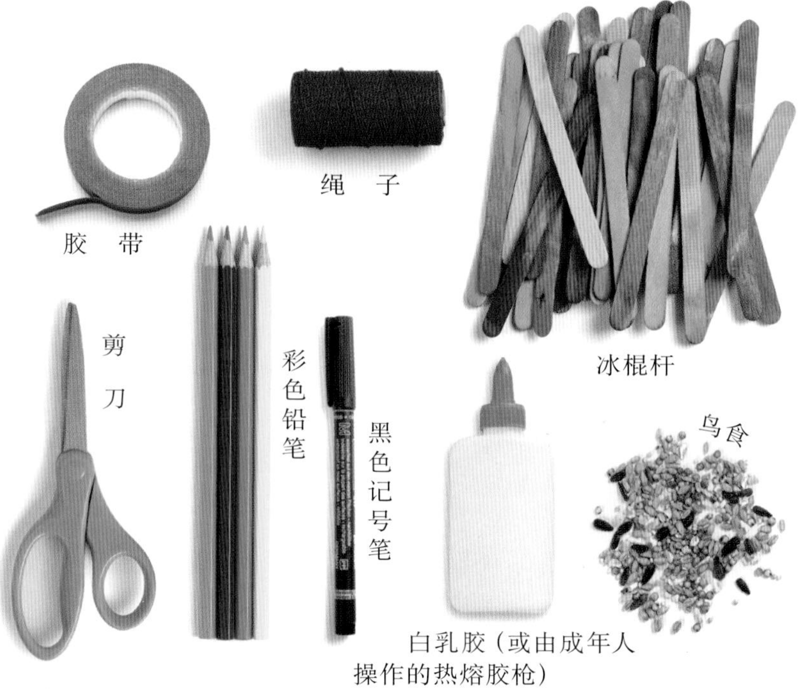

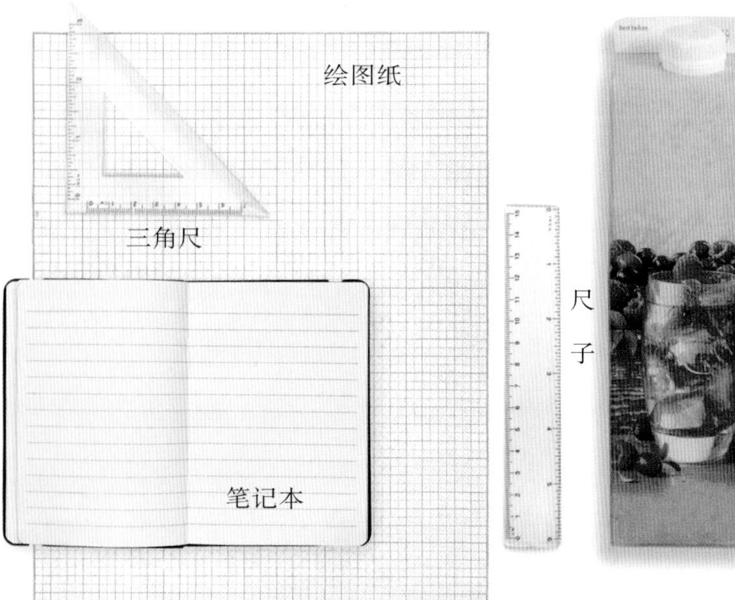

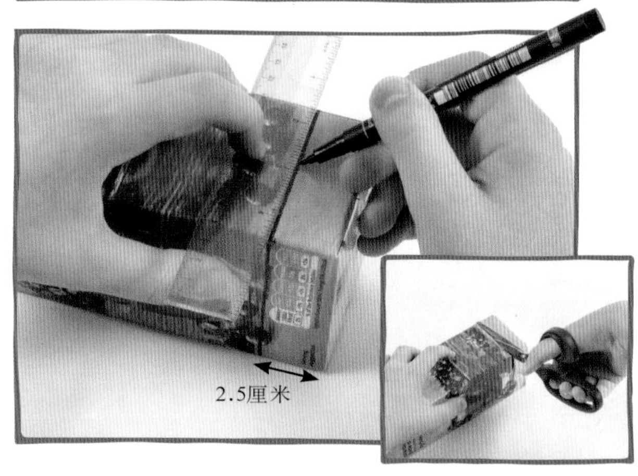

1 找一个底部为7厘米×7厘米的纸制饮料盒，在纸盒的侧面距离底部2.5厘米处画一条线，然后沿这条线剪去纸盒的上部，余下的部分用作喂鸟器的托盘。

2 将12根冰棍杆并排放在一起，然后放在托盘下面，托盘的两侧分别留有两根冰棍杆。

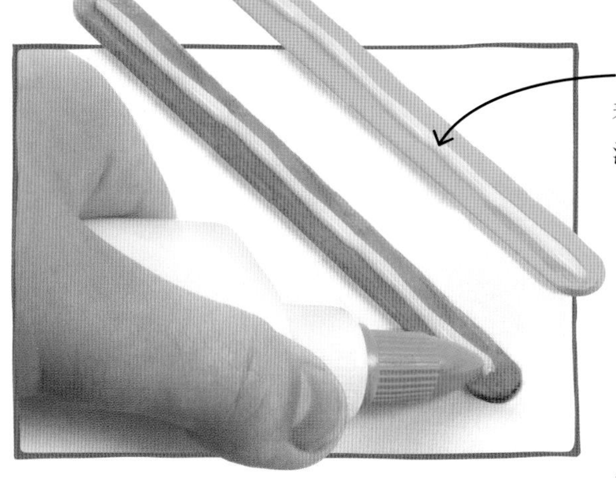

一定要沿着整根冰棍杆涂胶水。

3 将两根冰棍杆从头到尾涂上胶水。这两根冰棍杆将用于固定充当喂鸟器底座的12根冰棍杆。

用三角尺在纸上画直角，作为放置冰棍杆的基准。

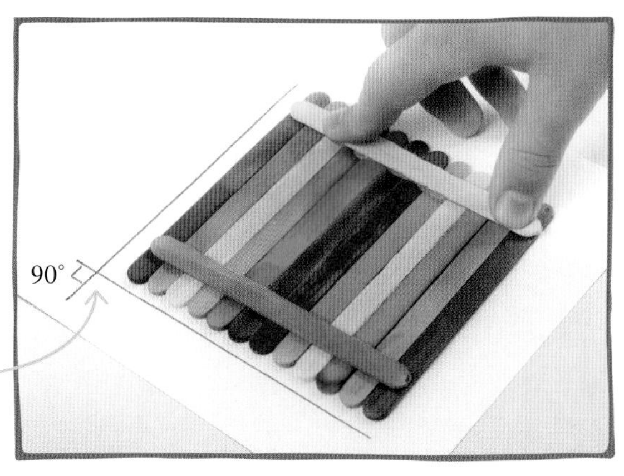

4 将涂有胶水的冰棍杆分别放在构成底座的冰棍杆的两端距离边缘1厘米处，与底座的冰棍杆成直角。

在建造多层冰棍杆之前，要先确定托盘可以放在底座上，但不要将它固定在底座上。

5 重复第4步，但是这一次仅将胶水涂在每根冰棍杆上距离末端约1厘米处。放置冰棍杆，使它们与刚粘上的两根冰棍杆成直角。

6 重复第4步和第5步，建造4堵冰棍杆"墙"，将托盘固定在其中。当两侧有三层，另外两侧有两层时，就停止。

将一根冰棍杆的长度除以2，计算折断的冰棍杆应该有多长。

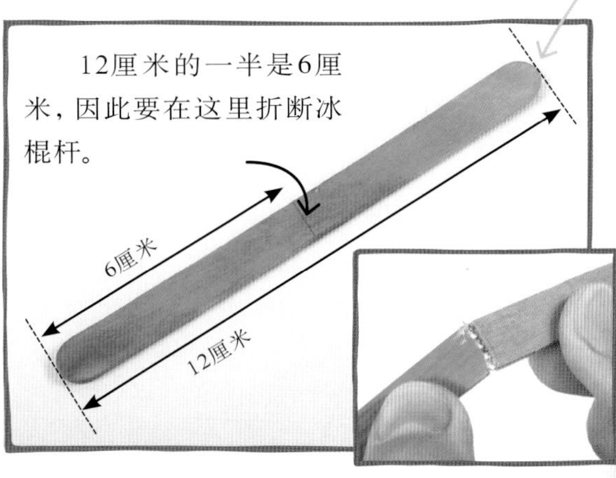

7 测量一根冰棍杆，在它的一半处画一条线。将冰棍杆按线整齐地对折，用作栖木。如果很难操作的话，可以请成年人帮忙。

8 在喂鸟器有两层冰棍杆一侧的中间粘一根栖木，使它向外凸出，并呈直角。重复这个步骤，使两侧都有栖木。

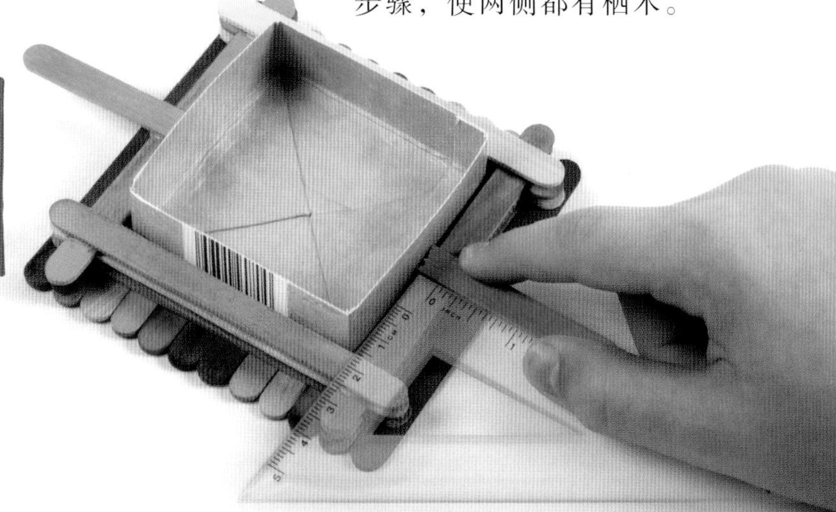

9 继续在喂鸟器的每一侧加筑冰棍杆“墙”，直至较低侧达到与托盘相同的高度。

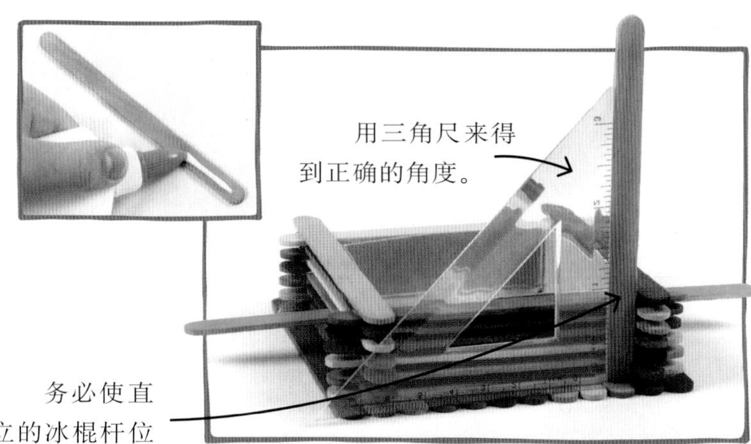

务必使直立的冰棍杆位于没有栖木的侧面。

10 在一根冰棍杆的一端涂上胶水，然后将它粘在喂鸟器的外角处，使它与底座成直角。

11 重复第10步，使托盘的每个角各有一根垂直的冰棍杆。

冰棍杆应该彼此平行。

12 取一根冰棍杆，在两端距离端点2厘米处涂上胶水，并将它水平地粘在垂直的冰棍杆上。在另一侧重复这个步骤。

13 用胶带将12根排成一列的冰棍杆粘贴在一起，一共要制作两列。

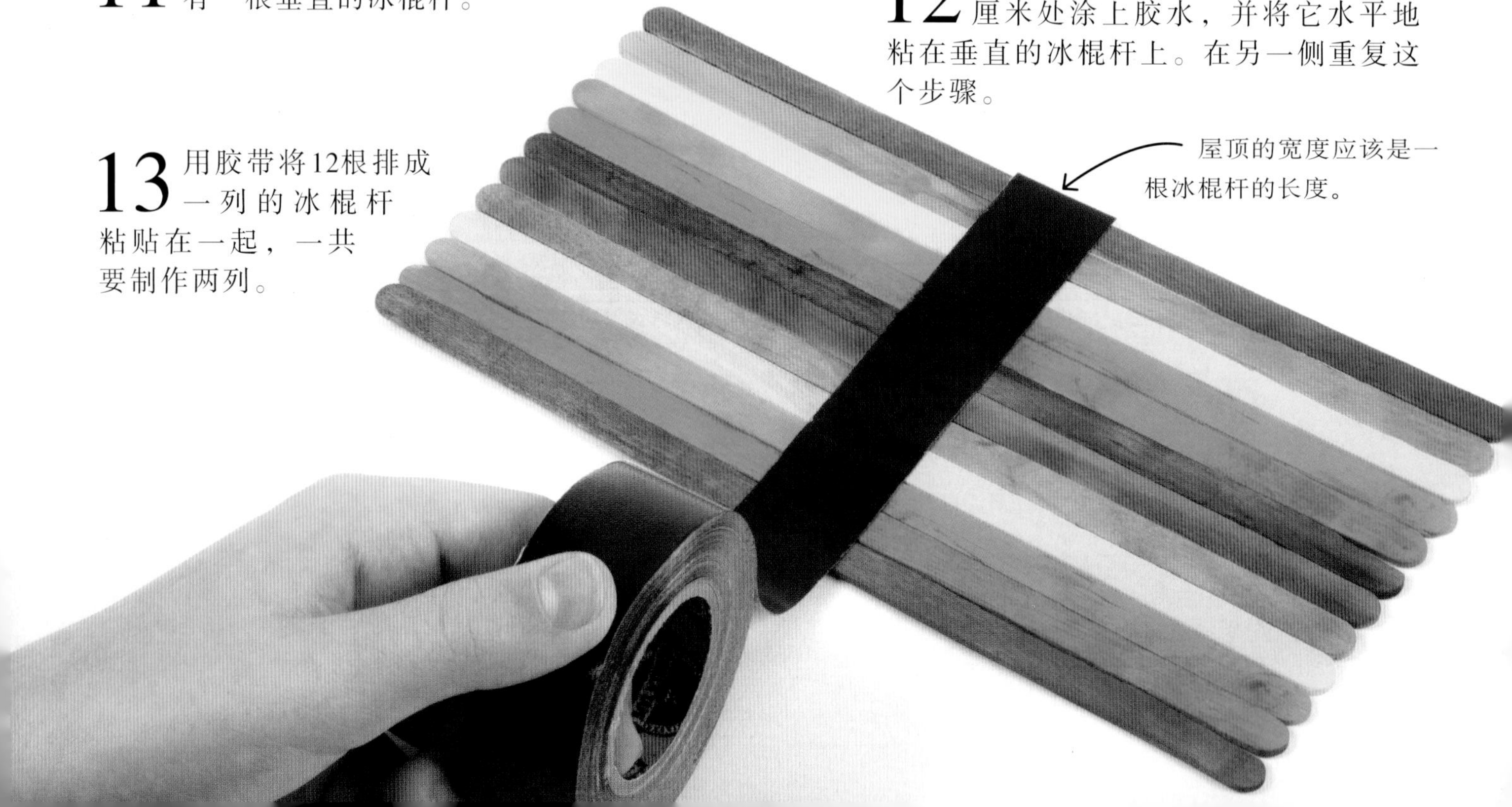

屋顶的宽度应该是一根冰棍杆的长度。

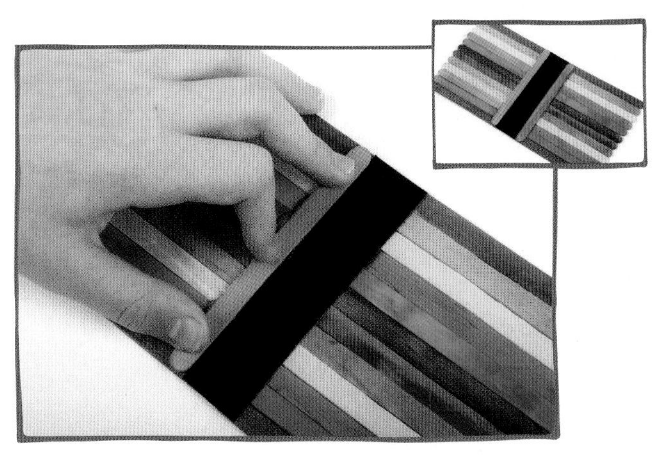

14 沿着胶带的每一边各粘一根冰棍杆，用力按压它们。

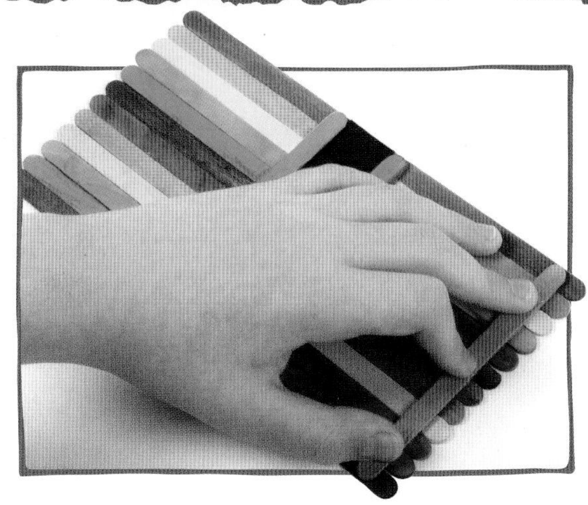

15 在距离屋顶边缘0.5厘米处粘一根冰棍杆，在另一侧边缘也粘一根冰棍杆。

16 将屋顶折叠成一个三角形，使贴胶带的面在它的内侧。

这个角度小于直角，称为锐角。

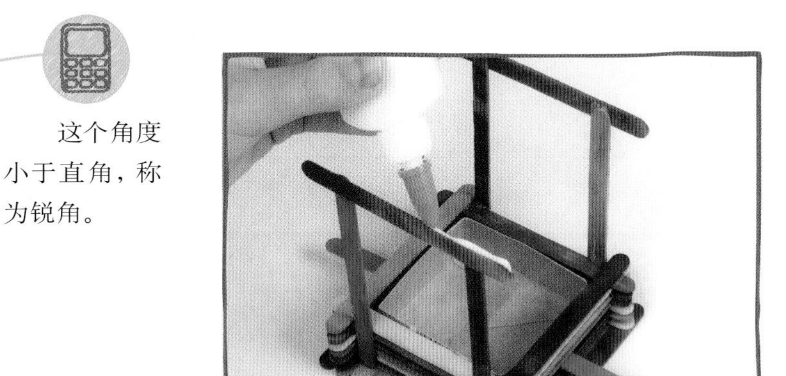

17 沿着水平冰棍杆的上边缘涂胶水。

18 将屋顶放在水平冰棍杆上，置于一旁，待胶水晾干。

角度

不同类型的角度有不同的名称，锐角小于直角，直角小于钝角。

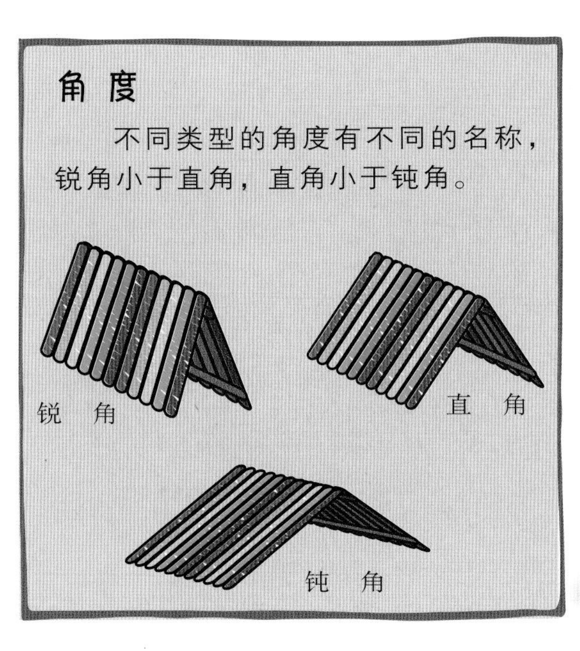

19 沿两扇相交的屋顶的顶部涂胶水，将一根冰棍杆放在上面，并且紧紧地压住，直至胶水凝固。你的喂鸟器现在可以使用了。

20 将喂鸟器悬挂在花园中，然后在托盘中装满美味的鸟食。

将食物放在托盘里，然后将托盘放入喂鸟器。

观察鸟类

为了了解花园里鸟儿最喜欢吃什么，你可以试验不同的食物，看看有多少鸟儿来访。你可以用理货记录表记录鸟儿访问的次数。一旦收集了数据，你就可以将理货记录表转换成一个图表，用来帮助你分析数据，由此发现花园里鸟儿喜欢的食物。为了获得最准确的结果，应该每天在同一时间进行观察。

务必将坚果切碎。鸟儿如果吃下整个坚果会噎住！

1 你必须在几星期内试验不同的食物，从而发现花园里的鸟儿喜欢吃什么。我们在第一个星期用碎坚果，第二个星期用混合鸟食的种子，第三个星期用黄粉虫。

用尺子在图表上的点之间画直线。

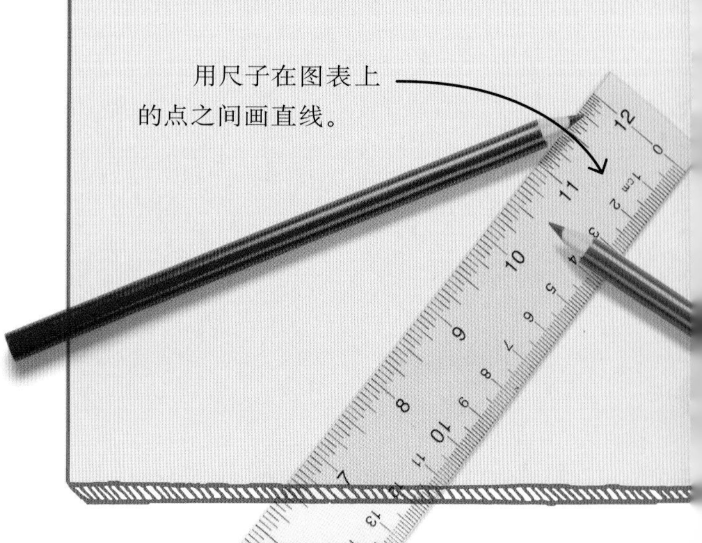

这是食物为碎坚果的理货记录表。

2 将你选择的食物放在托盘中，然后静静地等待鸟儿出现。画一个星期的每日理货记录表，每当有一只鸟儿访问喂鸟器时，就在理货记录表上画一道。

3 一个星期过去之后，更换托盘中的食物，并且做一个新的一星期理货记录表，记录鸟儿的来访情况。一个星期后，用第三种食物重复同样的步骤。

4 将结果绘制成折线图。一个星期中的每天是横轴，鸟儿访问的次数则是竖轴。用不同的颜色代表不同的鸟食。

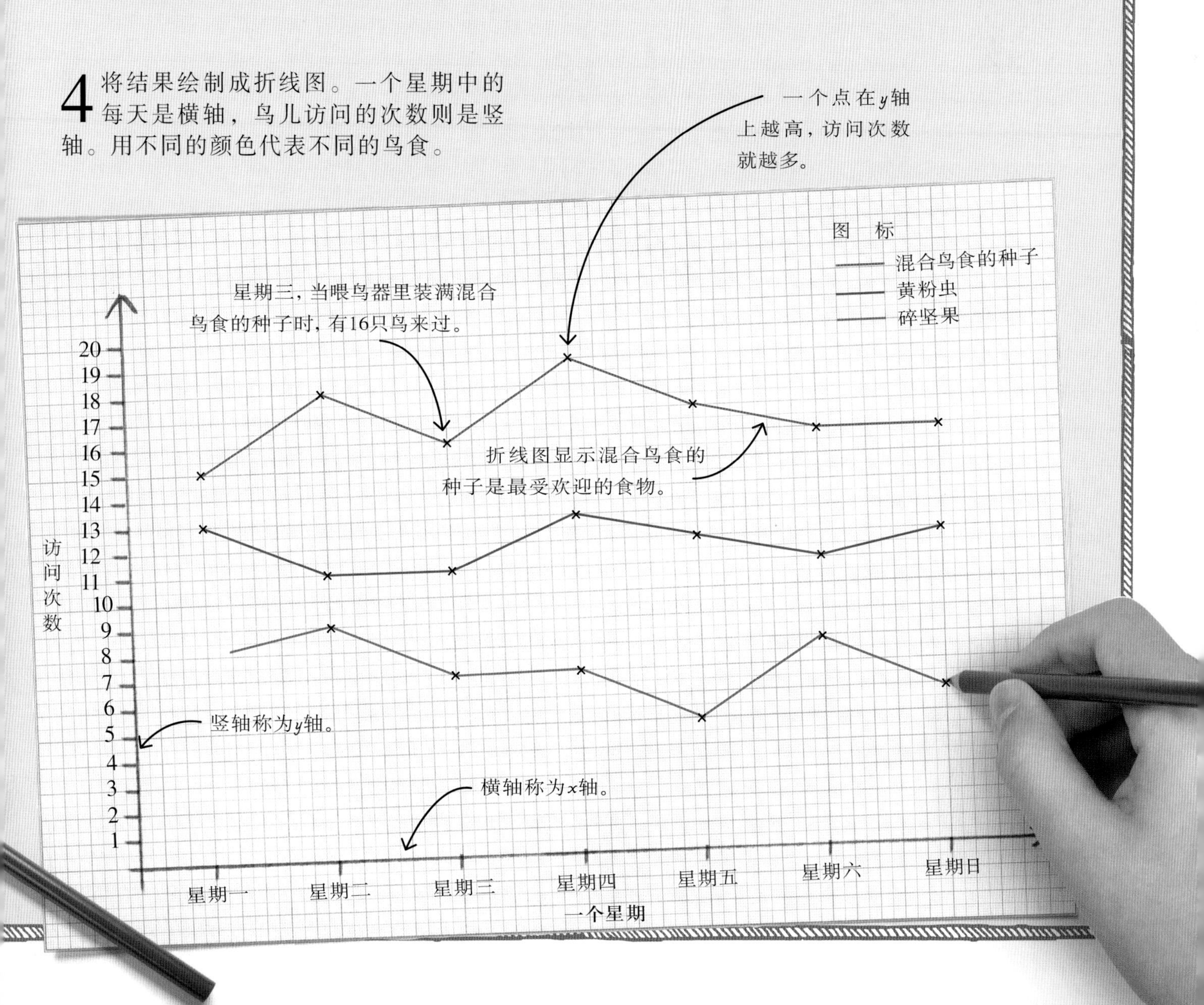

词汇解释

（注：以下词义仅限于本书的内容范围。）

Algebra
代数
进行运算时使用字母或其他符号代表未知数。

Angle
角 度
两条相交直线中的任何一条与另一条相叠合时必须转动的量。角度以度为单位。

Anticlockwise
逆时针方向（的）
与时钟指针的转动方向相反的。

Area
面 积
平面或物体表面的大小。

Axis
轴
（1）网格上两条主线中的一条，用于测量点、线和形状的位置。
（2）对称轴是对称线的另一个名称。

Base
底 边
想象一个二维多边形坐在它底部的一条边上，就是底边。

Circumference
圆周长
绕圆一周的长度。

Clockwise
顺时针方向（的）
与时钟指针的转动方向相同的。

Compass
圆 规
用于绘制圆或弧的工具。

Cone
圆 锥
以直角三角形的一直角边为轴旋转一周所围成的立体。

Coordinates
坐 标
能够确定一个点在空间的位置的一个或一组数，叫作这个点的坐标。

Cylinder
圆 柱
以矩形的一边为轴使矩形旋转一周所围成的立体。

Data
数 据
进行各种统计、计算、科学研究或技术设计等所依据的数值。

Decimal
小数的
两个数相除，如果得不到整数，用小数点来表达的数值。

Degree
度
弧或角的度量，把圆周分为360等份所成的弧叫1度弧。1度弧所对的圆心叫1度角。度的符号是° 。旋转一圈为360° 。

Denominator
分 母
分数线下面的数字，例如$\frac{3}{4}$中的4。

Diagonal
斜 线
两条直线相交不成直角，其中一条直线叫作另一条直线的斜线。

Diameter
直 径
通过圆心并且两端都在圆周上的线段叫作圆的直径。

Digit
数 字
用来记数的符号。现在世界上最通用的是阿拉伯数字0、1、2、3、4、5、6、7、8、9。

Equation
方 程
表示含有未知数的等式。例如，$18+x=32$。

Estimating
估 算
大致推算。

Face
面
物体的表面。

Formula
公 式
用数学符号书写的规则或陈述。

Fraction
分　数
把一个单位分成若干等份，表示其中的一份或几份的数，是除法的一种书写形式，如$\frac{2}{5}$（读作五分之二）。

Intersect
相　交
线条或形状的相遇或交叉。

Line of symmetry
对称线
穿过二维形状，将其分为两个相互为镜像的部分的假想线。

Mean
平均值
一组数据中所有值的总和，除以这组数据中所有值的数目而得出的数。

Multiple
乘　积
乘法运算中，两个或两个以上的数相乘所得的数。

Negative number
负　数
小于零的数：如-1、-2、-3等。

Numerator
分　子
分数线上面的数字，例如$\frac{3}{4}$中的3。

Opposite angle
对顶角
把角的两条边分别向相反方向引延长线，两条延长线所夹的角称为原角的“对顶角”。

Parallel
平行线
在同一平面内无限延长而不相交的两条直线。

Percentage
百分比
用百分率表示的两个数的比例关系。

Perimeter
周　长
一个形状所有边缘的总长度。

Perpendicular
垂　直
如果两条直线相交成直角，那么这两条直线就互相垂直。

Place value system
位值制
一种记数法，记数时，将数字按次序排成一列来表示一个数。其特点是每个数字在不同位置具有不同的值。

Polygon
多边形
同一平面上的三条或三条以上的直线所围成的图形。

Polyhedron
多面体
四个或四个以上多边形所围成的立体。

Positive number
正　数
大于零的数，如+3、+0.25。

Prime number
质　数
在大于1的整数中，只能被1和这个数本身整除的数，如2、3、5、7、11。

Probability
概　率
某个事件在同一条件下可能发生也可能不发生，表示发生的可能性大小的量叫作概率。

Proportion
比
两个同类量之间的倍数关系叫作它们的比，其中一数是另一数的几倍或几分之几。

Protractor
量角器
测量角度或画角用的器具。

Quadrilateral
四边形
同一平面上的四条直线所围成的图形。

Radius
半　径
连接圆心和圆周上任意一点的线段叫作圆的半径。

Ratio
比　率
两个数相比所得的值，即前项除以后项所得的商。

Rectangle
矩形，长方形
对边相等（通常邻边不相等），四个角都是直角的四边形。

Reflective symmetry
反射对称
如果在一个形状上画一条直线，直线的两边互为镜像，则这个形状具有反射对称性。

Remainder
余 数
整数除法中，被除数未被除数整除所剩的大于0而小于除数的部分。

Right angle
直 角
两条直线夹角为90°或两个平面垂直相交所成的角。

Rotation
旋 转
物体围绕一个点或一个轴做圆周运动。

Sequence of number
数 列
按照一定规则排列的一列数。

Sphere
球 体
三维形状，它表面上的每个点到中心的距离都相等。

Square
正方形
四边相等，四个角都是直角的四边形。正方形是矩形和菱形的特殊形式。

Triangle
三角形
平面上三条直线所围成的图形。

Unit
单 位
计量事物的标准量的名称。例如米为计量长度的单位。

Value
值
用数字表示的量或数学运算所得到的结果。

Vertex
顶 点
角的两条边的交点。

Whole number
整 数
不是小数的值，例如，0、36、–59。

致 谢

The publisher would like to thank the following people for their assistance in the preparation of this book: Elizabeth Wise for indexing; Caroline Hunt for proofreading; Ella A @ Models Plus Ltd, Jennifer Ji @ Models Plus Ltd, and Otto Podhorodecki for hand modelling; Steve Crozier for photo retouching.

The publisher would like to thank the following for their kind permission to reproduce their photographs:

(Key: a-above; b-below/bottom; c-centre; f-far; l-left; r-right; t-top)

17 Mary Evans Picture Library: Interfoto / Bildarchiv Hansmann (br). 25 Getty Images: Jonathan Kitchen / DigitalVision (bc). 31 Getty Images: Universal Images Group (br). 49 123RF.com: Maria Wachala (crb). 61 Alamy Stock Photo: Karen & Summer Kala (bl). 77 Getty Images / iStock: Elena Abramovich (br). 92 Dreamstime.com: Stocksolutions (fbl). 97 Dreamstime.com: Stocksolutions (bl/notebook). Getty Images: Anthony Wallace / AFP (crb). 103 Getty Images / iStock: Tatiana Terekhina (bl). 105 Dreamstime.com: Ukrit Chaiwattanakunkit (br). 108 Dreamstime.com: Stocksolutions (cb/notebook). 109 Shutterstock.com: SeventyFour (br). 124 Getty Images: Westend61 (bl). 125 Dreamstime.com: Stocksolutions (notebook). 129 Alamy Stock Photo: Pacific Press Media Production Corp. (bl). Dreamstime.com: Stocksolutions (cra/notebook). 133 Dreamstime.com: Stocksolutions (br/notebook). 149 Getty Images / iStock: chasmer (crb). 152 Dreamstime.com: Stocksolutions (bl). 157 Dreamstime.com: Stocksolutions (notebook).